岩土结构强度理论

范　文　俞茂宏　邓龙胜　著

科　学　出　版　社

北　京

内 容 简 介

　　岩土强度问题是岩土体稳定性评价的理论基础，岩土强度理论研究贯穿于整个岩土力学的发展历程。统一强度理论考虑中间主应力对屈服和破坏的影响，覆盖所有可能外凸极限面的上下限，与单剪强度理论相比，其优点非常明显。本书以俞茂宏双剪统一强度理论为基础，将岩土工程与地质工程中的岩土力学问题作为研究内容，进行了较为深入的理论研究，取得的成果可为更多材料和结构的工程应用提供参考选择和应用。本书主要包括：双剪应力状态和双剪统一强度理论的概念；基于统一强度理论的极限平衡理论及其应用；统一弹塑性损伤模型与各向异性损伤的统一滑移线场理论；基于统一强度理论的塑性极限分析及其应用；考虑岩土类材料软化及剪胀性的轴对称问题的统一解；双剪统一弹塑性本构模型的建立及有限元分析；黄土边坡变形破坏及稳定性的强度理论效应研究；统一型复合断裂准则及断裂力学问题的弹塑性有限元分析。

　　本书可供岩土工程、地质工程领域的相关工程技术人员和高等院校相关专业的研究生及科研人员参考。

图书在版编目(CIP)数据

岩土结构强度理论/范文，俞茂宏，邓龙胜著. —北京：科学出版社，2017.3

ISBN 978-7-03-051964-1

Ⅰ.①岩…　Ⅱ.①范…②俞…③邓…　Ⅲ.①岩土力学-结构强度　Ⅳ.①TU4

中国版本图书馆 CIP 数据核字（2017）第 042417 号

责任编辑：张井飞　韩　鹏／责任校对：杜子昂
责任印制：徐晓晨／封面设计：耕者设计工作室

科 学 出 版 社 出版

北京东黄城根北街 16 号
邮政编码：100717
http://www.sciencep.com

北京建宏印刷有限公司 印刷
科学出版社发行　各地新华书店经销

*

2017 年 3 月第 一 版　开本：787×1092　1/16
2018 年 1 月第二次印刷　印张：16 1/4
字数：385 000

定价：460.00 元
（如有印装质量问题，我社负责调换）

前　　言

岩土体强度和变形研究贯穿于整个岩土力学的发展过程。岩土体类型、结构和赋存环境的复杂性，造就了岩土体具有特殊和复杂的工程特性，同时使岩土力学学科产生了许多研究领域。特别是与其基本特性相关的岩土工程中的三大工程问题，即强度问题、变形问题和渗透问题。其中，强度问题是一个核心问题，它是岩土体稳定性评价的理论基础。强度理论的研究涉及许多交叉学科。19 世纪以来，世界各国学者对强度理论进行了大量的研究，提出了数以百计的各种形式的强度理论，俞茂宏和沈珠江将这些交错繁杂的理论和准则分为三大系列，即单剪应力、三剪应力和双剪应力。

俞茂宏从 1961 年提出双剪应力屈服准则以后，根据一点应力状态的三个主剪应力中只有两个独立量，并考虑到两个较大主剪应力作用面上的正应力，以及中间主应力效应的区间性，系统而全面地研究了强度理论，逐步发展形成了双剪统一强度理论体系。双剪统一强度理论的系列化准则不仅符合 Drucker 公式，并且覆盖了从内边界到外边界的全部区域。双剪统一强度理论是一个能够实现全覆盖的强度理论，可简称为统一强度理论，德国学者将其称为俞茂宏统一强度理论。统一强度理论是 Drucker 公式的外凸性的具体化，两者紧密相连形成了强度理论坚实框架。

本书以俞茂宏提出的统一强度理论为基础，将岩土工程与地质工程中的岩土力学问题作为研究对象，进行较为深入细致的理论研究。本书在范文博士学位论文的基础上，增加了国家自然科学基金"基于双剪统一强度理论的黄土边坡强度理论效应研究"的部分成果，以及邓龙胜博士将俞茂宏统一强度理论应用于数值计算的成果。

本书主要包括：双剪应力状态和双剪统一强度理论的概念；基于统一强度理论的极限平衡理论及其应用；统一弹塑性损伤模型与各向异性损伤的统一滑移线场理论；基于统一强度理论的塑性极限分析及其应用；考虑岩土类材料软化及剪胀性的轴对称问题的统一解；双剪统一弹塑性本构模型的建立及有限元分析；黄土边坡变形破坏及稳定性的强度理论效应研究；统一复合断裂准则及断裂力学问题的弹塑性有限元分析。

在笔者从事岩土力学与工程地质研究的过程中，深感岩土力学理论在研究工作中的重要性，任何工程地质问题的定量化或工程化，都需要力学理论的支撑。利用力学理论和实践，可以解决许多岩土工程和地质工程领域中的复杂问题。

最后对本书写作过程中给予帮助的老师和学生表示感谢。首先是笔者的博士导师俞茂宏教授。笔者在西安交通大学上学期间，俞老师从力学理论和强度理论最基本的知识开始，逐步提高我的力学知识水平和科研能力。本书写作过程中，俞老师仔细审读全书内容，提出修改意见并撰写了第 2 章内容。还要感谢沈珠江院士在我博士后期间给予的指导和帮助，以及彭建兵教授给予的大量支持与关心。感谢李广信教授、张丙印教授、于玉贞教授、张建民教授给予的帮助与支持。此项研究工作得到国家自然科学基金委和中央高校基金的支持，在此一并表示感谢。

由于作者水平有限，书中难免存在疏漏之处，敬请读者批评指正！

范　文

2016 年 6 月

目　　录

前言
第1章　绪论 ··· 1
　　主要参考文献 ··· 6
第2章　双剪统一强度理论 ··· 7
　　2.1　概述 ·· 7
　　2.2　单元体 ··· 7
　　2.3　一点的应力状态 ··· 10
　　2.4　空间应力状态 ·· 12
　　2.5　双剪单元体 ··· 16
　　2.6　应力圆与双剪应力圆 ··· 19
　　2.7　应力路径与双剪应力路径 ·· 20
　　2.8　应力状态的分解、空间纯剪切应力状态（$S_2<0$） ·························· 21
　　2.9　空间纯剪切应力状态（$S_2>0$） ··· 25
　　2.10　纯剪切应力状态（$S_2=0$） ·· 27
　　2.11　剪应力定理 ·· 28
　　2.12　应力状态类型、双剪应力状态参数 ··· 28
　　2.13　双剪应力函数 ··· 30
　　2.14　主应力空间 ·· 31
　　2.15　静水应力轴与空间柱坐标 ··· 33
　　2.16　双剪统一强度理论 ··· 36
　　主要参考文献 ·· 41
第3章　基于统一强度理论的极限平衡理论及其应用 ······························ 42
　　3.1　引言 ·· 42
　　3.2　统一强度理论的抗剪强度表达式 ··· 42
　　3.3　挡土墙上的土压力 ·· 45
　　　　3.3.1　Rankine土压力公式的推广和改进 ·· 45
　　　　3.3.2　滑楔极限平衡理论统一解公式 ··· 55
　　3.4　地基极限承载力公式 ··· 59
　　　　3.4.1　平面应变问题的统一强度理论公式 ·· 59
　　　　3.4.2　太沙基公式的修正 ·· 60
　　　　3.4.3　地基临界荷载公式 ·· 63
　　3.5　基于统一强度理论的地基模型试验研究 ·· 69

　　3.5.1　模型相似准则 ……………………………………………………… 69
　　3.5.2　试验模型的设计 ……………………………………………………… 71
　　3.5.3　试验加载设计 ………………………………………………………… 73
　　3.5.4　模型试验的数据采集 ………………………………………………… 74
　　3.5.5　试验数据处理和结果分析 …………………………………………… 75
　　3.5.6　基于统一强度理论的地基变形破坏特征分析 ……………………… 89
　　3.5.7　基于统一强度理论的地基极限承载力验算 ………………………… 95
　主要参考文献 ………………………………………………………………… 95
第 4 章　统一弹塑性损伤模型与各向异性损伤的统一滑移线场理论 ………… 97
　4.1　引言 ……………………………………………………………………… 97
　4.2　统一弹塑性损伤模型的建立 …………………………………………… 97
　　4.2.1　有效应力与损伤应变张量 …………………………………………… 97
　　4.2.2　弹性与损伤 …………………………………………………………… 100
　　4.2.3　塑性与损伤 …………………………………………………………… 101
　　4.2.4　损伤演变——俞茂宏相当应力模型 ……………………………… 104
　4.3　统一滑移线场理论及其应用 …………………………………………… 106
　　4.3.1　平面应变问题的基本方程 …………………………………………… 107
　　4.3.2　滑移线法解析解 ……………………………………………………… 108
　　4.3.3　滑移线法数值解 ……………………………………………………… 110
　4.4　各向异性损伤的统一滑移线场理论及其应用 ………………………… 115
　　4.4.1　平衡方程 ……………………………………………………………… 115
　　4.4.2　耦合损伤的强度条件 ………………………………………………… 115
　　4.4.3　耦合损伤的极限平衡微分方程 ……………………………………… 116
　　4.4.4　解析解法 ……………………………………………………………… 117
　　4.4.5　数值解法 ……………………………………………………………… 117
　主要参考文献 ………………………………………………………………… 119
第 5 章　基于统一强度理论的塑性极限分析及其应用 ……………………… 121
　5.1　引言 ……………………………………………………………………… 121
　5.2　塑性最大功原理及虚功率原理 ………………………………………… 121
　　5.2.1　虚功率原理 …………………………………………………………… 121
　　5.2.2　极限状态下应力和应变率的特点 …………………………………… 122
　　5.2.3　塑性最大功率原理 …………………………………………………… 123
　5.3　塑性极限分析的上下限理论 …………………………………………… 124
　　5.3.1　下限定理 ……………………………………………………………… 124
　　5.3.2　上限定理 ……………………………………………………………… 124
　5.4　土压力问题的统一极限分析 …………………………………………… 125
　5.5　算法及实例分析 ………………………………………………………… 131
　主要参考文献 ………………………………………………………………… 143

第6章　考虑岩土类材料软化及剪胀性的轴对称问题的统一解 ················ 144

6.1　引言 ··· 144

6.2　理论分析模型 ·· 145

　　6.2.1　岩土材料模型 ·· 145

　　6.2.2　受力模型 ·· 145

6.3　洞室围岩弹塑性分析的统一解 ··· 146

　　6.3.1　弹塑性分析 ··· 146

　　6.3.2　围岩塑性软化区及残余区范围的确定 ·· 148

　　6.3.3　理论解答的广泛意义 ·· 149

　　6.3.4　计算讨论 ·· 150

6.4　扩孔问题的统一解 ·· 153

　　6.4.1　扩孔的弹塑性分析 ··· 153

　　6.4.2　孔周岩土体塑性流动区半径数值分析 ·· 155

　　6.4.3　孔周岩土体状态判定 ·· 156

　　6.4.4　计算讨论 ·· 156

主要参考文献 ··· 163

第7章　双剪统一弹塑性本构模型的建立及有限元分析 ························· 165

7.1　引言 ··· 165

7.2　弹性本构关系 ·· 165

7.3　屈服条件 ··· 166

7.4　强化条件及加卸载准则 ·· 166

　　7.4.1　理想弹塑性材料加载和卸载准则 ··· 166

　　7.4.2　强化材料的加载和卸载 ·· 167

　　7.4.3　软化材料的加载和卸载 ·· 167

7.5　流动法则 ··· 167

7.6　双剪统一弹塑性本构矩阵 ··· 168

7.7　双剪统一弹塑性本构模型中的奇异点的处理 ·· 171

7.8　实例分析 ··· 172

　　7.8.1　隧道模型 ·· 172

　　7.8.2　地基模型 ·· 175

主要参考文献 ··· 179

第8章　黄土边坡变形破坏及稳定性的强度理论效应研究 ······················ 181

8.1　黄土边坡变形破坏的物理模型试验 ·· 182

　　8.1.1　模型试验方案的设计 ·· 182

　　8.1.2　边坡加载变形破坏特征分析 ··· 193

　　8.1.3　坡体内部应力场特征 ·· 200

8.2　统一强度理论在 FLAC3D 中的实现 ·· 207

　　8.2.1　屈服准则相关参数获取 ·· 207

　　　　8.2.2　统一强度理论在 FLAC3D 中的实现 ……………………………… 209
　　8.3　黄土边坡变形破坏及稳定性的强度理论效应 ……………………………… 211
　　　　8.3.1　黄土边坡计算模型的建立 …………………………… 211
　　　　8.3.2　边坡变形破坏及稳定性的强度理论效应 ……………………… 211
　　主要参考文献 ………………………………………………………… 231
第 9 章　统一复合断裂准则及断裂力学问题的弹塑性有限元分析 ……………… 233
　　9.1　引言 ……………………………………………………… 233
　　9.2　统一强度理论在建立复合型断裂准则中的应用 …………………… 233
　　　　9.2.1　理论分析 ……………………………………… 233
　　　　9.2.2　实例分析 ……………………………………… 237
　　9.3　断裂力学问题的有限元分析及应用 …………………………… 243
　　主要参考文献 ……………………………………………………… 250

第1章 绪 论

　　岩土工程是建立在岩土材料力学特性的基础上，以土体和岩体为主要研究对象的实践性学科。它研究地球表部的岩石与土或由其组成的岩体与土体，前者为材料，后者应为广义上的结构。岩土材料均属地质材料，都是地质历史的产物，是一种有别于人造材料的天然材料，且土是岩石的一部分。但从力学性质和组成结构来看，应将其分开研究，所以在岩土工程或地质工程中通常将岩石与土分开，岩石是岩石力学的研究对象，土为土力学的研究对象，但二者之间有一些共性。

　　岩土体强度和变形研究贯穿于整个岩土力学的发展过程。到目前为止，它依然是学科前沿的重要研究领域。岩石和土是颗粒材料组成的多相体，种类繁多，性质复杂，因此其强度理论的研究更为困难。岩土比金属有更加复杂的强度和变形特性，如压硬性、剪胀性、等压屈服特性，对路径的依赖性、软化性、抗拉压不等性、初始各向异性和应力引起的各向异性等。岩土体类型、结构和赋存环境的复杂性，造就了岩土体具有特殊和复杂的工程特性，同时使岩土力学学科产生了许多研究领域。特别是与其基本特性相关的岩土工程中的三大工程问题，即强度问题、变形问题和渗透问题。其中，强度问题是一个核心问题，它是岩土体稳定性评价的理论基础。在强度理论研究中，包括岩土材料强度理论和岩土结构强度理论的研究，材料强度是保证各种工程结构安全使用的一个最重要的基本条件，它是研究各种材料的强度随复杂应力状态改变而变化的规律，并建立相应的计算准则；而结构强度理论研究结构在荷载增加的过程中岩土体从弹性到塑性再到破坏，以及岩土体在荷载作用下的强度和承载能力。结构强度理论研究的范围很广，不仅研究结构的弹性状态和弹性极限，而且研究结构超过弹性时的状态和塑性极限状态，并预计出结构极限承载能力，结构强度理论研究与材料强度理论研究是紧密相关的。结构强度理论包括弹塑性应力场、应变场、滑移线场、特征线场（平面应力和空间轴对称）等工程结构的极限分析以及结构弹性区、损伤区、塑性区、破裂区的研究等。

　　强度理论是材料强度与结构强度研究的连结点。俞茂宏的著作《双剪理论及其应用》，以双剪统一强度理论为基础，将材料强度理论与结构强度理论联系起来，进行系统的论述；孙钧院士的《岩土材料流变及其工程应用》将材料流变理论和结构流变理论结合起来；沈珠江院士的《理论土力学》将土体理论与土体结构理论结合起来，形成了系统的成果。

　　应该指出，关于屈服和强度准则效应研究所采用的屈服准则有的是分散零乱的，有的是不合理的，因此结构强度理论研究需要对材料强度理论的选用进行研究。统一强度理论界定了各种强度理论的范围，它覆盖了域内的所有区域，为强度理论效应研究提供了一个有力的手段和理论基础。

　　强度理论是涉及领域广泛的交叉性学科，它的研究是世界性的难题。尤其是20世纪80年代以来，材料本构关系成为有关工程学科和力学学科的研究热点；电子计算机的推广和应用，促使结构强度理论出现新的进展。在 20 世纪最后一个四分之一世纪，结构强度理论的数值分析方法得到飞速的发展，在各个领域得到广泛的应用，而结构强度理论解析解的进展很小。19 世纪以来，世界各国研究者对强度理论进行了大量研究，提出了数以百计的各种形式的强度理论，俞茂宏和沈珠江首次将这些交错繁杂的各种理论和准则分为三大系列，即单剪应力、三剪应力和双剪应力。这三大系列理论的发展，每一系列都经历了几十年或更多时间，其发展历史过程依次为：单剪强度理论（Mohr-Coulomb，1900）—三剪二参数准则（Drucker and Prager，1952）—广义双剪强度理论（俞茂宏等，1985）。其中单剪强度理论包括金属屈服单剪准则（单参数）（Tresea，1964；Guest，1900）、土体单剪理论、广义单剪强度理论（Mohr-Coulomb，1882，1990）、晶体单剪切应力临界定理（Beskow，1924）、剑桥模型（Bridgman，1964）等。三剪强度理论包括三剪单参数屈服准则（Mises，1913）、三剪二参数准则（Drucker and Prager，1952）以及三剪多参数准则，有时也称形状改变能、均方根剪应力、统计平均剪应力或应力偏量第二不变量 J_2 理论等。广义双剪强度理论包括双剪屈服准则、脆性材料破坏准则、角隅模型、帽子模型、多参数准则、晶体多滑移条件、普遍形式双剪强度理论等各个领域。由于三个剪应力中，只有两个独立量，所以三剪形式的强度理论可表达为两个剪应力的形式。

在岩土问题分析中，Mohr-Coulomb 强度理论在 20 世纪占统治地位，但该理论最大的缺点是没有考虑中间主应力 σ_2 的影响，中间主应力对岩土强度的影响是存在的。近 100 年来，一方面，Mohr-Coulomb 强度理论在力学、材料力学和各种工程结构强度研究中被广泛应用；另一方面，对 Mohr-Coulomb 强度理论没有考虑中间主应力的不足进行了大量的研究。另外，在岩体力学中应用较广的 Hoek-Brown 经验准则忽略了中间主应力 σ_2 的影响。岩石材料多数为脆性破坏，又引用了断裂力学的 Griffith 强度理论，发现 Griffith 强度理论预测出的强度偏小。Mogi 等在岩石的真三轴压缩试验方面做出了贡献，在他的指导下，我国学者在这方面取得了卓有成效的进展，得出了中间主应力效应及其区间性，为中间主应力效应的研究奠定了基础。在三剪应力系列强度理论中，Mises 准则只适用于拉压强度相同的某些金属类材料，Drucker-Prager 准则以及各种相应的圆锥形准则虽然在岩土问题中被广泛应用，但由于其不能反映极限面的拉伸子午线和压缩子午线的不同，在理论上是不太合理的，与实验结果存在偏差。Zienckiewicz-Pande 屈服准则是"圆化"了的 Mohr-Coulomb 准则。Lade 和 Duncan 准则以及 Matsuoka-Naikai 准则，虽然包括中间主应力效应，同时考虑了不同子午线强度的差别，但是没有明确的物理意义。因此，在 20 世纪 80 年代前后，又提出了众多形式的经验公式，如以椭圆、双曲线、指数方程等方程拟合的准则，这一类准则包括国际著名学者 Argyris、Gudehus、Willam 和中国学者提出的一些角隅模型和三参数准则、四参数准则和五参数准则，俞茂宏（1994）、沈珠江（1995）做了较全面的总结。

俞茂宏从 1961 年提出双剪应力屈服准则以后，根据一点应力状态的三个主剪应力中只有两个独立量，并考虑到两个较大主剪应力作用面上的正应力，以及中间主应力效应的区间性，系统而全面地研究了强度理论，逐步发展形成了双剪强度理论体系，并且在数学上进行了严格证明，同时为试验所证实。双剪系列强度理论填补了世界强度理论学科中的一个重要空白，它构成了所有可能的外凸极限面的上限，而 Mohr-Coulomb 强度理论仅构成了外凸极限面的下限。双剪应力强度理论还进一步考虑了静水压力对屈服或破坏的影响,而且考虑了材料拉压强度不同的 S-D 效应,符合岩土材料的特性。俞茂宏在双剪强度理论的基础上,又突破现有各种单一强度理论模式,建立了一个有统一力学模型、统一理论假设、统一数学表达式而又能灵活适用于混凝土、岩石、土体、金属、塑料等各类材料的统一强度理论。将单剪理论、三剪理论和双剪理论、外凸强度理论和非凸理论统一起来。解决了 20 世纪初以来一直被认为是不可能得到的统一强度理论。在强度理论发展史中,1901 年德国哥廷根大学教授沃依特对强度理论进行了大量研究,认为"强度问题是非常复杂的,要想提出一个单独的理论应用到各种建筑材料是不可能的"。1953 年著名力学家铁木森可在他的《材料力学发展史》著作中再次阐述了这个结论。统一强度理论形成了一个完整系列的强度理论体系,它考虑了中间主应力对屈服和破坏的影响,因此它比单剪强度理论具有明显的优点。它以公设为前提将主应力空间的屈服面描述成多面体的形式,并且在数值计算中很好地解决了角点奇异性的问题。

统一强度理论包含了所有其他已经建立的准则并把它们作为特例,或者是统一强度理论的线性逼近,并且通过改变一些参数形成一系列新的强度计算准则。它突破了在岩石力学和土力学中长期占统治地位的 Mohr-Coulomb 强度理论的框架,是对现有成果的高度概括。此外,统一强度理论的参数可以由实验较容易得到。因此,它们较单一剪应力屈服准则及能量屈服准则具有明显的优点,适用于众多材料,更适用于岩土类材料。多年来的研究使得统一强度理论不断完善,已进行了不少工程计算分析,易为工程界接受,同时在水电站地下工程设计、岩土地基计算等工程中得到较好的应用,希望在岩土工程中得到进一步研究和应用。

统一强度理论的推广应用研究与单剪理论相比还只是一个开始,当将其扩展到岩土结构稳定性、地震活动、地质力学、断裂力学、损伤力学以及岩土细观结构力学和矿物晶体研究等方面应该说还远远不够或者是空白,并且会碰到一系列新的问题。且其应用研究方面尚不够系统化,本书试图在这些方面做一些添砖加瓦式的工作。

在岩土工程领域,如斜坡、土压力与地基稳定性分析等方面,极限分析方法应用甚广,但大部分是基于 Mohr-Coulomb 强度理论得出的解答,并被写入规范,Mohr-Coulomb 强度理论构成了外凸极限面的下限,且没有考虑中间主应力影响,计算结果偏于保守。统一强度理论可以更好地发挥材料的强度潜力,而且人们在探索评价方法的同时,也应探索强度理论的应用研究,如在边坡评价方法中的摩根斯坦方法、陈祖煜修正的方法、Janbu 法以及孙君实从极限分析和模糊极值理论建立的方法都较完善地处理了力的平衡关系,且可考虑任意形状的滑面,计算结果都比较接近。不少研究表明,满足总体平衡几个条件的方法,不管做了什么样的补充假定,其计算结果都比较接近,误差不超过 5%,即使简化毕肖普法误差也不大。但是为什么在评价稳定性时还存在不少问题,其中强度理论的选择也是一个重要问题。同样把统一强度理论应用在塑性极限分析、有限元分析、断裂力学、损伤力学方面以及其他一些岩土工程领域还有许多研究工作要做或需要开拓。正如前国际岩石力学与工程学会主席 Hudson 所说,自从岩石力学诞生以来,我们一直在研究岩石的破坏,而统一强度准则姗姗来迟。故岩土领域的应用研究才刚刚开始。本书正是基于以上原因,在俞茂宏提出的统一强度理论的基础上,在应用研究方面做一些探索性的研究。这方面的研究将会进一步推动统一强度理论的发展,并将统一强度理论运用于工程实践起到一定的作用。

本书以统一强度理论为基础,将岩土工程与地质工程中的岩土力学问题作为研究内容,进行较为深入细致的理论研究。得到的一系列结果，可以适合更多的材料和结构，为工程应用提供更多的比较参考和选择。下面是一个工程应用的实例，其中图 1.1 是一个边坡在相同荷载条件下，采用统一强度理论不同参数 b 得出的塑性区扩展图。图 1.2 是到达极限状态时的塑性区扩展图。从这两个图中可以反映出很多新的信息，将在本书以后各章中进一步阐述。

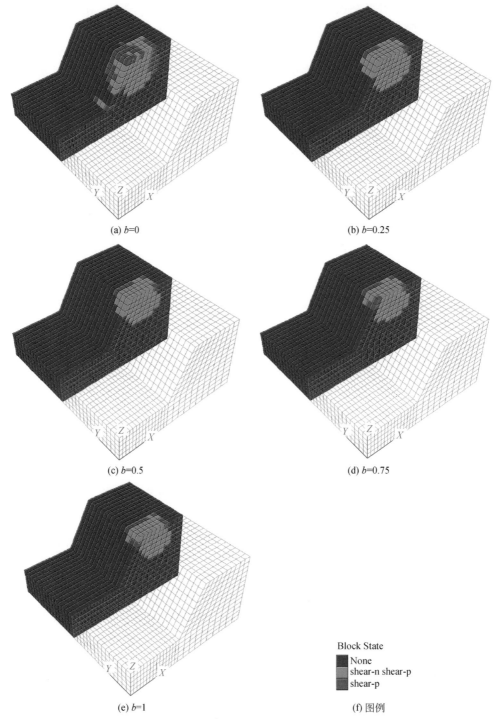

(a) b=0

(b) b=0.25

(c) b=0.5

(d) b=0.75

(e) b=1

(f) 图例

Block State

None

shear-n shear-p

shear-p

图 1.1　相同荷载作用下统一强度理论不同参数 b 的塑性区分布

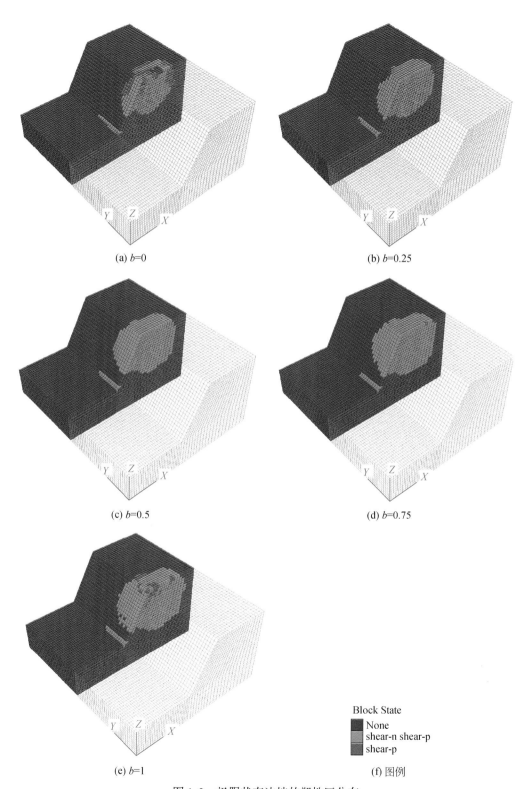

(a) $b=0$

(b) $b=0.25$

(c) $b=0.5$

(d) $b=0.75$

(e) $b=1$

(f) 图例

Block State

None

shear-n shear-p

shear-p

图 1.2　极限状态边坡的塑性区分布

主要参考文献

沈珠江. 1995. 关于破坏准则和屈服函数的总结. 岩土工程学报, 17 (1): 1~8.

俞茂宏. 1994. 岩土类材料的统一强度理论及其应用. 岩土工程学报, 16 (2): 1~10.

俞茂宏. 1998. 双剪理论及其应用。北京：科学出版社.

俞茂宏, 何丽南, 宋凌宇. 1985. 双剪强度理论及其推广. 中国科学 (A 辑), 28 (12): 1113~1120.

Beskow G V M. 1924. Goldschmidt: geochemische verteilungsgesetze der elemente. Geologiska Föreningen Stockholm Förhandlingar, 46 (6): 738~743.

Bridgman P W. 1964. Collected Experimental Papers. Cambridge: Harvard University Press.

Drucker D C, Prager W. 1952. Soil mechenics and plastic analysis or limit design. Quarterly of Applied Mathematics, 10: 157~165.

Guest J J V. 1900. On the strength of ductile materials under combined stress. Philosophical Magazine and Journal of Science, 50 (302): 69~133.

Mises R. 1913. Mechanik der festen Körper irn plastisch-deformablen Zustand. Nachrichten von der Gesellschatf der Wissenschaften zu Göttingen, Mathematisch-Physikalische Klasse, (2): 582~592.

Mohr-Coulomb. 1882. Uber die Darstellung des Spannungszustandes und des Deformationszus- tandes eines Korperelementes und uber dieAnwen dung derselben in der Festigkeitslehre. Der Civlingenieur, 28: 113~156.

Mohr-Coulomb. 1900. Welche Umstande bedingen die Elastizitatsgrenze und den bruch eine materials. Zeitschrift des Vereins Deutscher Ingenieure, 44: 1524~1530.

Tresca H. 1964. Sur l'e coulement des corps solids soumis a de fortes pression. Comptes Rendus hebdomadaires des Seances de l'Academie des Sciences, Rend 59: 754~758.

第2章 双剪统一强度理论

2.1 概　　述

为了研究土的变形与破坏规律，建立变形与应力之间的关系，必须首先分析应力及应变状态的概念及其在应力、应变空间中的几何表示。一般用空间等分体即单元体来表示土中的一点，研究一点应力状态的理论为应力状态理论，它研究微小点——单元体各面上的应力及其相互关系，是固体力学和连续介质力学等研究的重要基础，并在很多学科中得到广泛应用。本章对俞茂宏提出的双剪统一强度理论体系作一介绍，内容来自《双剪理论及其应用》一书。

2.2　单　元　体

在研究某一点的应力状态时，往往用到单元体的概念，单元体是指围绕一点用几个截面所截取出来的微小多面体。用不同的方法、不同数量的截面，可以截取出无穷多个各种不同形状的多面体。在连续体力学中，要求单元体是一个空间等分体，既可以用一种多面体来充满一个空间而不留下空隙，也不造成重叠。

图 2.1 中的几种多面体都是空间等分体，其中（a）为常用的立方单元体，（b）为六边棱柱体，（c）为等倾八面体，（d）、（e）、（f）分别为十二面体、正交八面体和等分四锥体。

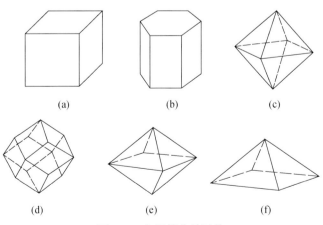

(a)　　　　　　　　(b)　　　　　　　　(c)

(d)　　　　　　　　(e)　　　　　　　　(f)

图 2.1　空间等分单元体

图 2.2（a）为一般材料力学和结构力学（包括弹性力学和塑性力学等）中最常采用的一种空间等分体，它由三对相互垂直的六个截面组成，当面上只有正应力作用时，它为主平面，面上的应力为主应力。

若用截面法线方向同时与 σ_1 和 σ_3 成 45°的一组四个截面从图 2.2（a）的单元体上截取一个新的单元体，则可得出最大主剪应力 τ_{13} 作用的单元体，如图 2.2（b）所示。同理，可得中间主剪应力 τ_{12}（或 τ_{23}）和最小主剪应力 τ_{23}（或 τ_{12}）作用的主剪应力单元体，分别如图 2.2（c）和（d）所示。

若在最大主剪应力单元体［图 2.2（b）］的基础上，用一组相互垂直的主剪应力 τ_{12} 作用面截取出一个新的单元体，则可得出一个新的正交八面体（俞茂宏、何丽南，1983；俞茂宏等，1985），如图 2.2（f）所示。由于这一新的单元体上作用着两组主剪应力 τ_{13} 和 τ_{12}，因而也可称为双剪应力单元体。如果 $\tau_{12}<\tau_{23}$，即 τ_{23} 成为中间主剪应力，则可由 τ_{13} 和 τ_{23} 作用的两组截面，组成另一个双剪单元体，如图 2.2（g）所示。双剪单元体是由最大主剪应力 τ_{13} 的四个相互垂直的截面和中间主剪应力 τ_{12}（或 τ_{23}）的四个相互垂直的截面共八个截面共同组成的正交八面体，它是一种扁平形状的八面体。作为对比，在图 2.2（e）中绘出了以往塑性力学中所采用的等倾八面体。等倾八面体的八个面的法线方向都与主应力轴成等倾的角度，并且每个面的边长均较正交八面体的边长短。

如果在双剪单元体上，再用第三个主剪应力的四个截面截取出一个新的单元体，则可得出一个菱形十二面体，如图 2.2（h）所示。

用不同的截面可以围绕一点截取出无穷多个各种形状的单元体。其中，主应力六面体、主剪应力十二面体、等倾八面体及正交八面体是几种重要的有代表性的单元体。作用于这些单元体各面上的应力分别体现在以下几个方面。①主应力单元体（σ_1，σ_2，σ_3）［图 2.2（a）］；②最大剪应力单元体（τ_{13}，σ_{13}，σ_2）［图 2.2（b）］；③中间主剪应力单元体（τ_{12}，σ_{12}，σ_3），当 $\tau_{12}>\tau_{23}$［图 2.2（c）］；④最小主剪应力单元体（τ_{23}，σ_{23}，σ_1），当 $\tau_{12}\leqslant\tau_{23}$［图 2.2（d）］；⑤等倾八面体剪应力单元体（$\tau_8$，$\sigma_8$）［图 2.2（e）］；⑥双剪应力正交八面体单元体（τ_{13}，τ_{12}，σ_{13}，σ_{12}）［图 2.2（f）］；⑦双剪应力正交八面体单元体（τ_{13}，τ_{23}，σ_{13}，σ_{23}）［图 2.2（g）］；⑧十二面体主剪应力单元体（τ_{13}，τ_{12}，τ_{23}；σ_{13}，σ_{12}，σ_{23}）［图 2.2（h）］。

以上这些单元体均为空间等分体，其中图 2.2（a）~（d）四种六面体和图 2.2（e）等倾八面体已为大家所熟知。图 2.2（f）~（h）为俞茂宏教授建立双剪强度理论时所提出的空间等分单元体模型（俞茂宏等，1985）。正交八面体和菱形十二面体是两种新的单元体。它们的空间充实图如图 2.3 和图 2.4 所示，从图中可以看出，都可以用同种单元体来充满一个空间而不留下空隙，也不造成重叠（俞茂宏等，1985）。

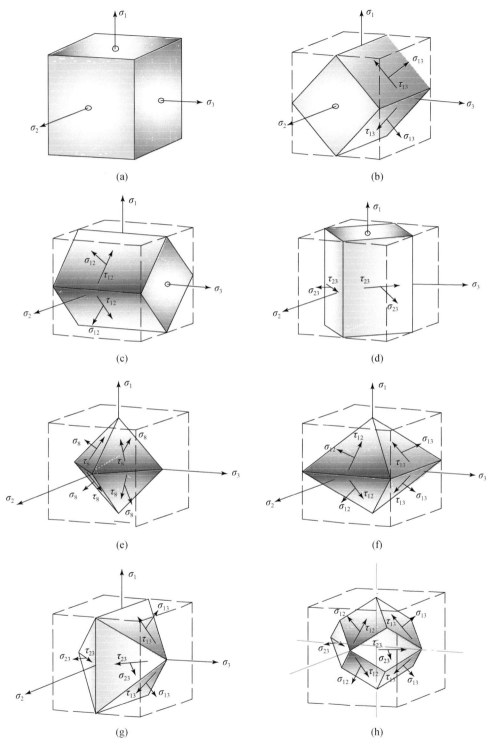

图 2.2　各种单元体应力状态

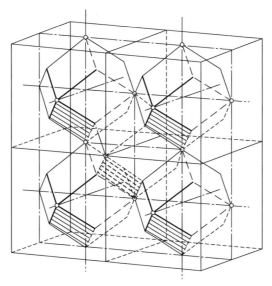

图 2.3　菱形十二面体等分体（据俞茂宏）

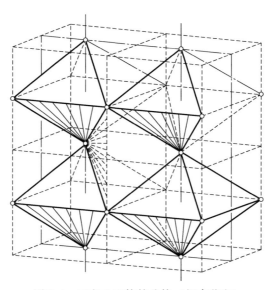

图 2.4　正交八面体等分体（据俞茂宏）

2.3　一点的应力状态

对于同一个受力点，从不同方位所截取出来的单元体，其面上的应力情况各不相同，但它们的应力状态相同。关于这一点，我们可以作一形象的比喻。图 2.5 中的雕像是意大利那不勒斯国家考古博物馆收藏的爱与美之女神维纳斯雕像的侧面图、正面图和斜视图，三幅图像不同，但都是同一个女神维纳斯的头像，一点的受力状态也是如此。当一个点所受应力确定时，通过这点不同方向的截面上的应力都不相同，但都是指同一点的应力状态。

(a)侧面图　　　　(b)正面图　　　　(c)斜视图

图 2.5　维纳斯雕像的三个方向的视图

一般情况下，土力学中一点的应力状态用六面体三个相互垂直的截面上的三组应力、九个应力分量来表示。这九个分量的大小不仅与该点的受力情况有关，而且也与坐标轴的方向有关。在数学上这九个应力元素组成一个二阶张量，因此也可用应力张量 σ_{ij} 来描述一点的应力状态。

$$\sigma_{ij} = \begin{pmatrix} \sigma_x & \tau_{xy} & \tau_{xz} \\ \tau_{yx} & \sigma_y & \tau_{yz} \\ \tau_{zx} & \tau_{zy} & \sigma_z \end{pmatrix} \tag{2.1}$$

一点的应力状态也可以用一个 3×3 的应力矩阵表示为

$$\sigma = \begin{bmatrix} \sigma_x & \tau_{xy} & \tau_{xz} \\ \tau_{yx} & \sigma_y & \tau_{yz} \\ \tau_{zx} & \tau_{zy} & \sigma_z \end{bmatrix} \tag{2.2}$$

根据剪应力互等定理，$\tau_{xy} = \tau_{yx}$，$\tau_{yz} = \tau_{zy}$，$\tau_{zx} = \tau_{xz}$，所以九个应力分量中只有六个独立分量。

如果单元体某一截面上的剪应力等于零，则这一截面称为主平面。主平面上的正应力称为主应力。对于任何一点的应力状态，都可以找到三对相互垂直的主平面。主平面上作用着三个主应力 σ_1、σ_2 和 σ_3，按代数值的大小排列为 $\sigma_1 \geq \sigma_2 \geq \sigma_3$。三个主应力与九个应力分量的作用面不同，但都代表作用于同一单元体的某一应力状态。它们之间可以互相转换。

按照主应力不等于零的数目，一点的应力状态可分为三种应力状态类型。

（1）单向应力状态：单元体的两个主应力等于零，只有一个主应力不为零。

（2）二向应力状态（平面应力状态）：单元体的一个主应力等于零，其他两个主应力不为零。

（3）三向应力状态（空间应力状态）：单元体的所有主应力均不等于零，二向和三向应力状态一般称为复杂应力状态。

2.4　空间应力状态

一点的空间应力状态可用一般空间应力状态来表示，也可用主应力空间应力状态来表示，根据一点应力的以上表示方法，求过这一点的任意斜截面上的应力，对一点应力状态的研究是强度和变形分析的基础。

1）从一般空间应力状态（σ_x，σ_y，σ_z，τ_{xy}，τ_{yz}，τ_{zx}）求任意斜截面 *abc* 面上的应力

已知土体中一点处应力分量的大小和方向，现需计算任何一个法线向量为 N 的斜面上的法线应力和剪应力。

若斜截面法线 PN 的方向余弦为 $\cos(N, x)=l$，$\cos(N, y)=m$，$\cos(N, z)=n$，则根据单元体力的平衡条件，由柯西（Cauchy）公式可求得斜截面上的应力矢量在 x，y，z 三个坐标的应力分量（图 2.6）。

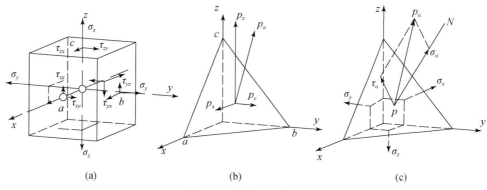

(a)	(b)	(c)

图 2.6　斜截面上应力

设斜面的面积为 $\mathrm{d}S$，三个负面的面积分别为

$$\begin{aligned}\mathrm{d}S_x &= \mathrm{d}S \cdot l \\ \mathrm{d}S_y &= \mathrm{d}S \cdot m \\ \mathrm{d}S_z &= \mathrm{d}S \cdot n\end{aligned} \tag{2.3}$$

则根据单元体力的平衡有

$$\begin{aligned}p_x \cdot \mathrm{d}S &= \sigma_x \cdot \mathrm{d}S_x + \tau_{xy} \cdot \mathrm{d}S_y + \tau_{xz} \cdot \mathrm{d}S_z \\ p_y \cdot \mathrm{d}S &= \tau_{yx} \cdot \mathrm{d}S_x + \sigma_y \cdot \mathrm{d}S_y + \tau_{yz} \cdot \mathrm{d}S_z \\ p_z \cdot \mathrm{d}S &= \tau_{zx} \cdot \mathrm{d}S_x + \tau_{zy} \cdot \mathrm{d}S_y + \sigma_z \cdot \mathrm{d}S_z\end{aligned} \tag{2.4}$$

即

$$\begin{aligned}p_x &= \sigma_x l + \tau_{xy} m + \tau_{xz} n \\ p_y &= \tau_{yx} l + \sigma_y m + \tau_{yz} n \\ p_z &= \tau_{zx} l + \tau_{zy} m + \sigma_z n\end{aligned} \tag{2.5}$$

如采用张量符号，式（2.5）可写成：

$$\begin{bmatrix} p_x \\ p_y \\ p_z \end{bmatrix} = \begin{bmatrix} \sigma_x & \tau_{xy} & \tau_{xz} \\ \tau_{yx} & \sigma_y & \tau_{yz} \\ \tau_{zx} & \tau_{zy} & \sigma_z \end{bmatrix} \begin{bmatrix} l \\ m \\ n \end{bmatrix} \tag{2.6}$$

由此可得，斜截面上的总应力、法向应力和剪应力分别等于：

$$p_a = \sqrt{p_x^2 + p_y^2 + p_z^2}$$

$$\sigma_a = p_x l + p_y m + p_z n = \sigma_x l^2 + \sigma_y m^2 + \sigma_z n^2 + 2\tau_{xy} lm + 2\tau_{yz} mn + 2\tau_{zx} nl \tag{2.7}$$

$$\tau_a = \sqrt{p_a^2 - \sigma_a^2}$$

法向应力可简单写成这样的形式：

$$\sigma_a = \sigma_{ij} l_{in} l_{jn} \tag{2.8}$$

在同一斜面上与某一 v 轴平行的剪应力可写成：

$$\sigma_{vn} = \sigma_{ij} l_{iv} l_{jn} \tag{2.9}$$

若斜面是主平面，则作用于此面上的法向应力就是主应力，而没有剪应力。若 l、m、n 代表一个主应力 S 的方向余弦，则它在三个坐标轴上的投影为

$$\begin{cases} S_x = S \cdot l \\ S_y = S \cdot m \\ S_z = S \cdot n \end{cases} \tag{2.10}$$

即 $$\begin{cases} p_x = S_x \\ p_y = S_y \\ p_z = S_z \end{cases}$$

代入式（2.5）移项可得

$$\begin{cases} (S - \sigma_x) l - \tau_{xy} m - \tau_{xz} n = 0 \\ -\tau_{yx} l + (S - \sigma_y) m - \tau_{yz} n = 0 \\ -\tau_{zx} l - \tau_{zy} m + (S - \sigma_z) n = 0 \end{cases} \tag{2.11}$$

各方向余弦的关系为

$$l^2 + m^2 + n^2 = 1 \tag{2.12}$$

按照克拉默法则，如上述方程组要有其他解答，则必须取此方程组的系数行列式等于零，即

$$\begin{vmatrix} S - \sigma_x & -\tau_{xy} & -\tau_{xz} \\ -\tau_{yx} & S - \sigma_y & -\tau_{yz} \\ -\tau_{zx} & -\tau_{zy} & S - \sigma_z \end{vmatrix} = 0 \tag{2.13}$$

将上述行列式展开得

$$S^3 - I_1 S^2 + I_2 S - I_3 = 0 \tag{2.14}$$

式（2.14）称为此初始应力状态的特征方程，可以证明它有三个实根 σ_1、σ_2 和 σ_3，规定 $\sigma_1 > \sigma_2 > \sigma_3$，这就是所求的主应力。

式（2.14）中 I_1、I_2 和 I_3 均不随坐标轴的选择而变，称为应力不变量，它们分别等于：

第一应力不变量

$$I_1 = \sigma_x + \sigma_y + \sigma_z = \sigma_1 + \sigma_2 + \sigma_3 \tag{2.15}$$

第二应力不变量

$$I_2 = \begin{vmatrix} \sigma_x & \tau_{xy} \\ \tau_{xy} & \sigma_y \end{vmatrix} + \begin{vmatrix} \sigma_y & \tau_{yz} \\ \tau_{yz} & \sigma_z \end{vmatrix} + \begin{vmatrix} \sigma_z & \tau_{zx} \\ \tau_{zx} & \sigma_x \end{vmatrix}$$

$$= \sigma_x \sigma_y + \sigma_y \sigma_z + \sigma_z \sigma_x - \tau_{xy}^2 - \tau_{yz}^2 - \tau_{zx}^2$$

$$= \sigma_1 \sigma_2 + \sigma_2 \sigma_3 + \sigma_3 \sigma_1 \tag{2.16}$$

第三应力不变量

$$I_3 = \begin{vmatrix} \sigma_x & \tau_{xy} & \tau_{yz} \\ \tau_{xy} & \sigma_y & \tau_{yz} \\ \tau_{zx} & \tau_{yz} & \sigma_z \end{vmatrix} = \sigma_x \sigma_y \sigma_z + 2\tau_{xy}\tau_{yz}\tau_{zx} - \sigma_x \tau_{yz}^2 - \sigma_y \tau_{zx}^2 - \sigma_z \tau_{xy}^2 = \sigma_1 \sigma_2 \sigma_3 \tag{2.17}$$

式（2.14）写成主应力 σ_1、σ_2 和 σ_3 的形式为

$$(\sigma - \sigma_1)(\sigma - \sigma_2)(\sigma - \sigma_3) = 0 \tag{2.18}$$

可以证明，由式（2.14）和式（2.18）求得的三个主应力 σ_1、σ_2 和 σ_3 的作用面（即主平面）相互垂直。

2）球张量与偏张量

在一般情况下，应力张量可以分解为两个张量和的形式，塑性力学中常将应力张量分解为球张量和偏张量。应力球张量是一种平均的等向应力状态（三向等拉或等压），对各向同性材料，它引起微元体积膨胀（或收缩）。应力偏张量表示实际应力状态对其平均应力状态的偏离，它引起微元形状畸变（图2.7）。

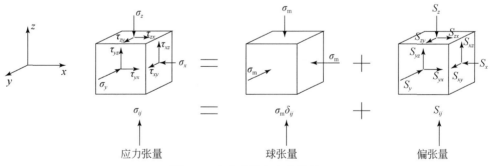

图 2.7　应力球量和应力偏量

其中，平均法向应力记为

$$\sigma_{\mathrm{m}} = \frac{1}{3}(\sigma_x + \sigma_y + \sigma_z) = \frac{1}{3}(\sigma_1 + \sigma_2 + \sigma_3) \tag{2.19}$$

同理，可求得应力偏量和应力主偏量：

$$S_{ij} = \begin{bmatrix} \sigma_x - \sigma_m & \tau_{yx} & \tau_{zx} \\ \tau_{xy} & \sigma_y - \sigma_m & \tau_{zy} \\ \tau_{xz} & \tau_{yz} & \sigma_z - \sigma_m \end{bmatrix} \tag{2.20}$$

$$S_i = \begin{bmatrix} \sigma_1 - \sigma_m & 0 & 0 \\ 0 & \sigma_2 - \sigma_m & 0 \\ 0 & 0 & \sigma_3 - \sigma_m \end{bmatrix} \tag{2.21}$$

三个不变量为

$$J_1 = S_1 + S_2 + S_3 = 0 \tag{2.22}$$

$$J_2 = \frac{1}{2}S_{ij}S_{ij} = \frac{2}{3}(\tau_{13}^2 + \tau_{12}^2 + \tau_{23}^2) = \frac{1}{6}\left[(\sigma_1-\sigma_2)^2 + (\sigma_2-\sigma_3)^2 + (\sigma_3-\sigma_1)^2\right] \tag{2.23}$$

$$J_3 = |S_{ij}| = S_1 S_2 S_3 = \frac{1}{27}(\tau_{13}+\tau_{12})(\tau_{21}+\tau_{23})(\tau_{31}+\tau_{32}) \tag{2.24}$$

在弹性理论和经典塑性理论中，应力球张量只产生体应变，即受力体只发生体积变化而不发生形状变化；而应力偏张量则产生剪切变形，即只引起物体形状变化而不发生体积大小的变化。这样，对应的应变就分为体应变和剪应变。在经典塑性理论中，体应变常常假设为弹性的，只有弹性变形，与塑性应变无关，只有剪应变引起塑性变形。

3) 从主应力空间应力状态（σ_1，σ_2，σ_3）求斜截面应力

由图 2.8 （a）的主应力状态，求得斜截面上的应力分别为

$$p_a = \sqrt{\sigma_1^2 l^2 + \sigma_2^2 m^2 + \sigma_3^2 n^2} \tag{2.25}$$

$$\sigma_a = \sigma_1 l^2 + \sigma_2 m^2 + \sigma_3 n^2 \tag{2.26}$$

$$\tau_a = \sigma_1^2 l^2 + \sigma_2^2 m^2 + \sigma_3^2 n^2 - (\sigma_1 l^2 + \sigma_2 m^2 + \sigma_3 n^2)^2 \tag{2.27}$$

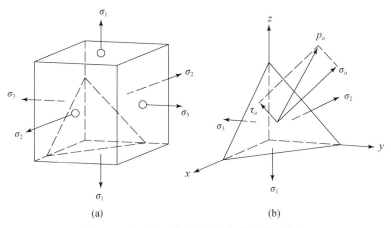

(a)   (b)

图 2.8 主应力空间应力状态求斜截面应力

三个主剪应力 τ_{12}、τ_{23}、τ_{31} 的大小及其所在截面的外法线方向余弦，可由剪应力的极值条件求得，见表 2.1。对 $l=m=n=\dfrac{1}{\sqrt{3}}$ 的八面体截面上的应力称为八面体正应力 σ_8 和八

面体剪应力 τ_8，它们分别等于：

$$\sigma_8 = \frac{1}{3}(\sigma_1 + \sigma_2 + \sigma_3) = \sigma_m \tag{2.28}$$

$$\tau_8 = \frac{1}{3}\left[(\sigma_1 - \sigma_2)^2 + (\sigma_2 - \sigma_3)^2 + (\sigma_3 - \sigma_1)^2\right]^{\frac{1}{2}} \tag{2.29}$$

图 2.9 表示三个主应力与 12 个主剪应力的作用方向。图 2.10 为主剪应力作用面所形成的十二面体（Yu，1983）。显示了三个主剪应力（τ_{13}，τ_{12}，τ_{23}）和主剪应力作用面上的正应力（σ_{13}，σ_{12}，σ_{23}）（表 2.1）。

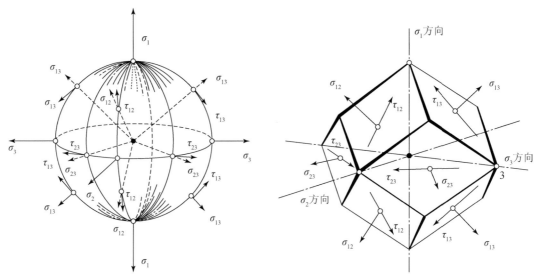

图 2.9　各应力分量的方位图　　　　　　　　图 2.10　菱形十二面体单元体

表 2.1　截面的外法线方向余弦及应力

参数	主应力平面			主剪应力作用面			八面体面
l	±1	0	0	$\pm1/\sqrt{2}$	$\pm1/\sqrt{2}$	0	$1/\sqrt{3}$
m	0	±1	0	$\pm1/\sqrt{2}$	0	$\pm1/\sqrt{2}$	$1/\sqrt{3}$
n	0	0	±1	0	$\pm1/\sqrt{2}$	$\pm1/\sqrt{2}$	$1/\sqrt{3}$
σ	σ_1	σ_2	σ_3	$\sigma_{12} = \dfrac{\sigma_1 + \sigma_2}{2}$	$\sigma_{13} = \dfrac{\sigma_1 + \sigma_3}{2}$	$\sigma_{23} = \dfrac{\sigma_2 + \sigma_3}{2}$	$\sigma_8 = \dfrac{\sigma_1 + \sigma_2 + \sigma_3}{3}$
τ	0	0	0	$\tau_{12} = \dfrac{\sigma_1 - \sigma_2}{2}$	$\tau_{13} = \dfrac{\sigma_1 - \sigma_3}{2}$	$\tau_{23} = \dfrac{\sigma_2 - \sigma_3}{2}$	τ_8

2.5　双剪单元体

了解这些截面之间的相互关系后，可以方便地从一个六方体构造出双剪单元体（正交八面体）、等倾八面体、菱形十二面体。

　　图 2.11 为十二面体的主剪应力及其面上正应力的彩色模型照片。这是一个重要的但却不常为人们所认识的一个单元体模型。在十二面体的 12 个面上作用着三组主剪应力 τ_{13}、τ_{12} 和 τ_{23}，它们的数值分别为

$$\tau_{13} = \frac{1}{2}(\sigma_1 - \sigma_3)$$

$$\tau_{12} = \frac{1}{2}(\sigma_1 - \sigma_2) \tag{2.30}$$

$$\tau_{23} = \frac{1}{2}(\sigma_2 - \sigma_3)$$

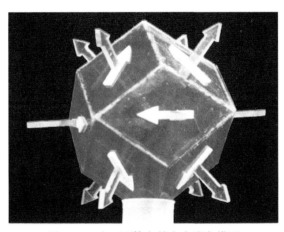

图 2.11　十二面体主剪应力彩色模型

　　在主剪应力 τ_{13}、τ_{12} 和 τ_{23} 的作用面上同时作用着相应的正应力 σ_{13}、σ_{12} 和 σ_{23}，它们的数值分别为

$$\sigma_{13} = \frac{1}{2}(\sigma_1 + \sigma_3)$$

$$\sigma_{12} = \frac{1}{2}(\sigma_1 + \sigma_2) \tag{2.31}$$

$$\sigma_{23} = \frac{1}{2}(\sigma_2 + \sigma_3)$$

　　从十二面体主剪应力单元体模型出发，可以得出很多与六面体主应力模型不同的新的概念，并得出一系列新的结果。

　　在式（2.30）中，可以看到三个主剪应力中存在下述关系：

$$\tau_{13} = \tau_{12} + \tau_{23} \tag{2.32}$$

　　这一关系可以在应力圆中直观地看出，最大应力圆直径的大小为 $2\tau_{13}$，它在数值上等于另两个较小应力圆的直径之和。因此，三个主剪应力中只有两个独立量。

　　对于受力物体，影响较大的是两个较大的主剪应力。如果主应力的大小顺序为 $\sigma_1 \geqslant \sigma_2 \geqslant \sigma_3$，则 τ_{13} 为最大主剪应力，τ_{12}（或 τ_{23}）为次大主剪应力（中间主剪应力）。俞茂宏

由此提出两个较大主剪应力作用的双剪单元体，如图 2.12 所示。由于中间主剪应力可能为 τ_{12}，也可能为 τ_{23}，因此考虑两种可能所得出的两种双剪单元体，分别如图 2.12（a）、（b）所示的左、右两个正交八面体。

当 $\tau_{12} \geqslant \tau_{23}$ 时，可取双剪单元体，如图 2.12（a）所示的正交八面体。当将此正交八面体等分为二，则可得出如图 2.12（c）所示的四棱锥体双剪单元体，由此可以分析双剪应力与主应力 σ_1 的平衡关系。此外，也可从正交八面体的四分之一得出五面体的双剪单元体，如图 2.12（e）所示。

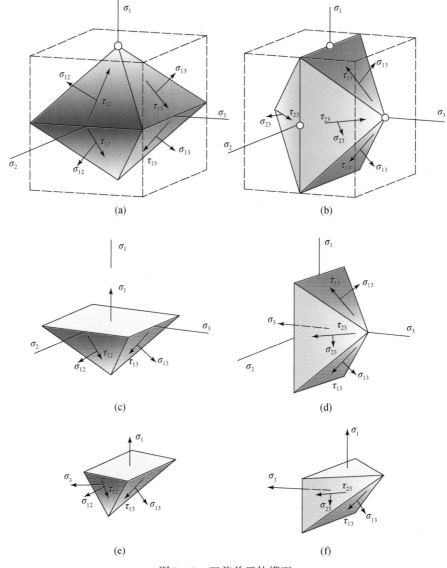

图 2.12　双剪单元体模型

同理，当 $\tau_{12} \leqslant \tau_{23}$ 时，可取双剪单元体，如图 2.12（b）所示的正交八面体。图 2.12（d）和（f）的四棱锥体和五面体可作为 $\tau_{12} \leqslant \tau_{23}$ 情况下另一种形式的双剪单元体。

双剪单元体为双剪理论中一个重要而基本的力学模型，本书将以此为基础建立有关理论，并推导相应的准则。

2.6　应力圆与双剪应力圆

采用莫尔应力圆可以较直观地反映出三个主应力（σ_1，σ_2，σ_3）和三个主剪应力（τ_{13}，τ_{12}，τ_{23}）以及它们之间的关系，如图 2.13 所示。

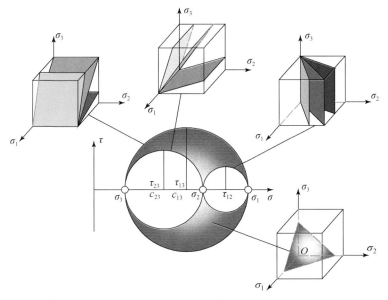

图 2.13　三向应力圆

如将应力圆的概念推广，采用两个较大主剪应力之和为半径作圆，则可得出一个新的应力圆，根据它的双剪应力概念，可称为双剪应力圆。类似于莫尔应力圆和莫尔强度理论，双剪应力圆的概念亦可在双剪强度极限线和双剪应力路径研究中得到应用。

根据双剪应力的情况，可作出两个双剪应力圆，如图 2.14（a）和（b）所示。俞茂宏于 1962 年曾作出（$\tau_{13}+\tau_{12}$）=f（σ）的双剪应力极限曲线。

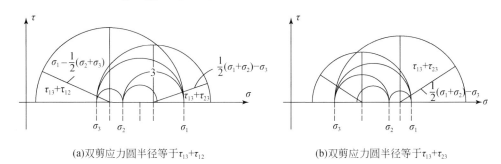

(a)双剪应力圆半径等于$\tau_{13}+\tau_{12}$　　　　　　　　　　(b)双剪应力圆半径等于$\tau_{13}+\tau_{23}$

图 2.14　双剪应力圆

2.7 应力路径与双剪应力路径

材料在受力过程中，单元体的应力和应变往往发生一系列的变化。例如，在单向拉伸或压缩过程中，单元体的应力从零逐渐增加到某一数值时，代表单元体应力状态的应力圆的变化如图 2.15 所示。通过应力莫尔圆可以表示在加载各阶段单元体的应力变化，但随着应力状态的变化，用莫尔圆来表示应力状态的连续变化过程显得比较困难，一般可选用莫尔圆上的一个点代表加载过程中某一个应力状态，如取各应力圆上的最高的顶点（也是剪应力数值最大的一点）作为应力点，作单元体在受力过程中应力点的移动轨迹，即为该单元体应力变化的路径，简称应力路径（Lambe，1967）。图 2.15 中左边的应力点轨迹为单向拉伸的应力路径，右边的应力点轨迹为单向压缩的应力路径。

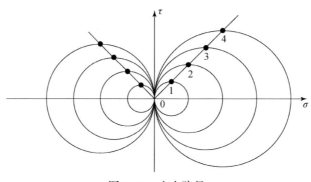

图 2.15 应力路径

图 2.15 的应力路径的各应力点均以 $\sigma = \dfrac{1}{2}(\sigma_1 + \sigma_3)$ 为横坐标，以最大剪应力 $\tau_{max} = \dfrac{1}{2}(\sigma_1 - \sigma_3)$ 为纵坐标。

在岩土力学中，常常采用轴对称三轴试验。试件为圆柱试件，在试件的侧向施加一定的围压，然后逐渐增加轴向压力。这时轴向压力一般大于施加于圆柱试件侧向的围压，试件轴向缩短，所以也称为三轴压缩试验。按以上应力符号规则，三轴压缩试验的应力状态为 $\sigma_2 = \sigma_3 \neq \sigma_1$，相应的应力路径如图 2.16 所示。

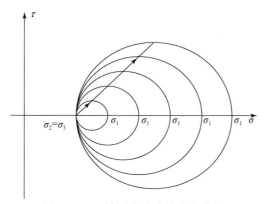

图 2.16 三轴压缩试验的应力路径

图 2.16 的应力路径，可以直接取加载过程中的最大剪应力 τ_{13} 和相应的正应力 σ_{13} 坐标点的变化作出。这一应力路径的缺点是只反映了最大主应力和最小主应力，因为 $\tau_{13}=\frac{1}{2}(\sigma_1-\sigma_3)$，$\sigma_{13}=\frac{1}{2}(\sigma_1+\sigma_3)$，而不能反映中间主应力 σ_2 的影响，为此可以采用以下几种新的应力路径。

（1）最大剪应力与平均应力路径，即以最大剪应力 $\tau_{13}=\frac{1}{2}(\sigma_1-\sigma_3)$，与平均应力 $\sigma_m=\frac{1}{3}(\sigma_1+\sigma_2+\sigma_3)$ 的坐标点作出应力路径；

（2）双剪应力路径，即以双剪应力圆的半径 $\tau_{13}+\tau_{23}$ 为纵坐标，以双剪应力圆的圆心为横坐标，或以静水应力 σ_m 为横坐标作出应力路径。

2.8 应力状态的分解、空间纯剪切应力状态（$S_2<0$）

主应力状态（σ_1，σ_2，σ_3）可以分解为偏应力状态（S_1，S_2，S_3）和静水应力状态（σ_m，σ_m，σ_m）：

$$\begin{bmatrix} \sigma_1 & 0 & 0 \\ 0 & \sigma_2 & 0 \\ 0 & 0 & \sigma_3 \end{bmatrix} = \begin{bmatrix} S_1 & 0 & 0 \\ 0 & S_2 & 0 \\ 0 & 0 & S_3 \end{bmatrix} + \begin{bmatrix} \sigma_m & 0 & 0 \\ 0 & \sigma_m & 0 \\ 0 & 0 & \sigma_m \end{bmatrix} \quad (2.33)$$

式中，$\sigma_m=\frac{1}{3}(\sigma_1+\sigma_2+\sigma_3)$ 为静水应力或平均应力，三个偏应力分别等于：

$$S_1=\sigma_1-\sigma_m=\frac{2\sigma_1-\sigma_2-\sigma_3}{3}$$

$$S_2=\sigma_2-\sigma_m=\frac{2\sigma_2-\sigma_1-\sigma_3}{3} \quad (2.34)$$

$$S_3=\sigma_3-\sigma_m=\frac{2\sigma_3-\sigma_1-\sigma_2}{3}$$

它们之间存在关系：

$$S_1+S_2+S_3=0 \quad (2.35)$$

根据纯剪切应力的概念，纯剪切应力状态的必要和充分条件为

$$\sigma_x+\sigma_y+\sigma_z=\sigma_1+\sigma_2+\sigma_3=0 \quad (2.36)$$

即应力矩阵的对角线之和等于零，式（2.33）中的偏应力状态是一种空间纯剪切应力状态，或称广义纯剪切应力状态。广义纯剪切应力状态又可分为 $S_2<0$、$S_2>0$ 和 $S_2=0$ 三种情况，下面将依次讨论它们各自的特点。

当中间主偏应力 $S_2<0$ 时，偏应力状态可分解为

$$\begin{bmatrix} S_1 & 0 & 0 \\ 0 & S_2 & 0 \\ 0 & 0 & S_3 \end{bmatrix} = \begin{bmatrix} -S_2 & 0 & 0 \\ 0 & S_2 & 0 \\ 0 & 0 & 0 \end{bmatrix} + \begin{bmatrix} -S_3 & 0 & 0 \\ 0 & 0 & 0 \\ 0 & 0 & S_3 \end{bmatrix} \quad (2.37)$$

式（2.37）中等号左端和等号右端的应力状态均符合式（2.36）的纯剪切应力状态条件。

从单元体的应力来看，式（2.33）和式（2.37）可以形象地用图 2.17（a）和（b）来表示。图 2.17（b）的应力也可以表述为图 2.17（c）的应力。它们是一一对应相互等效的。

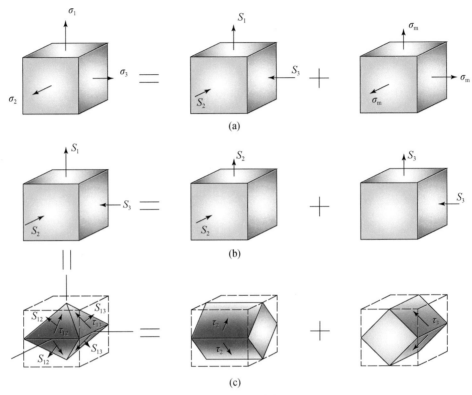

图 2.17　应力状态的分解（$S_2<0$）

因此，偏应力状态是一种纯剪切应力状态，它由两个平面纯剪切应力状态所组成，即

$$[S_1] = \begin{bmatrix} 0 & \tau_2 & 0 \\ \tau_2 & 0 & 0 \\ 0 & 0 & 0 \end{bmatrix} + \begin{bmatrix} 0 & 0 & \tau_3 \\ 0 & 0 & 0 \\ \tau_3 & 0 & 0 \end{bmatrix} \tag{2.38}$$

式中，纯剪切应力 τ_2 和 τ_3 的数值分别为

$$\tau_2 = S_2 = \sigma_2 - \sigma_m = \frac{1}{3}(2\sigma_2 - \sigma_1 - \sigma_3) \tag{2.39}$$

$$\tau_3 = S_3 = \sigma_3 - \sigma_m = \frac{1}{3}(2\sigma_3 - \sigma_1 - \sigma_2) \tag{2.40}$$

同理

$$\tau_1 = S_1 = \sigma_1 - \sigma_m = \frac{1}{3}(2\sigma_1 - \sigma_2 - \sigma_3) \tag{2.41}$$

从图 2.17 可以看到，偏应力状态由两个平面纯剪切应力状态所组成，也可以看作是

由一个正交八面体的双剪应力组成，如图2.17（c）的左图所示，与前面所述的主应力状态的正交八面体应力相比，两个正交八面体的形状及其面上的剪应力 τ_{13} 和 τ_{12} ［图2.2（f）］均相同，但相应面上的正应力则由 $\sigma_{13}=\frac{1}{2}(\sigma_1+\sigma_3)$ 和 $\sigma_{12}=\frac{1}{2}(\sigma_1+\sigma_2)$ 改变为 $S_{13}=\frac{1}{2}(S_1+S_3)$ 和 $S_{12}=\frac{1}{2}(S_1+S_2)$。

下面进一步用三向应力圆来研究偏应力和纯剪切应力状态。

已知三个主偏应力 S_1、S_2 和 S_3，且 $|S_1| > |S_2|$，即 $\sigma_2 \leqslant \frac{1}{2}(\sigma_1+\sigma_2)$ 或 $S_2 \leqslant 0$，作出三向应力圆如图2.18所示，偏应力状态各截面上的应力均可由三个应力圆的圆周或三个应力图之间阴影区内一点的坐标来确定，其中三个应力圆圆周上各点分别对应于垂直某一主偏应力作用面的一组截面上的相应应力。

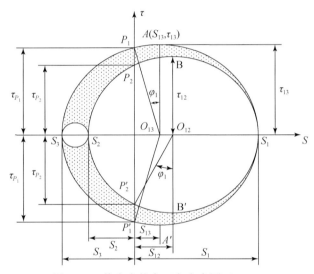

图2.18　偏应力状态三向应力圆（$S_2<0$）

由图2.18可知，偏应力为一种正应力。在三个主偏应力面上的剪应力等于零，而偏应力状态的三个主剪应力则与相应主应力状态的三个主剪应力相等。

从图2.18还可以看出，在偏应力单元体中存在一系列特殊的截面，在这些截面上只作用着剪应力，而没有正应力，如图2.18中垂直坐标轴 τ 上 P_1 至 P_2 和 P_3 各点，均为这类特殊截面。这类截面还较少被人们研究，根据它们的特点，可称为纯剪切截面。

在这些纯剪切截面中，S_1S_3 应力圆上 P_1 点代表与主应力 σ_2 作用面垂直，且与主剪应力 τ_{13} 作用面成 $\frac{\varphi_1}{2}$ 角度［亦即与 S_1 作用面成 $\frac{1}{2}\left(\frac{\pi}{2}+\varphi_1\right)$ 角度，与 S_2 作用面成 $\frac{1}{2}\left(\frac{\pi}{2}-\varphi_1\right)$ 角度的纯剪力切截面］，P_1 截面上的正应力等于零，纯剪切应力等于：

$$\tau_{P_1} = \sqrt{\tau_{13}^2 - S_{13}^2} = \sqrt{-S_1 S_2} \tag{2.42}$$

$$\sin\varphi_1 = \frac{S_{13}}{\tau_{13}} \tag{2.43}$$

同理，$S_1 S_2$ 应力圆上的 P_2 点代表与主应力 σ_3 作用面垂直，且与主剪应力 τ_{12} 作用面成 $\frac{\varphi_2}{2}$ 角度的纯剪切截面（应力圆上的夹角为 φ_2，为了避免线条重叠，在图 2.18 中以 $\angle P_2' O_{12}' B$ 表示 φ_2）。P_2' 截面上的正应力等于零，纯剪切应力等于：

$$\tau_{P_2} = \sqrt{\tau_{12}^2 - S_{12}^2} = \sqrt{-S_1 S_2} \tag{2.44}$$

$$\sin\varphi_2 = \frac{S_{12}}{\tau_{12}} \tag{2.45}$$

τ_{P_2} 作用面和 τ_{P_1} 作用面分别如图 2.19（c）和（d）所示，它们构成一个纯剪切单元体，如图 2.19（b）所示。这一纯剪切单元体上只作用着 τ_{P_1} 和 τ_{P_2} 两组纯剪切应力，因此也可称为纯剪切双剪单元体［图 2.19（b）］，它与图 2.19（a）的偏应力单元体（$S_2 < 0$ 为压应力）是等效的。

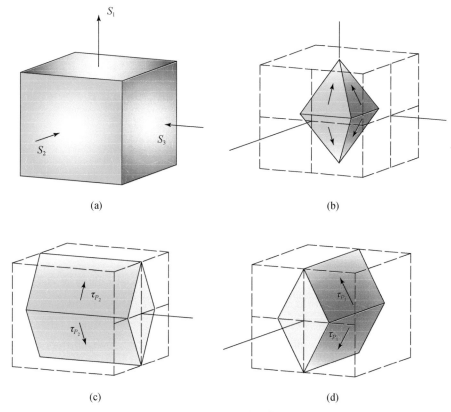

（a）　　　　　　　　　　　　　　　　（b）

（c）　　　　　　　　　　　　　　　　（d）

图 2.19　纯剪切双剪单元体（$S_2 < 0$）

纯剪切双剪单元体既与图 2.2（e）的等倾八面体不同，也与图 2.2（f）的正交八面体不同，而是一种新的不等边的细长八面体。它的特点是八面体形状将随应力状态的改变而变化。例如，当 $\sigma_2 = \sigma_3$ 时，中间主偏应力仍为压应力，且等于最小主偏应力 $S_2 = S_3$，这

时 $\tau_{13}=\tau_{12}$，$S_{13}=S_{12}$，按式（2.43）和式（2.45），$\varphi_1=\varphi_2$，因此，单元体成为等腰的细长八面体。

2.9　空间纯剪切应力状态（$S_2>0$）

当中间主偏应力为拉应力，即 $|S_1|<|S_3|$ 时，偏应力之间的关系为 $S_1+S_2=-S_3$，偏应力可以分解为

$$
\begin{bmatrix} S_1 & 0 & 0 \\ 0 & S_2 & 0 \\ 0 & 0 & S_3 \end{bmatrix} = \begin{bmatrix} S_1 & 0 & 0 \\ 0 & 0 & 0 \\ 0 & 0 & -S_1 \end{bmatrix} + \begin{bmatrix} 0 & 0 & 0 \\ 0 & S_2 & 0 \\ 0 & 0 & -S_2 \end{bmatrix}
\tag{2.46}
$$

它等于两个平面纯剪切应力状态。

$$
S_3 = \begin{bmatrix} 0 & 0 & \tau_1 \\ 0 & 0 & 0 \\ \tau_1 & 0 & 0 \end{bmatrix} + \begin{bmatrix} 0 & 0 & 0 \\ 0 & 0 & \tau_2 \\ 0 & \tau_2 & 0 \end{bmatrix}
\tag{2.47}
$$

相应的主应力单元体、偏应力单元体和双剪单元体分别如图 2.20（a）～（c）所示。

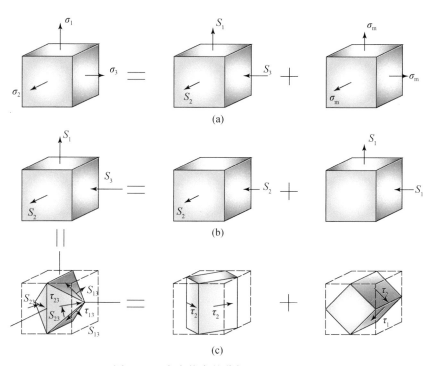

图 2.20　应力状态的分解（$S_2>0$）

图 2.20（c）中的双剪单元体为正交八面体，它与图 2.2（g）的双剪正交八面体的形状相同，作用的剪应力相同，但相应面上的正应力相差一个静水应力 σ_m，即

$$\tau_{13}=\frac{1}{2}(\sigma_1-\sigma_3) \quad S_{13}=\sigma_{13}-\sigma_m=\frac{1}{2}(S_1+S_3)$$

$$\tau_{23}=\frac{1}{2}(\sigma_2-\sigma_3) \quad S_{23}=\sigma_{23}-\sigma_m=\frac{1}{2}(S_2+S_3) \qquad (2.48)$$

当中间主偏应力为拉应力时,偏应力状态为二拉一压,相应的三向应力圆如图2.21(a)所示。图中 A、A' 和 B、B' 点分别对应于主剪应力 τ_{13} 和 τ_{23} 的作用面;P_1、P_1' 和 P_2、P_2' 分别对应纯剪切应力 τ_{P_1} 和 τ_{P_2} 的作用面。A、P_1 两截面之间的夹角为 $\frac{\varphi_1}{2}$(应力圆点上的夹角为 φ_1),B、P_2 和 B'、P_2' 两者截面之间的夹角为 $\frac{\varphi_1}{2}$(应力圆点上的夹角 $\angle B'O_{23}P_2'$ 为 φ_2)。相应于 P_1 (P_1') 和 $P_2(P_2')$ 截面上的纯剪切应力分别等于:

$$\tau_{P_1}=\sqrt{\tau_{13}^2-S_{13}^2}=\sqrt{-S_1S_3}$$

$$\tau_{P_2}=\sqrt{\tau_{23}^2-S_{23}^2}=\sqrt{-S_2S_3} \qquad (2.49)$$

与这两个纯剪切应力相应的单元体分别如图2.21(b)~(e)所示。

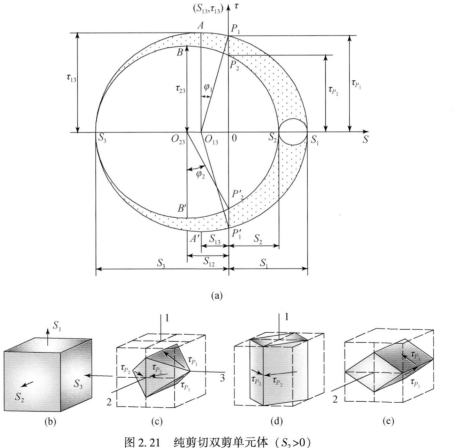

(a)

(b) (c) (d) (e)

图2.21 纯剪切双剪单元体 ($S_2>0$)

纯剪切应力 τ_{P_1} 和 τ_{P_2} 作用面分别与主剪应力 τ_{13} 和 τ_{23} 的作用面成 φ_1 和 φ_2 角度，它们分别等于：

$$\varphi_1 = \arcsin\frac{-S_{13}}{\tau_{13}} \tag{2.50}$$

$$\varphi_2 = \arcsin\frac{-S_{23}}{\tau_{23}} \tag{2.51}$$

因此，纯剪切应力 τ_{P_1} 单元体 ［图 2.21（e）］ 为一菱形六面体，菱形的两个夹角分别为 $\frac{1}{2}\left(\frac{\pi}{2}+\varphi_1\right)$ 和 $\frac{1}{2}\left(\frac{\pi}{2}+\varphi_1\right)$，纯剪切应力 τ_{P_2} 菱形单元体的夹角为 $\frac{1}{2}\left(\frac{\pi}{2}+\varphi_2\right)$ 和 $\frac{1}{2}\left(\frac{\pi}{2}+\varphi_2\right)$，用这两组截面得出不等边八面体的纯剪切单元体，如图 2.21（c）所示，它等效于图 2.21（b）所示的偏应力状态（$S_2>0$），与 2.9 节 $S_2>0$ 时的情况相类似，当 $S_1=S_2$ 时，$\varphi_1=\varphi_2$，此时纯剪切单元体成为等腰的细长八面体。

2.10　纯剪切应力状态（$S_2=0$）

当偏应力状态的中间主偏应力 $S_2=0$ 时，则 $S_1=-S_3$，偏应力状态即为一平面纯剪切应力状态：

$$\begin{bmatrix} S_1 & 0 & 0 \\ 0 & 0 & 0 \\ 0 & 0 & S_3 \end{bmatrix} = \begin{bmatrix} S_1 & 0 & 0 \\ 0 & 0 & 0 \\ 0 & 0 & -S_1 \end{bmatrix} \tag{2.52}$$

它等效于一组平面纯剪切应力状态：

$$\begin{bmatrix} 0 & 0 & \tau_1 \\ 0 & 0 & 0 \\ \tau_1 & 0 & 0 \end{bmatrix}$$

这两种应力表述的相应单元体如图 2.22（a）和（b）所示，图 2.22（c）为它们相应的三向应力圆。

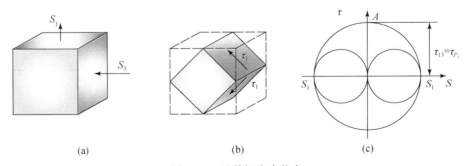

图 2.22　纯剪切应力状态

这是一种很特殊的应力状态，这时从应力状态分解或从纯剪切应力来分析，它们都只存在一组平面纯剪切应力 τ_1 或 τ_{P_1}，且它们的数值均相等并等于主剪应力 τ_{13}，有

$$\tau_1 = S_1$$

$$\tau_{P_1} = \sqrt{-S_1 S_3} = S_1 \quad \varphi = 0°$$

$$\tau_{13} = \frac{S_1 - S_3}{2} = S_1$$

(2.53)

将这一结果与 $S_2<0$ 和 $S_2>0$ 的偏应力状态相比，可以看出，当 $S_2=0$ 时，不仅三种剪应力在数值上相等，即 $\tau_1 = \tau_{P_1} = \tau_{13}$，而且相应的单元体和作用截面均相同。而当 $S_2 \neq 0$ 时，由以上所述可知，三种剪应力分别等于：

$$\tau_1 = S_1 = \frac{1}{3}(2\sigma_1 - \sigma_2 - \sigma_3)$$

$$\tau_{P_1} = \sqrt{-S_1 S_3}$$

$$\varphi_1 \neq 0$$

$$\tau_{13} = \frac{S_1 - S_3}{2} = \frac{\sigma_1 - \sigma_3}{2}$$

(2.54)

此外，当 $S_2 = 0$ 时，$\tau_{P_2} = \sqrt{-S_1 S_2} = \sqrt{-S_2 S_3} = 0$，因此只存在一组纯剪切应力。$S_2 \neq 0$ 时，$\tau_{P_2} \neq 0$，已如前所述。

2.11　剪应力定理

由以上所述，对剪应力有了更进一步的认识，它们可以归纳为以下几个普遍性的规律。

（1）单元体三个相互垂直截面上的三个正应力之和等于零时，此应力状态为空间纯剪切应力状态，其必要和充分条件为

$$\sigma_x + \sigma_y + \sigma_z = \sigma_1 + \sigma_2 + \sigma_3 = 0$$

（2）偏应力状态为空间纯剪切应力状态，它可以分解为两组平面纯剪切应力状态，与空间纯剪应力状态相对应的单元体为不等边的细长八面体，八面体形状取决于 S_2 的大小和符号。

（3）过一点并垂直于某一主平面的一组截面中，如有两个截面与另一主平面的夹角相等，则两个截面上的正应力必相等，而剪应力互等，即两个截面上的剪应力的大小相等，方向相反，这是常见的剪应力互等定理的推广，可称为广义剪应力互等定理，剪应力互等定理为其特例。

2.12　应力状态类型、双剪应力状态参数

一点的主应力状态（σ_1，σ_2，σ_3）可以组合成无穷多个应力状态。根据应力状态的特点并选取一定的应力状态参数，则可以将应力状态划分为几种典型的类型。Lode 于 1926 年曾引入一个应力状态参数：

$$\mu_\sigma = \frac{2\sigma_2 - \sigma_1 - \sigma_3}{\sigma_1 - \sigma_3}$$

(2.55)

这一应力状态参数常称为 Lode 参数，并得到广泛的应用。但是 Lode 参数的意义不太明确。

进一步研究可发现 Lode 参数可以简化，将式（2.55）写为主剪应力形式为

$$\mu_\sigma = \frac{2\sigma_2 - \sigma_1 - \sigma_3}{\sigma_1 - \sigma_3} = \frac{\tau_{23} - \tau_{12}}{\tau_{13}} \tag{2.56}$$

实际上，由于存在 $\tau_{12} + \tau_{23} = \tau_{13}$，三个主剪应力中只有两个独立量。因此，俞茂宏把 Lode 应力参数式中的三个剪应力省去一个，提出直接两个剪应力的双剪应力状态参数 μ_τ 和 μ_τ' 为（俞茂宏，1991）

$$\mu_\tau = \frac{\tau_{12}}{\tau_{13}} = \frac{\sigma_1 - \sigma_2}{\sigma_1 - \sigma_3} = \frac{S_1 - S_2}{S_1 - S_3} \tag{2.57}$$

$$\mu_\tau' = \frac{\tau_{23}}{\tau_{13}} = \frac{\sigma_2 - \sigma_3}{\sigma_1 - \sigma_3} = \frac{S_2 - S_3}{S_1 - S_3} \tag{2.58}$$

$$\mu_\tau + \mu_\tau' = 1 \quad 0 \leqslant \mu_\tau \leqslant 1 \quad 0 \leqslant \mu_\tau' \leqslant 1 \tag{2.59}$$

双剪应力状态参数 μ_τ 或 μ_τ' 具有简单而明确的概念。它们是两个主剪应力的比值，也是两个应力圆的半径（或直径）之比；它可以作为反映中间主应力 σ_2 效应的一个参数，也可以作为应力状态类型的一个参数；此外，这两个双剪应力状态参数只反映应力状态的类型，而与静水应力的大小无关，它们也是两个反映应力偏量状态的参数。显然，根据双剪应力状态参数的定义和性质可知：

（1）$\mu_\tau = 1(\mu_\tau' = 0)$ 时，相应的应力状态为：①$\sigma_1 > 0$，$\sigma_2 = \sigma_3 = 0$，单向拉伸应力状态；②$\sigma_1 = 0$，$\sigma_2 = \sigma_3 < 0$，双向等压状态；③$\sigma_1 > 0$，$\sigma_2 = \sigma_3 < 0$，一向拉伸另二向等压。

（2）$\mu_\tau = \mu_\tau' = 0.5$ 时，相应的应力状态为：①$\sigma_2 = \frac{1}{2}(\sigma_1 + \sigma_3) = 0$，纯剪切应力状态；②$\sigma_2 = \frac{1}{2}(\sigma_1 + \sigma_3) > 0$，二向拉伸一向压缩状态；③$\sigma_2 = \frac{1}{2}(\sigma_1 + \sigma_3) < 0$，一向拉伸二向压缩状态。

（3）$\mu_\tau = 0(\mu_\tau' = 1)$ 时，相应的应力状态为：①$\sigma_1 = \sigma_2 = 0$，$\sigma_3 < 0$，单向压缩状态；②$\sigma_1 = \sigma_2 > 0$，$\sigma_3 = 0$，双向等拉状态；③$\sigma_1 = \sigma_2 < 0$，$\sigma_3 > 0$，二向等拉一向压缩。

根据双剪应力状态参数，按两个较小主剪应力 τ_{12} 和 τ_{23} 的相对大小，可以十分清晰地把各种应力状态分为以下三种类型：

（1）广义拉伸应力状态，即 $\tau_{12} > \tau_{23}$ 状态，此时 $0 \leqslant \mu_\tau' < 0.5 < \mu_\tau \leqslant 1$，三向应力圆中的两个小圆右大左小。如果以偏应力来表示，则是一种一向拉伸二向压缩的应力状态，并且拉应力的绝对值最大，故把这种应力状态称为广义拉伸应力状态。当左面小应力圆缩为一点时，右面中应力圆与应力圆相同，二圆合一，$\mu_\tau' = 0$，$\mu_\tau = 1$，即 $\sigma_2 = \sigma_3$，$\sigma_2 = \sigma_3$ 可大于零、小于零或等于零，$\sigma_2 = \sigma_3 = 0$ 时为单向拉伸应力状态。

（2）广义剪切应力状态，即 $\tau_{12} = \tau_{23}$ 状态，此时 $\sigma_2 = \frac{1}{2}(\sigma_1 + \sigma_3)$，三向应力圆中的两个较小应力圆相等，中间偏应力 $S_2 = 0$，另两个偏应力为一向拉伸一向压缩，且数值相等。这时两个双剪应力参数相等，$\mu_\tau = \mu_\tau' = 0.5$，它对应于 $\sigma_2 = \frac{1}{2}(\sigma_1 + \sigma_3)$，但 $\sigma_2 = \frac{1}{2}$

$(\sigma_1+\sigma_3)$ 可大于零、小于零或等于零，当 $\sigma_2=\dfrac{1}{2}(\sigma_1+\sigma_3)=0$ 时，为纯剪切应力状态。

（3）广义压缩应力状态，即 $\tau_{12}<\tau_{23}$ 状态。此时 $0\leqslant\mu_\tau<0.5<\mu'_\tau\leqslant1$，应力圆中两个小应力圆右小左大，广义压缩应力绝对值为最大。当右面的小应力圆退缩为一点时，左面的中应力圆与大应力圆相同，二圆合一，$\mu_\tau=0$，$\mu'_\tau=1$，即 $\sigma_1=\sigma_2$，$\sigma_1=\sigma_2$ 可大于零、小于零或等于零，其中 $\sigma_1=\sigma_2$，$\sigma_3<0$ 的应力状态为单向压缩应力状态。

作者引入的双剪应力状态参数不仅简化了 Lode 应力状态参数，并且形式简单，概念清晰，使双剪理论体系中的概念更加丰富，也可使目前在不同专业中的关于应力状态类型的定义和分类得到统一。双剪应力状态参数 μ_τ 和 μ'_τ 与 Lode 应力参数 μ_σ 之间的关系为

$$\mu_\tau=\frac{1-\mu_\sigma}{2}=1-\mu'_\tau \tag{2.60}$$

$$\mu'_\tau=\frac{1+\mu_\sigma}{2}=1-\mu_\tau \tag{2.61}$$

2.13　双剪应力函数

与两个双剪单元体和两个双剪应力状态函数相对应，下面引入两个双剪应力函数：

$$T_\tau=\tau_{13}+\tau_{12}=\sigma_1-\frac{1}{2}(\sigma_2+\sigma_3) \tag{2.62}$$

$$T'_\tau=\tau_{13}+\tau_{23}=\frac{1}{2}(\sigma_1+\sigma_2)-\sigma_3 \tag{2.63}$$

取双剪应力状态参数为横坐标，双剪函数的无量纲量为纵坐标，分别作出 τ_{12}、τ_{23} 和 T_τ、T'_τ 的变化规律，如图 2.23 所示，图中同时绘出了当 σ_2 从 $\sigma_2=\sigma_3$ 向 $\sigma_2=\sigma_1$ 增加的过

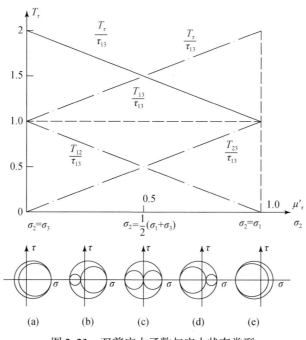

图 2.23　双剪应力函数与应力状态类型

程中三向应力圆、主剪应力、主应力偏应力的变化情况。图中的水平虚线为最大剪应力函数 τ_{13} 的变化情况。由图中可以看出：

（1）最大剪应力函数为一水平直线，它未能反映中间主应力 σ_2 改变的情况；

（2）双剪应力函数为两条斜直线，它通过中间主剪应力 σ_2 来显示其影响；

（3）以 $\mu=\mu_\tau'=0.5$ 为界，取双剪函数有以下两种选择：当 $\mu_\tau'<0.5<\mu_\tau$ 时，$(\tau_{13}+\tau_{12})>(\tau_{13}+\tau_{23})$，采用 $T_\tau=\tau_{13}+\tau_{12}$ 作为双剪函数；当 $\mu_\tau<0.5<\mu_\tau'$ 时，$(\tau_{13}+\tau_{12})<(\tau_{13}+\tau_{23})$，采用 $T_\tau'=\tau_{13}+\tau_{23}$ 作为双剪函数；当 $\mu=\mu_\tau'=0.5$ 时，两者相等 $T_\tau=T_\tau'$，均可适用；

（4）双剪函数与应力状态类型有关，当中间主应力 σ_2 从 $\sigma_2=\sigma_3$ 向 $\sigma_2=\sigma_1$ 变化时，双剪函数先是逐步下降，到一定程度时 $\left[\mu_\tau=\mu_\tau'=0.5,\ \text{即}\ \sigma_2=\frac{1}{2}(\sigma_1+\sigma_3)\ \text{时}\right]$，又随 σ_2 的增加而提高，因此双剪函数具有区间性，这两个区间所对应的分别为广义拉伸区和广义压缩区。

2.14　主应力空间

单元体的主应力状态 $(\sigma_1,\ \sigma_2,\ \sigma_3)$，可用 $\sigma_1\text{-}\sigma_2\text{-}\sigma_3$ 直角坐标中的一个应力点 $P(\sigma_1,\ \sigma_2,\ \sigma_3)$ 来确定，如图 2.24 所示。应力点的矢径 OP 为

$$\sigma=\sigma_1 e_1+\sigma_2 e_2+\sigma_3 e_3=\sigma_i e_i \tag{2.64}$$

式中，e_i 为坐标轴的正向单位矢。

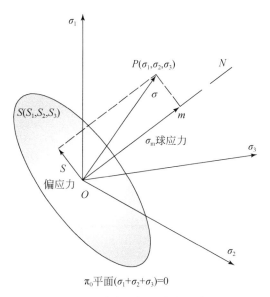

图 2.24　应力空间和应力状态矢

通过坐标原点作一等斜的 π_0 平面，π_0 平面的方程为

$$\sigma_1+\sigma_2+\sigma_3=0 \tag{2.65}$$

在 π_0 平面上所有的应力点的应力球张量（或静水应力 σ_m）均等于零，只有应力偏张量。

π_0 平面的法线 ON 称为等倾线，它与三个坐标轴成 $54°44'$ 等倾角，其方程为

$$\sigma_1 = \sigma_2 = \sigma_3 \tag{2.66}$$

应力张量 σ_{ij} 可以分解为球张量和偏张量，应力状态矢量 σ 也可分解为平均应力或静水应力矢量 σ_m 和平均剪应力矢量或均方根主应差 τ_m，如图 2.24 所示，即

$$\sigma = \sigma_m + \tau_m \tag{2.67}$$

它们的大小（模）分别等于

$$\varepsilon = \frac{1}{\sqrt{3}}(\sigma_1 + \sigma_2 + \sigma_3) \tag{2.68}$$

$$\gamma = \sqrt{\frac{1}{3}[(\sigma_1-\sigma_2)^2+(\sigma_2-\sigma_3)^2+(\sigma_3-\sigma_1)^2]} = \sqrt{3\tau_8} = \sqrt{2J_2} = 2\tau_m \tag{2.69}$$

式中，σ_8 为八面正应力；τ_8 为八面体剪应力；J_2 为应力偏量第二不变量；τ_m 为均方根剪应力，有

$$\tau_m = \sqrt{\frac{\tau_{13}^2+\tau_{12}^2+\tau_{23}^2}{3}} = \sqrt{\frac{1}{12}[(\sigma_1-\sigma_2)^2+(\sigma_2-\sigma_3)^2+(\sigma_3-\sigma_1)^2]} \tag{2.70}$$

平行于 π_0 平面但不通过坐标原点的平面称为 π 平面，其方程式为

$$\sigma_1 + \sigma_2 + \sigma_3 = C \tag{2.71}$$

式中，C 为任意常数。π 平面上各应力点具有相同的应力球张量（或相同的静水应力 σ_m）且

$$\sigma_m = \frac{C}{3} \tag{2.72}$$

平行于静水应力线但不通过坐标原点的直线方程为

$$\sigma_1 - C_1 = \sigma_2 - C_2 = \sigma_3 - C_3 \tag{2.73}$$

式中，C_1，C_2，C_3 为三个任意常数。沿着这条直线上的各点具有相同的应力偏量。因此，对于一些与静水应力 σ_m 无关的问题，可以在 π_0 平面上进行研究。

应力空间三个主应力坐标轴 σ_1，σ_2，σ_3 在 π 平面上的投影为 σ_1'，σ_2'，σ_3'，它们之间的投影关系通过应力在等斜面上的投影得到。在图 2.25 中，ABC 为等斜面，ON 为等倾线，两者正交，OO' 分别与 $O'A$、$O'B$ 和 $O'C$ 成直角，等倾线 ON 与三个应力坐标轴的夹角 $\alpha = \arccos\frac{1}{\sqrt{3}} = 54°44'$。且 $O'A$、$O'B$ 和 $O'C$ 分别与三个应力坐标轴成 β 角，$\beta = \arccos\sqrt{\frac{2}{3}} = 35°16'$。因此，可得 π 平面上的 σ_1'，σ_2'，σ_3' 坐标与应力空间的三个坐标轴 σ_1，σ_2，σ_3 之间的关系如下：

$$\begin{aligned}\sigma_1' &= \sigma_1\cos\beta = \sqrt{\frac{2}{3}}\sigma_1 \\ \sigma_2' &= \sigma_2\cos\beta = \sqrt{\frac{2}{3}}\sigma_2 \\ \sigma_3' &= \sigma_3\cos\beta = \sqrt{\frac{2}{3}}\sigma_3\end{aligned} \tag{2.74}$$

剪应力 τ_m 恒作用在 π 平面上，它在 σ_1'，σ_2'，σ_3' 轴上的三个分量存在以下关系：

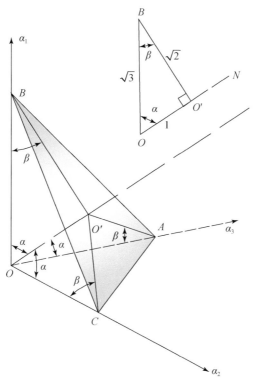

图 2.25　等倾偏平面

$$S_1 + S_2 + S_3 = 0 \tag{2.75}$$

因此，它只有两个独立的分量。只要知道 τ_m 的模和它与某一轴的夹角，或者它在 π 平面上一对垂直坐标 x，y 的两个分量，即可确定 τ_m。

2.15　静水应力轴与空间柱坐标

由于材料的力学性能往往与静力应力的大小有一定的关系，因此在强度理论的研究中，特别是在岩石、土体、混凝土破坏准则和本构关系的研究中，常常采用以静水应力轴为主轴的应力空间，如图 2.26 所示，图中主轴为静水应力轴或 z 轴；π 平面的坐标可取 (x, y) 为直角坐标，或 (r, θ) 为极坐标，如图 2.27 所示。

因此，主应力空间的应力点 $P(\sigma_1, \sigma_2, \sigma_3)$ 可表示为 $P(x, y, z)$ 或 $P(r, \theta, \xi)$，它们与主应力、主剪应力及静水应力轴坐标之间的关系如下：

$$x = \frac{1}{\sqrt{2}}(\sigma_3 - \sigma_2) = -\frac{\tau_{23}}{\sqrt{2}}$$

$$y = \frac{1}{\sqrt{6}}(2\sigma_1 - \sigma_2 - \sigma_3) = \frac{\sqrt{6}}{3}(\tau_{13} + \tau_{12}) = \frac{\sqrt{6}}{2}S_1 \tag{2.76}$$

$$z = \frac{1}{\sqrt{3}}(\sigma_1 + \sigma_2 + \sigma_3) = \frac{1}{\sqrt{3}}I_1 = \sqrt{3}\,\sigma_8 = \sqrt{3}\,\sigma_m$$

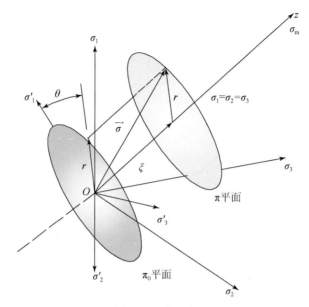

图 2.26　柱坐标

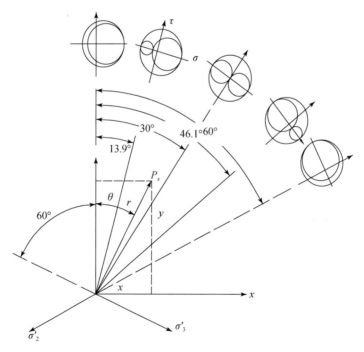

图 2.27　π 平面上的应力状态

柱坐标(ξ, r, θ)各变量与主应力$P(\sigma_1, \sigma_2, \sigma_3)$之间的关系为

$$\xi = |ON| = \frac{1}{\sqrt{3}}(\sigma_1 + \sigma_2 + \sigma_3) = \frac{I_1}{\sqrt{3}} = \sqrt{3}\sigma_m \tag{2.77}$$

$$r = |NP| = \frac{1}{\sqrt{3}} [(\sigma_1 - \sigma_2)^2 + (\sigma_2 - \sigma_3)^2 + (\sigma_3 - \sigma_1)^2]^{\frac{1}{2}}$$

$$= (S_1^2 + S_2^2 + S_3^2)^{\frac{1}{2}} = \sqrt{2J_2} = \sqrt{3}\tau_8 = 2\tau_m \tag{2.78}$$

$$\theta = \arctan\frac{x}{y} \tag{2.79}$$

$$\tan\theta = \frac{(\sigma_2 - \sigma_3)\sqrt{3}}{2\sigma_1 - \sigma_2 - \sigma_3} = \frac{1 + \mu_\tau\sqrt{3}}{1 + \mu_\tau} \tag{2.80}$$

由式 (2.76) 和式 (2.78) 可得出

$$\cos\theta = \frac{y}{r} = \frac{\sqrt{6}S_1}{\sqrt{2J_2}} = \frac{\sqrt{3}}{2}\frac{S_1}{\sqrt{J_2}} = \frac{2\sigma_1 - \sigma_2 - \sigma_3}{2\sqrt{3}\sqrt{J_2}} \tag{2.81}$$

注意到应力偏量第二不变量 J_2 和第三不变量 J_3 分别等于 $J_2 = -(S_1 S_2 + S_2 S_3 + S_3 S_1)$ 和 $J_3 = S_1 S_2 S_3$，由三角关系可得

$$\cos3\theta = 4\cos^3\theta - 3\cos\theta = \frac{3\sqrt{3}}{2J_2^{\frac{3}{2}}}(S_1^3 - J_2 S_1) = \frac{3\sqrt{3}}{2} \cdot \frac{J_3}{J_2^{\frac{3}{2}}} \tag{2.82}$$

三个主偏应力可推导得出：

$$S_1 = \frac{2}{\sqrt{3}}\sqrt{J_2}\cos\theta \tag{2.83}$$

$$S_2 = \frac{2}{\sqrt{3}}\sqrt{J_2}\cos\left(\frac{2\pi}{3} - \theta\right) \tag{2.84}$$

$$S_3 = \frac{2}{\sqrt{3}}\sqrt{J_2}\cos\left(\frac{2\pi}{3} + \theta\right) \tag{2.85}$$

以上关系只有在 $\sigma_1 \geq \sigma_2 \geq \sigma_3$ 和 $0° \leq \theta \leq \frac{\pi}{3}$ 的条件下才适用。在下面的章节可以看到，对于各向同性材料，在 π 平面上的材料极限面具有三轴对称性，因此一般只要了解在 $0 \leq \theta \leq \frac{\pi}{3}$ 的范围内的材料特性或极限面，即可按三轴对称性作出整个 π 平面 360° 范围的材料极限面。

根据式 (2.83)~式 (2.85) 和式 (2.77) 以及偏应力的概念，可得出相应的三个主应力：

$$\sigma_1 = \frac{1}{\sqrt{3}}\xi + \sqrt{\frac{2}{3}}r\cos\theta$$

$$\sigma_2 = \frac{1}{\sqrt{3}}\xi + \sqrt{\frac{2}{3}}r\cos\left(\theta - \frac{2\pi}{3}\right) \quad 0 \leq \theta \leq \frac{\pi}{3} \tag{2.86}$$

$$\sigma_3 = \frac{1}{\sqrt{3}}\xi + \sqrt{\frac{2}{3}}r\cos\left(\theta + \frac{2\pi}{3}\right)$$

如用应力张量第一不变量 I_1 和应力偏量第二不变量 J_2 表示，式 (2.86) 可表示为

$$\sigma_1 = \frac{I_1}{3} + \frac{2}{\sqrt{3}}\sqrt{J_2}\cos\theta$$

$$\sigma_2 = \frac{I_1}{3} + \frac{2}{\sqrt{3}}\sqrt{J_2}\cos\left(\theta - \frac{2\pi}{3}\right) \quad 0 \leqslant \theta \leqslant \frac{\pi}{3} \qquad (2.87)$$

$$\sigma_3 = \frac{I_1}{3} + \frac{2}{\sqrt{3}}\sqrt{J_2}\cos\left(\theta + \frac{2\pi}{3}\right)$$

三个主剪应力可相应推导得出:

$$\tau_{13} = \sqrt{J_2}\sin(\theta + \pi/3) = \sqrt{2}\,\tau_m\sin\left(\theta + \frac{\pi}{3}\right)$$

$$\tau_{12} = \sqrt{J_2}\sin\left(\frac{\pi}{3} - \theta\right) \qquad (2.88)$$

$$\tau_{23} = \sqrt{J_2}\sin\theta$$

由于式 (2.86) ~ 式 (2.88) 可以方便地研究 π 平面上各应力分量之间的关系,并且可以建立起三个主应力独立量 (σ_1,σ_2,σ_3) 和三个应力不变量 (J_1,J_2,J_3) 或应力空间柱坐标三个独立量 (r,θ,ξ) 之间的关系,以及它们与应力状态参数(双剪应力状态参数或 Lode 参数)之间的关系。表 2.2 总结了几种典型应力状态的应力状态特点和应力状态参数与应力角 θ 的关系。图 2.27 中同时绘出了与不同应力角相对应的几种典型应力状态的三向应力圆。应力圆的纵坐标 τ 均对应于 π 平面应力状态,即相对于静水应力 $\sigma_m = C$ 的状态。因此,当加或减一个静水应力时,应力圆的相对大小和位置均不变。

表 2.2　几种典型应力状态的应力状态特点和应力状态参数与应力角的关系

应力状态		主应力	主剪应力	偏应力	应力角 θ	应力状态参数 ξ		
广义拉伸	纯拉、二向等压	$\sigma_2 = \sigma_3$	$\tau_{12}=\tau_{13}$　$\tau_{23}=0$	$S_2 = S_3$ $S_1 = S_2 + S_3$	0°	1	0	−1
	$\tau_{23}=\frac{\tau_{12}}{3}$,$\tau_{13}=4\tau_{23}$	$\sigma_2 < \frac{1}{2}(\sigma_1+\sigma_3)$	$\tau_{12}>\tau_{13}$	$S_1 = S_2 + S_3$	13.9°	$\frac{3}{4}$	$\frac{1}{4}$	$-\frac{1}{2}$
纯剪切应力状态		$\sigma_2 = \frac{1}{2}(\sigma_1+\sigma_3)$	$\tau_{12}=\tau_{23}$	$S_1 = \lvert S_3 \rvert$ $S_2 = 0$	30°	0.5	0.5	0
广义压缩	$\tau_{12}=\frac{\tau_{23}}{3}$,$\tau_{13}=4\tau_{12}$	$\sigma_2 > \frac{1}{2}(\sigma_1+\sigma_3)$	$\tau_{12}<\tau_{23}$	$\lvert S_3 \rvert = S_1 + S_2$	46.1°	$\frac{1}{4}$	$\frac{3}{4}$	$\frac{1}{2}$
	纯压、二向等拉	$\sigma_2 = \sigma_1$	$\tau_{12}=0$　$\tau_{23}<\tau_{13}$	$S_1 = S_2$ $\lvert S_3 \rvert = S_1 + S_2$	60°	0	1	+1

由于材料的强度及强度极限面往往随静水应力而变化,因此在 (ξ,r,θ) 柱坐标中研究极限面有很大方便。本书的双剪角隅模型及双剪应力多参数准则都将在以静水应力轴 $\sigma_m = \xi$ 和 π 平面的极坐标 (r,θ) 中进行研究。

2.16　双剪统一强度理论

为了建立能够适用于更广泛材料的统一强度理论,考虑作用于双剪单元体上的全部应力分量以及它们对材料屈服和破坏的不同影响，统一强度理论的定义为：当作用于双剪单元体上的两个较大主剪应力及其相应面上的正应力影响函数达到某一极限值时，材料开始发生屈服或破坏。其一般数学表达式为

$$F = \tau_{13} + b\tau_{12} + \beta(\sigma_{13} + b\sigma_{12}) = C \tag{2.89}$$

当 $\tau_{12} + \beta\sigma_{12} \geqslant \tau_{23} + \beta\sigma_{23}$ 时

$$F' = \tau_{13} + b\tau_{23} + \beta(\sigma_{13} + b\sigma_{23}) = C \tag{2.90}$$

当 $\tau_{12} + \beta\sigma_{12} \leqslant \tau_{23} + \beta\sigma_{23}$ 时

$$\tau_{ij} = \frac{\sigma_i - \sigma_j}{2} \qquad \sigma_{ij} = \frac{\sigma_i + \sigma_j}{2} \tag{2.91}$$

它们是主剪应力和相应面上的正应力，b 为反映中间主应力影响或主剪应力作用的系数，β 为反映正应力对材料破坏的影响系数，C 为材料的强度参数。参数 β 和 C 可以由材料拉伸强度极限 σ_t 和压缩强度极限 σ_c 确定，则 β 和 C 可以表示为

$$\beta = \frac{\sigma_c - \sigma_t}{\sigma_c + \sigma_t} = \frac{1 - \alpha}{1 + \alpha} \tag{2.92}$$

$$C = \frac{2\sigma_c\sigma_t}{\sigma_c + \sigma_t} = \frac{2}{1 + \alpha}\sigma_t \tag{2.93}$$

其中引入了拉压强度比参数 $\alpha = \dfrac{\sigma_t}{\sigma_c}$，它反映了材料的 SD（strength differences）效应。

将式（2.91）~式（2.93）代入式（2.89）、式（2.90）就可以得出主应力形式的双剪统一强度理论（俞茂宏，1991）。

$$F = \sigma_1 - \frac{\alpha}{1 + b}(b\sigma_2 + \sigma_3) = \sigma_t \qquad \sigma_2 \leqslant \frac{\sigma_1 + \alpha\sigma_3}{1 + \alpha} \tag{2.94}$$

$$F' = \frac{1}{1 + b}(\sigma_1 + b\sigma_2) - \alpha\sigma_3 = \sigma_t \qquad \sigma_2 \geqslant \frac{\sigma_1 + \alpha\sigma_3}{1 + \alpha} \tag{2.95}$$

b 与材料剪切强度极限 τ_0 和拉压强度极限 σ_t、σ_c 的关系为

$$\alpha = \frac{\sigma_t}{\sigma_c}, \qquad b = \frac{(1 + \alpha)\tau_0 - \sigma_t}{\sigma_t - \tau_0} = \frac{1 + \alpha - B}{B - 1} \tag{2.96}$$

$$B = \frac{\sigma_t}{\tau_0} = \frac{1 + b + \alpha}{1 + b} \tag{2.97}$$

将式（2.96）和式（2.97）代入式（2.94）和式（2.95），得到统一强度理论的另一表达式为

$$F = \sigma_1 - (1 + \alpha - B)\sigma_2 - (B - 1)\sigma_3 = \sigma_t \qquad \sigma_2 \leqslant \frac{\sigma_1 + \alpha\sigma_3}{1 + \alpha} \tag{2.98}$$

$$F' = \frac{B - 1}{\alpha}\sigma_1 + \frac{1 + \alpha - B}{\alpha}\sigma_2 - \alpha\sigma_3 = \sigma_t \qquad \sigma_2 \geqslant \frac{\sigma_1 + \alpha\sigma_3}{1 + \alpha} \tag{2.99}$$

统一强度理论根据研究问题的需要，还可以表述为其他形式。

1）应力不变量形式 $F(I_1, J_2, \theta, \sigma_t, \alpha)$

$$F = (1 - \alpha)\frac{I_1}{3} + \frac{\alpha(1 - b)}{1 + b}\sqrt{J_2}\sin\theta + (2 + \alpha)\sqrt{\frac{J_2}{3}}\cos\theta = \sigma_t \qquad 0° \leqslant \theta \leqslant \theta_b \tag{2.100}$$

$$F' = (1-\alpha)\frac{I_1}{3} + \left(\alpha + \frac{b}{1+b}\right)\sqrt{J_2}\sin\theta + \left(\frac{2-b}{1+b} + \alpha\right)\sqrt{\frac{J_2}{3}}\cos\theta = \sigma_t, \quad \theta_b \leqslant \theta \leqslant 60° \qquad (2.101)$$

式中，θ 为与双剪应力参数 $\mu_\tau = \dfrac{\tau_{12}}{\tau_{13}}$ 或 $\mu_\tau' = \dfrac{\tau_{23}}{\tau_{13}}$ 相对应的应力角，交接处的角度 θ_b 可由 $F = F'$ 的条件求得。

$$\theta_b = \arctan\frac{\sqrt{3}(1+\beta)}{3-\beta}, \quad \beta = \frac{1-\alpha}{1+\alpha} \qquad (2.102)$$

2）主应力表达式 $F(\sigma_1, \sigma_2, \sigma_3, C_0, \varphi)$

岩土工程中常用的内聚力 C_0 和内摩擦角 φ，可将 $\alpha = \dfrac{1-\sin\varphi}{1+\sin\varphi}$，$\sigma_t = \dfrac{2C_0\cos\varphi}{1+\sin\varphi}$ 代入式（2.94）和式（2.95）即可得其数学表达式为

$$F = \sigma_1 - \frac{1-\sin\varphi}{(1+b)(1+\sin\varphi)}(b\sigma_2 + \sigma_3) = \frac{2C_0\cos\varphi}{1+\sin\varphi}, \quad \sigma_2 \leqslant \frac{1}{2}(\sigma_1+\sigma_3) - \frac{\sin\varphi}{2(\sigma_1-\sigma_3)} \qquad (2.103)$$

$$F' = \frac{1}{1+b}(\sigma_1 + b\sigma_2) - \frac{1-\sin\varphi}{1+\sin\varphi}\sigma_3 = \frac{2C_0\cos\varphi}{1+\sin\varphi}, \quad \sigma_2 \geqslant \frac{1}{2}(\sigma_1+\sigma_3) - \frac{\sin\varphi}{2(\sigma_1-\sigma_3)} \qquad (2.104)$$

3）应力不变量表达式 $F(I_1, J_2, \theta, C_0, \varphi)$

$$F = \frac{2I_1}{3}\sin\varphi + \frac{2\sqrt{J_2}}{1+b}\left[\sin\left(\theta + \frac{\pi}{3}\right) - b\sin\left(\theta - \frac{\pi}{3}\right)\right]$$
$$+ \frac{2\sqrt{J_2}}{(1+b)\sqrt{3}}\left[\sin\varphi\cos\left(\theta + \frac{\pi}{3}\right) + b\sin\varphi\cos\left(\theta - \frac{\pi}{3}\right)\right] = 2C_0\cos\varphi, \quad 0° \leqslant \theta \leqslant \theta_b \qquad (2.105)$$

$$F' = \frac{2I_1}{3}\sin\varphi + \frac{2\sqrt{J_2}}{1+b}\left[\sin\left(\theta + \frac{\pi}{3}\right) - b\sin\theta\right]$$
$$+ \frac{2\sqrt{J_2}}{(1+b)\sqrt{3}}\left[\sin\varphi\cos\left(\theta + \frac{\pi}{3}\right) + b\sin\varphi\cos\theta\right] = 2C_0\cos\varphi, \quad \theta_b \leqslant \theta \leqslant 60° \qquad (2.106)$$

4）主应力形式 $F(\sigma_1, \sigma_2, \sigma_3, \alpha, \sigma_c)$

在岩土力学和工程中，一般采用压缩强度参数 σ_c，则式（2.105）和式（2.106）可改写为

$$F = \frac{\sigma_1}{\alpha} - \frac{b\sigma_2 + \sigma_3}{1+b} = \sigma_c, \quad \sigma_2 \leqslant \frac{\sigma_1 + \alpha\sigma_3}{1+\alpha} \qquad (2.107)$$

$$F' = \frac{\sigma_1 + b\sigma_2}{\alpha(1+b)} - \sigma_3 = \sigma_c, \quad \sigma_2 \geqslant \frac{\sigma_1 + \alpha\sigma_3}{1+\alpha} \qquad (2.108)$$

5）应力不变量表达式 $F(I_1, J_2, \theta, \alpha, \sigma_c)$

$$F = \frac{1-\alpha}{3\alpha}I_1 + \frac{1-b}{1+b}\sqrt{J_2}\sin\theta + \frac{2+\alpha}{\alpha\sqrt{3}}\sqrt{J_2}\cos\theta = \sigma_c, \quad 0° \leqslant \theta \leqslant \theta_b \qquad (2.109)$$

$$F' = \frac{1-\alpha}{3\alpha}I_1 + \frac{\alpha+\alpha b+b}{\alpha(1+b)}\sqrt{J_2}\sin\theta + \frac{2+\alpha+\alpha b-b}{\alpha\sqrt{3}\,(1+b)}\sqrt{J_2}\cos\theta = \sigma_c,\quad \theta_b \leqslant \theta \leqslant 60° \qquad (2.110)$$

统一强度理论还可以表述为其他形式，可以十分灵活地适用于各种不同的材料。

统一强度理论包含四大族无限多个强度理论（俞茂宏，1991），通过变换其中的参数可形成各种单一形式的强度理论，其关系如图 2.28、图 2.29 所示。

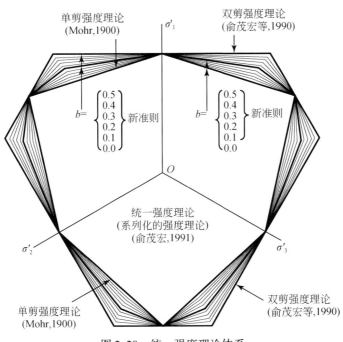

图 2.28　统一强度理论体系

统一强度理论具有明确的物理意义，其主要特点体现在以下几个方面。

（1）它充分考虑了作用在双剪应力单元体上的所有应力分量对材料的屈服或破坏的不同影响。

（2）它可以正确反映中间主应力的分段效应，并且可以全域灵活地适应于各种不同材料不同程度的中间主应力效应。

（3）由图 2.28 可见，随着参数 β（或 α），C 和 b 的不同选择（通过实验或经验），强度理论可以退化（或线形逼近）为 π 平面上的所有传统强度理论（或屈服准则）。具体来讲：①随着参数 b 值的不同，双剪统一强度理论可以退化为 Tresca 准则（当 $\alpha=1$，$b=0$ 时）、Mises 准则$\left(\text{当 }\alpha=1，b=\dfrac{1}{2}\text{ 或 }\alpha=1，b=\dfrac{1}{1+\sqrt{3}}\text{时，为线形逼近}\right)$、莫尔–库仑理论（当 $b=0$ 时）、双剪屈服准则（当 $\alpha=1$，$b=1$ 时）和广义双剪强度理论（当 $b=1$ 时）；②在所有满足 Drucker 公式的 π 平面上的屈服面（即外凸屈服面）中，其内外两个极限面分别是双剪统一强度理论的特例，即当 $b=0$ 时（当 $\alpha=1$ 时，为 Tresca 准则；当 $\alpha\neq1$ 时，为莫尔–库仑理论）为内极限，当 $b=1$ 时（当 $\alpha=1$ 时，为双剪屈服准则；当 $\alpha\neq1$ 时，为广义双剪强度理论）为外极限；③当参数 $0<b<1$ 时，得到介于内外极限面之间的外凸屈服面；

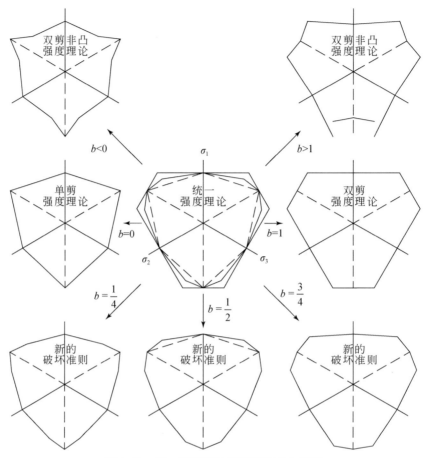

图 2.29　统一强度理论极限面的变化规律

④当 $b<0$ 或 $b>1$ 时，可以得到 π 平面上的非外凸屈服面。

（4）统一强度理论还可以得出一系列新的强度理论（当 b 为其他值时）。当 $\alpha=1$ 时，对应单轴拉压相等的材料，此时 π 平面上的极限面为等边十二边形；当 $\alpha\neq1$ 时，对应单轴拉压强度不等的材料，此时 π 平面上的极限面为不等边十二边形。

强度理论在 20 世纪得到很大发展。2008 年，中国岩石力学与工程学会理事长、解放军总参谋部科技委主任钱七虎院士在同济大学孙钧院士讲座中指出：单剪理论进一步发展为双剪理论，而双剪理论进一步发展为统一强度理论。单剪理论、双剪理论以及介于二者之间的其他破坏准则都是统一强度理论的特例或线性逼近（钱七虎、戚承志，2008）。因此可以说，统一强度理论在强度理论的发展史上具有突出的贡献。图 2.29 中极限面的内边界即为单剪理论，外边界为双剪理论，俞茂宏统一强度理论覆盖了从内边界到外边界的所有区域。

统一强度理论的系统内容总结在 1992 年的中文书《强度理论新体系》和 2004 年英文书《Unified Strength Theory and Its Applications》（俞茂宏，1992，2011；Yu 2004）。

俞茂宏统一强度理论的出现，推动了岩土材料强度理论的研究，21 世纪以来，国内外提出了一些以松冈元–中井准则为基础的统一准则、以 Lode 准则为基础的统一准则、以三剪准则为基础的统一准则等，它们都是曲线型的准则。但是这些准则都只能覆盖外凸准则的局部区域，到达不了外边界，同时，由于这些局部统一准则的非线性方程，在结构解析解方面存在困难。

主要参考文献

俞茂宏 . 1991. 对"一个新的普遍形式的强度理论"的讨论 . 土木工程学报, 24（2）：83～86.

俞茂宏 . 1992. 强度理论新体系 . 西安：西安交通大学出版社 .

俞茂宏 . 1998. 双剪理论及其应用 . 北京：科学出版社 .

俞茂宏 . 2011. 强度理论新体系：理论、发展和应用（第二版）. 西安：西安交通大学出版社 .

俞茂宏，何丽南 . 1983. 晶体和多晶体金属塑性变形的非 Schmid 效应和双剪应力准则 . 金属学报, 19（5）：190～196.

俞茂宏，何丽南 . 1988. 从纯剪切状态推导双剪应力屈服准则和双剪应变屈服准则，双剪应力强度理论研究 . 西安：西安交通大学出版社 .

俞茂宏，何丽南 . 1991. 材料力学中强度理论内容的历史演变和最新发展 . 力学与实践, 16（1）：59～61.

俞茂宏，何丽南，宋凌宇 . 1985. 双剪应力强度理论及其推广 . 中国科学（A 辑）, 28（12）：1113～1120.

俞茂宏，刘凤羽，刘锋等 . 1990. 一个新的普遍形式的强度理论 . 土木工程学报,（1）：34～40.

Chen W F, Saleeb A F. 1982. Constitutive Equations for Engineering Materials：Elasticity and Modelling Vol. 1. New York：John Wiley and Sons Inc.

Das B M. 1983. Advanced Soil Mechanics. New York：Hemisphere Publishing Co.

Lambe T W. 1967. Stress path method. Journal of the Soil Mechanics and Foundations Division, 93（6）：309～331.

Lambe T W, Whitman R V. 1979. Soil Mechanics. New York：John Wiley and Sons Inc.

Mohr O. 1990. Which circum-stances ars causing gield limit and fracture of a material. Civilingenieur, 44：1524～1530.

Pearson C E. 1959. Theoretical Elasticity. Cambridge：Harvard University Press.

Yu M H. 1983. Twin shear stress yield criterion. Internation Journal of Mechanical Science, 21（1）：71～74.

Yu M H. 2004. Unified Strength Theory and its Applications. Berlin：Springer.

Yu M H, He L N. 1991. A new model and theory on yield and failure of materials under the complex stress state. In：Jono M, Inoue T（eds.）. Mechanical Behavious of Materials-Ⅳ. Oxford：Pergamon Press.

第3章 基于统一强度理论的极限平衡 理论及其应用

3.1 引 言

极限平衡理论是岩土工程中研究岩土体稳定性及极限荷载常用的且最为重要的理论方法。把某一点的应力状态与强度极限联系起来，就可以判断岩土体内任意点的应力是否已达到强度极限，如果已达到强度极限，就称为"极限平衡状态"。这一理论研究岩土体在外荷载作用下达到极限平衡状态或塑性平衡状态时的应力分布场与塑性应变速度的分布场，从而决定岩土体在已知边界条件下的极限荷载。极限平衡理论涉及强度判据条件式，岩土体中任一点的极限平衡状态的强度条件有不同的表达方式，在以往的极限平衡分析中，常用莫尔–库仑强度准则来判断任一点或面上的应力状态是否达到极限平衡状态（张文革，1997；刘建航、候学渊，1997；顾慰慈，2005；魏汝龙，1999；朱大勇，2000），这类强度条件往往忽略了中间主应力的效应。本章采用考虑中间主应力的统一强度理论来研究岩土工程中重要的土压力与地基问题。

土压力是大量挖填工程中普遍遇到的问题，在大量的深基坑开挖、填土挡墙、地铁隧道和地下空间开发利用等工程中普遍都会遇到土压力问题，所以能否正确估计土压力对工程的经济、安全以及工程能否顺利施工有着重要意义。但由于土压力的计算涉及的因素太多，至今难以通过理论计算作出精确的解答。自 1776 年 Coulomb 和 1857 年 Rankine 建立土压力计算理论以来，土压力的研究已有 200 余年的历史。以上两种土压力理论通常被称为经典土压力理论，且 Rankine 土压力理论是莫尔–库仑理论的一种特殊情况。现代土力学中土压力的研究是基于 Terzaghi 和 Peak 的建议。目前，土压力计算方法有很多（Chen and Rosenfarb，1973；陈惠发，1995；李广信，2000；沈珠江，2000；孙红、赵锡宏，2002），有些基于土体处于极限状态时导出的滑楔理论或极限分析方法；苏联学者 Снитк（1947）曾提出根据位移来计算土压力的方法，但是位移的计算涉及弹塑性与非线性的分析，往往采用数值分析的方法（彭胤宗、沈相男，1991；Clough and Duncan，1971）。尽管莫尔–库仑理论和 Rankine 理论还存在不少问题，但它们在目前的工程中仍得到广泛的应用。下面就这两种土压力问题运用统一强度理论来分析。

3.2 统一强度理论的抗剪强度表达式

空间任意一点的主应力状态$(\sigma_1, \sigma_2, \sigma_3)$可以组合成无穷多个应力状态，下面根据 Lode 参数以及双剪应力状态参数来研究统一强度理论的抗剪强度形式。

由式（2.55）~式（2.61）可得

$$\sigma_2 = \frac{\sigma_1+\sigma_3}{2} + \frac{\mu_\sigma(\sigma_1-\sigma_3)}{2} \tag{3.1}$$

$$\sigma_2 = \frac{\sigma_1+\sigma_3}{2} - \frac{(1-2\mu'_\tau)(\sigma_1-\sigma_3)}{2} \tag{3.2}$$

将式（3.1）、式（3.2）与式（2.94）、式（2.95）的判别式比较，可得

当 $\mu_\sigma \leqslant -\sin\varphi_0$ 或 $\mu'_\tau \leqslant \dfrac{1-\sin\varphi_0}{2}$ 时，式（2.94）可写成：

$$\sigma_1 = \frac{(1+\sin\varphi_0)(2+b-b\mu_\sigma)}{2(1+b)(1-\sin\varphi_0)-b(1+\mu_\sigma)(1+\sin\varphi_0)}\sigma_3 + \frac{4(1+b)c_0\cos\varphi_0}{2(1+b)(1-\sin\varphi_0)-b(1+\mu_\sigma)(1+\sin\varphi_0)} \tag{3.3}$$

$$\sigma_1 = \frac{(1+\sin\varphi_0)(1+b-b\mu'_\tau)}{(1+b)(1-\sin\varphi_0)-b\mu'_\tau(1+\sin\varphi_0)}\sigma_3 + \frac{2(1+b)c_0\cos\varphi_0}{(1+b)(1-\sin\varphi_0)-b\mu'_\tau(1+\sin\varphi_0)} \tag{3.4}$$

当 $\mu_\sigma \geqslant -\sin\varphi_0$ 或 $\mu'_\tau \geqslant \dfrac{1-\sin\varphi_0}{2}$ 时，式（2.95）可写成：

$$\sigma_1 = \frac{2(1+b)(1+\sin\varphi_0)-b(1-\mu_\sigma)(1-\sin\varphi_0)}{(1-\sin\varphi_0)(2+b+b\mu_\sigma)}\sigma_3 + \frac{4(1+b)c_0\cos\varphi_0}{(1-\sin\varphi_0)(2+b+b\mu_\sigma)} \tag{3.5}$$

$$\sigma_1 = \frac{(1+b)(1+\sin\varphi_0)-b(1-\mu'_\tau)(1-\sin\varphi_0)}{(1-\sin\varphi_0)(1+b\mu'_\tau)}\sigma_3 + \frac{2(1+b)c_0\cos\varphi_0}{(1-\sin\varphi_0)(1+b\mu'_\tau)} \tag{3.6}$$

把式（3.5）与式（3.6）变成式（3.7）的形式：

令

$$\sigma_1 = \frac{1+\sin\varphi_{\mathrm{UST}}}{1-\sin\varphi_{\mathrm{UST}}}\sigma_3 + \frac{2C_{\mathrm{UST}}\cos\varphi_{\mathrm{UST}}}{1-\sin\varphi_{\mathrm{UST}}} \tag{3.7}$$

则可求得：

当 $\mu_\sigma \leqslant -\sin\varphi_0$ 时

$$\sin\varphi_{\mathrm{UST}} = \frac{2(1+b)\sin\varphi_0}{2+b(1-\mu_\sigma)-b(1+\mu_\sigma)\sin\varphi_0}$$

$$C_{\mathrm{UST}} = \frac{2(1+b)c_0\cos\varphi_0\cot\left(45°+\dfrac{\varphi_{\mathrm{UST}}}{2}\right)}{2+b(1-\mu_\sigma)-(2+3b+b\mu_\sigma)\sin\varphi_0} \tag{3.8}$$

当 $\mu_\sigma \geqslant -\sin\varphi_0$ 时

$$\sin\varphi_{\mathrm{UST}} = \frac{2(1+b)\sin\varphi_0}{2+b(1+\mu_\sigma)+b(1-\mu_\sigma)\sin\varphi_0}$$

$$C_{\mathrm{UST}} = \frac{2(1+b)c_0\cos\varphi_0}{(2+b+b\mu_\sigma)(1-\sin\varphi_0)\tan\left(45°+\dfrac{\varphi_{\mathrm{UST}}}{2}\right)} \tag{3.9}$$

当 $\mu'_\tau \leqslant \dfrac{1-\sin\varphi_0}{2}$ 时

$$\sin\varphi_{UST} = \frac{(1+b)\sin\varphi_0}{1+b(1-\mu'_\tau)-b\mu'_\tau\sin\varphi_0}$$

$$C_{UST} = \frac{(1+b)c_0\cos\varphi_0\cot\left(45°+\dfrac{\varphi_{UST}}{2}\right)}{1+b(1-\mu'_\tau)-(1+b+b\mu'_\tau)\sin\varphi_0} \tag{3.10}$$

当 $\mu'_\tau \geq \dfrac{1-\sin\varphi_0}{2}$ 时

$$\sin\varphi_{UST} = \frac{(1+b)\sin\varphi_0}{1+b\mu'_\tau+b(1-\mu'_\tau)\sin\varphi_0}$$

$$C_{UST} = \frac{(1+b)c_0\cos\varphi_0}{(1+b\mu'_\tau)(1-\sin\varphi_0)\tan\left(45°+\dfrac{\varphi_{UST}}{2}\right)} \tag{3.11}$$

假设 $c_0=10\text{kPa}$，$\varphi_0=19°$，通过式（3.10）和式（3.11）来分析 φ_{UST}、C_{UST} 与 μ'_τ、μ_σ 及 b 的关系，如图 3.1～图 3.4 所示。

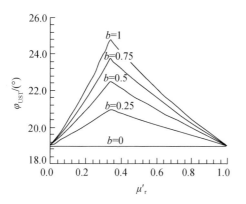

图 3.1　φ_{UST} 与 μ'_τ 的关系图

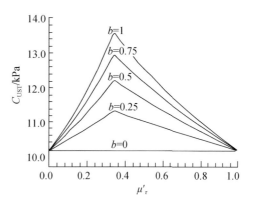

图 3.2　C_{UST} 与 μ'_τ 的关系图

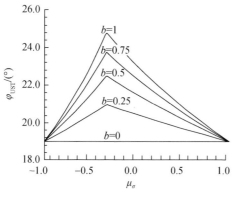

图 3.3　φ_{UST} 与 μ_σ 的关系图

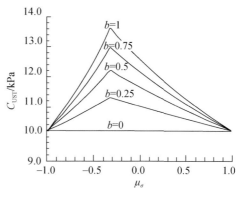

图 3.4　C_{UST} 与 μ_σ 的关系图

由图 3.1～图 3.4 可见，φ_{UST} 与 C_{UST} 随中间主应力的变化呈现区间性，极值点对应的

$$\mu_\tau' = \frac{1-\sin\varphi_0}{2} \text{ 或 } \mu_\sigma = -\sin\varphi_0 。$$

式（3.7）可写为

$$\frac{\sigma_1-\sigma_3}{2} = \frac{\sigma_1+\sigma_3}{2}\sin\varphi_{UST} + C_{UST}\cos\varphi_{UST} \tag{3.12}$$

根据一点应力状态的莫尔圆，研究与大主应力作用面成 α 角的面，其面上的应力为：$\tau = \frac{\sigma_1-\sigma_3}{2}\sin2\alpha$，$\sigma = \frac{\sigma_1+\sigma_3}{2} + \frac{\sigma_1-\sigma_3}{2}\cos2\alpha$，代入式（3.12）经整理得

$$\tau = \frac{\sin\varphi_{UST}\sin2\alpha}{1+\cos2\alpha\sin\varphi_{UST}}\sigma + \frac{C_{UST}\cos\varphi_{UST}\sin2\alpha}{1+\cos2\alpha\sin\varphi_{UST}} \tag{3.13}$$

为求得过一点某一平面上的最大剪应力，根据求极值的方法，由 $\frac{\partial\tau}{\partial\alpha}=0$ 可得

$$\cos2\alpha = -\sin\varphi_{UST} \tag{3.14}$$

故有

$$\alpha = 45° + \frac{\varphi_{UST}}{2} \tag{3.15}$$

因此，求出的破裂面与大主应力面的夹角成 $45° + \frac{\varphi_{UST}}{2}$。

将式（3.15）代入式（3.13）得

$$\tau = \sigma\tan\varphi_{UST} + C_{UST} \tag{3.16}$$

式（3.16）为统一强度理论平面应变状态下抗剪强度的表达式，可根据判别式，选用不同的 φ_{UST} 与 C_{UST} 值来进行岩土工程问题的研究，其中，φ_{UST}、C_{UST} 采用式（3.8）~ 式（3.11）来确定。

3.3　挡土墙上的土压力

3.3.1　Rankine 土压力公式的推广和改进

土压力求解时往往涉及水土分算或合算的问题，即采用有效应力法或总应力法。对于在实际工程中无黏性土采用有效应力法大家都普遍接受，但对于黏性土采用哪种方法来计算存在一些争议（魏汝龙，1995，1998；陈愈炯、温彦锋，1999）。同时，大量实测结果表明，土压力的理论计算值往往远大于土体作用在支护结构上的力，究其原因，涉及土体与结构共同作用及水土相互作用等许多复杂问题。其中未考虑中间主应力 σ_2 的效应也是一个重要原因。本节基于统一强度理论，考虑中间主应力的影响，按 Rankine 土压力公式的算法原理给出了土压力公式的统一解。

当基坑或填土无水时，可直接用直剪指标或三轴固结排水剪指标代入下述公式进行计算。

1. 主动土压力

把 $\sigma_1 = \gamma z$，$\sigma_3 = P_a$ 代入式 (3.12)，可得

$$P_a = \gamma z \tan^2\left(45° - \frac{\varphi_{\mathrm{UST}}}{2}\right) - 2C_{\mathrm{UST}}\tan\left(45° - \frac{\varphi_{\mathrm{UST}}}{2}\right) \tag{3.17}$$

2. 被动土压力

把 $\sigma_1 = P_p$，$\sigma_3 = \gamma z$ 代入式 (3.12)，可得

$$P_p = \gamma z \tan^2\left(45° + \frac{\varphi_{\mathrm{UST}}}{2}\right) + 2C_{\mathrm{UST}}\tan\left(45° + \frac{\varphi_{\mathrm{UST}}}{2}\right) \tag{3.18}$$

3. 砂类土中的水土压力

此类土孔隙发育，静水压力可以传递，按照有效应力原理，应进行水、土压力分算。

$$P_a = \gamma' z \tan^2\left(45° - \frac{\varphi'_{\mathrm{UST}}}{2}\right) - 2C'_{\mathrm{UST}}\tan\left(45° - \frac{\varphi'_{\mathrm{UST}}}{2}\right) + \gamma_w z \tag{3.19}$$

$$P_p = \gamma' z \tan^2\left(45° + \frac{\varphi'_{\mathrm{UST}}}{2}\right) + 2C'_{\mathrm{UST}}\tan\left(45° + \frac{\varphi'_{\mathrm{UST}}}{2}\right) + \gamma_w z \tag{3.20}$$

式中，φ'_{UST} 与 C'_{UST} 是根据式 (3.8) ~ 式 (3.11) 中将 φ_0 与 C_0 取为 φ'_0 与 C'_0 求得。

4. 黏性土中的土压力

1）有效应力法（水、土分算）

$$P_a = \gamma' z \tan^2\left(45° - \frac{\varphi'_{\mathrm{UST}}}{2}\right) - 2C'_{\mathrm{UST}}\tan\left(45° - \frac{\varphi'_{\mathrm{UST}}}{2}\right) + \gamma_w z \tag{3.21}$$

$$P_p = \gamma' z \tan^2\left(45° + \frac{\varphi'_{\mathrm{UST}}}{2}\right) + 2C'_{\mathrm{UST}}\tan\left(45° + \frac{\varphi'_{\mathrm{UST}}}{2}\right) + \gamma_w z \tag{3.22}$$

2）总应力法（水、土合算）

用不排水强度指标与固结不排水强度指标来计算。

（1）用固结不排水强度指标计算。

$$(P_a)_{\mathrm{CU}} = \gamma_{\mathrm{sat}} z \tan^2\left(45° - \frac{\varphi_{\mathrm{UST\text{-}CU}}}{2}\right) - 2C_{\mathrm{UST\text{-}CU}}\tan\left(45° - \frac{\varphi_{\mathrm{UST\text{-}CU}}}{2}\right) \tag{3.23}$$

$$(P_p)_{\mathrm{CU}} = \gamma_{\mathrm{sat}} z \tan^2\left(45° + \frac{\varphi_{\mathrm{UST\text{-}CU}}}{2}\right) + 2C_{\mathrm{UST\text{-}CU}}\tan\left(45° + \frac{\varphi_{\mathrm{UST\text{-}CU}}}{2}\right) \tag{3.24}$$

式中，$\gamma_{\mathrm{sat}} = \gamma' + \gamma_w$，$\varphi_{\mathrm{UST\text{-}CU}}$ 与 $C_{\mathrm{UST\text{-}CU}}$ 是根据式 (3.8) ~ 式 (3.11) 中将 φ_0 与 C_0 取为 φ_{CU} 与 C_{CU} 求得。

式 (3.23) 和式 (3.24) 为现有的朗肯公式形式。

（2）用不排水强度指标计算。

$$(P_a)_U = \gamma_{sat} z \tan^2\left(45°-\frac{\varphi_{UST-U}}{2}\right) - 2C_{UST-U}\tan\left(45°-\frac{\varphi_{UST-U}}{2}\right) \tag{3.25}$$

$$(P_p)_U = \gamma_{sat} z \tan^2\left(45°+\frac{\varphi_{UST-U}}{2}\right) + 2C_{UST-U}\tan\left(45°+\frac{\varphi_{UST-U}}{2}\right) \tag{3.26}$$

式中，φ_{UST-U} 与 C_{UST-U} 是根据式（3.8）~式（3.11）中将 φ_0 与 C_0 取为 φ_U 与 C_U 求得。

对于水位以下的饱和黏土，$\varphi_U = 0$，则由式（3.8）~式（3.11）知 $\varphi_{UST-U} = 0$，$C_{UST-U} = \dfrac{(1+b)C_U}{1+b(1-\mu'_\tau)}$，故式（3.25）~式（3.26）可变为

$$(P_a)_U = \gamma_{sat} z - 2C_{UST-U} \tag{3.27}$$

$$(P_p)_U = \gamma_{sat} z + 2C_{UST-U} \tag{3.28}$$

（3）两种强度指标的关系。

两种强度指标之间存在如下关系：

$$C_U = C_{CU} + \gamma' z \tan\varphi_{CU} \tag{3.29}$$

若令 $K_a = \tan^2\left(45°-\dfrac{\varphi_{UST-CU}}{2}\right)$，$K_p = \tan^2\left(45°+\dfrac{\varphi_{UST-CU}}{2}\right)$，根据魏汝龙（1995）的方法，通过两种指标的关系来建立两种指标计算出的土压力的关系，经推导有下列关系成立：

当 $\mu'_\tau \leq \dfrac{1-\sin\varphi_0}{2}$ 时

$$(P_a)_{CU} = (P_a)_U + 2C_{UST-U}\left[1-\frac{\cos\varphi_{CU}}{1-\dfrac{1+b+b\mu'_\tau}{1+b(1-\mu'_\tau)}\sin\varphi_{CU}}K_a\right]$$

$$+\gamma' z\left\{\left[1+\frac{2(1+b)\sin\varphi_{CU}}{1+b(1-\mu'_\tau)-(1+b+b\mu'_\tau)\sin\varphi_{CU}}\right]K_a-1\right\}+\gamma_w z(K_a-1) \tag{3.30}$$

$$(P_p)_{CU} = (P_p)_U - 2C_{UST-U}\left[1-\frac{\cos\varphi_{CU}}{1-\dfrac{1+b+b\mu'_\tau}{1+b(1-\mu'_\tau)}\sin\varphi_{CU}}\sin\varphi_{CU}\right]$$

$$-\gamma' z\left[\frac{2(1+b)\sin\varphi_{CU}}{1+b(1-\mu'_\tau)-(1+b+b\mu'_\tau)\sin\varphi_{CU}}-K_p+1\right]+\gamma_w z(K_p-1) \tag{3.31}$$

当 $\mu'_\tau \geq \dfrac{1-\sin\varphi_0}{2}$ 时

$$(P_a)_{CU} = (P_a)_U + 2C_{UST-U}\left(1-\frac{\cos\varphi_{CU}}{1-\sin\varphi_{CU}}K_a\right)$$

$$+\gamma' z\left\{\left[1+\frac{2(1+b)\sin\varphi_{CU}}{(1+b\mu'_\tau)(1-\sin\varphi_{CU})}\right]K_a-1\right\}+\gamma_w z(K_a-1) \tag{3.32}$$

$$(P_p)_{CU} = (P_p)_U - 2C_{UST-U}\left(1-\frac{\cos\varphi_{CU}}{1-\sin\varphi_{CU}}\right)$$

$$-\gamma' z\left[\frac{2(1+b)\sin\varphi_{CU}}{(1+b\mu'_\tau)(1-\sin\varphi_{CU})}-K_p+1\right]+\gamma_w z(K_p-1) \tag{3.33}$$

从式（3.30）~式（3.33）可以看出两者存在差异，为使两种不同强度指标算出的土

压力值完全一致，按魏汝龙（1995）的做法，可导出式（3.34）～式（3.41）土压力公式：

当 $\mu_\tau' \leqslant \dfrac{1-\sin\varphi_0}{2}$ 时

$$(P_a)_{CU} = \gamma'z\left[1 - \frac{2(1+b)\sin\varphi_{CU}}{1+b(1-\mu_\tau')-(1+b+b\mu_\tau')\sin\varphi_{CU}}K_a\right] - 2C_{UST-CU}\sqrt{K_a} + \gamma_w z \qquad (3.34)$$

$$(P_p)_{CU} = \gamma'z\left[1 + \frac{2(1+b)\sin\varphi_{CU}}{1+b(1-\mu_\tau')-(1+b+b\mu_\tau')\sin\varphi_{CU}}\right] + 2C_{UST-CU}\sqrt{K_p} + \gamma_w z \qquad (3.35)$$

$$(P_a)_U = \gamma'z - 2C_{UST-U}\frac{\cos\varphi_{CU}}{1-\dfrac{1+b+b\mu_\tau'}{1+b\ (1-\mu_\tau')}\sin\varphi_{CU}}K_a + \gamma_w z \qquad (3.36)$$

$$(P_p)_U = \gamma'z + 2c_{UST-U}\frac{\cos\varphi_{CU}}{1-\dfrac{1+b+b\mu_\tau'}{1+b\ (1-\mu_\tau')}\sin\varphi_{CU}} + \gamma_w z \qquad (3.37)$$

当 $\mu_\tau' \geqslant \dfrac{1-\sin\varphi_0}{2}$ 时

$$(P_a)_{CU} = \gamma'z\left[1 - \frac{2(1+b)\sin\varphi_{CU}}{(1+b\mu_\tau')\ (1-\sin\varphi_{CU})}K_a\right] - 2C_{UST-CU}\sqrt{K_a} + \gamma_w z \qquad (3.38)$$

$$(P_p)_{CU} = \gamma'z\left[1 + \frac{2(1+b)\sin\varphi_{CU}}{(1+b+b\mu_\tau')\ (1-\sin\varphi_{CU})}\right] + 2C_{UST-CU}\sqrt{K_p} + \gamma_w z \qquad (3.39)$$

$$(P_a)_U = \gamma'z - 2C_{UST-U}\frac{\cos\varphi_{CU}}{1-\sin\varphi_{CU}}K_a + \gamma_w z \qquad (3.40)$$

$$(P_p)_U = \gamma'z + 2C_{UST-U}\frac{\cos\varphi_{CU}}{1-\sin\varphi_{CU}} + \gamma_w z \qquad (3.41)$$

式（3.34）～式（3.41）的土压力公式不仅与 b 有关系，而且与 μ_τ' 也有关系。

5. 算例与分析

为了对比分析，采用魏汝龙（1995）的例子来说明统一强度理论计算土压力的情况。给出 $b=0$，$b=0.25$，$b=0.5$，$b=0.75$，$b=1$ 五种情况。

（1）当 $\mu_\tau'=0.5$ 时，计算结果见表3.1～表3.5，以及图3.5、图3.6。

表 3.1 土压力计算结果表（$b=0$）

土类及相关参数 情况描述及公式		软黏土，$\gamma_t=18.5\text{kN/m}^3$ $C_{CU}=10\text{kPa}$，$\varphi_{CU}=19°$		中等密实黏土，$\gamma_t=20\text{kN/m}^3$ $C_{CU}=45\text{kPa}$，$\varphi_{CU}=13°$	
		P_a/kPa	P_p/kPa	P_a/kPa	P_p/kPa
地下深度 $h=6\text{m}$ 处	式（3.38）、式（3.39）	71.7	188.3	26.4	268.0
	式（3.40）、式（3.41）	71.7	188.3	26.4	268.0
	式（3.23）、式（3.24）	42.2	246.2	4.3	302.8
	式（3.27）、式（3.28）	55.9	166.1	2.3	237.7

续表

情况描述及公式 / 土类及相关参数		软黏土，$\gamma_t = 18.5\text{kN/m}^3$ $C_{CU} = 10\text{kPa}$，$\varphi_{CU} = 19°$		中等密实黏土，$\gamma_t = 20\text{kN/m}^3$ $C_{CU} = 45\text{kPa}$，$\varphi_{CU} = 13°$	
		P_a/kPa	P_p/kPa	P_a/kPa	P_p/kPa
地下深度 $h=9\text{m}$ 处基坑开挖深度 $d=6\text{m}$，墙前基坑上覆土层厚度 $h'=3\text{m}$，墙前 $C'_U = 0.7C_U$	式 (3.38)、式 (3.39)	114.7	108.2	75.4	190.6
	式 (3.40)、式 (3.41)	114.7	126.8	75.4	175.8
	式 (3.23)、式 (3.24)	70.4	137.1	42.3	208.0
	式 (3.27)、式 (3.28)	93.8	106.4	48.4	152.1

表 3.2　土压力计算结果表（$b=0.25$）

情况描述及公式 / 土类及相关参数		软黏土，$\gamma_t = 18.5\text{kN/m}^3$ $C_{CU} = 10\text{kPa}$，$\varphi_{CU} = 19°$		中等密实黏土，$\gamma_t = 20\text{kN/m}^3$ $C_{CU} = 45\text{kPa}$，$\varphi_{CU} = 13°$	
		P_a/kPa	P_p/kPa	P_a/kPa	P_p/kPa
地下深度 $h=6\text{m}$ 处	式 (3.38)、式 (3.39)	69.6	196.9	20.0	284.4
	式 (3.40)、式 (3.41)	69.6	196.9	20.0	284.4
	式 (3.23)、式 (3.24)	38.5	261.2	0	323.1
	式 (3.27)、式 (3.28)	49.8	172.2	0	250.8
地下深度 $h=9\text{m}$ 处基坑开挖深度 $d=6\text{m}$，墙前基坑上覆土层厚度 $h'=3\text{m}$，墙前 $C'_U = 0.7C_U$	式 (3.38)、式 (3.39)	111.9	114.0	68.3	205.1
	式 (3.40)、式 (3.41)	111.9	134.8	68.3	188.6
	式 (3.23)、式 (3.24)	65.3	146.2	33.0	224.4
	式 (3.27)、式 (3.28)	85.7	112.6	33.8	162.3

表 3.3　土压力计算结果表（$b=0.5$）

情况描述及公式 / 土类及相关参数		软黏土，$\gamma_t = 18.5\text{kN/m}^3$ $C_{CU} = 10\text{kPa}$，$\varphi_{CU} = 19°$		中等密实黏土，$\gamma_t = 20\text{kN/m}^3$ $C_{CU} = 45\text{kPa}$，$\varphi_{CU} = 13°$	
		P_a/kPa	P_p/kPa	P_a/kPa	P_p/kPa
地下深度 $h=6\text{m}$ 处	式 (3.38)、式 (3.39)	68.0	203.7	15.3	297.6
	式 (3.40)、式 (3.41)	68.0	203.7	15.3	297.6
	式 (3.23)、式 (3.24)	35.8	273.2	0	339.4
	式 (3.27)、式 (3.28)	44.9	177.1	0	261.2
地下深度 $h=9\text{m}$ 处基坑开挖深度 $d=6\text{m}$，墙前基坑上覆土层厚度 $h'=3\text{m}$，墙前 $C'_U = 0.7C_U$	式 (3.38)、式 (3.39)	109.9	118.7	63.0	216.7
	式 (3.40)、式 (3.41)	109.9	141.1	63.0	198.9
	式 (3.23)、式 (3.24)	61.5	153.4	26.1	237.6
	式 (3.27)、式 (3.28)	79.3	116.6	22.1	170.5

表 3.4　土压力计算结果表（$b=0.75$）

情况描述及公式	土类及相关参数	软黏土，$\gamma_t=18.5\mathrm{kN/m^3}$ $C_{CU}=10\mathrm{kPa}$，$\varphi_{CU}=19°$		中等密实黏土，$\gamma_t=20\mathrm{kN/m^3}$ $C_{CU}=45\mathrm{kPa}$，$\varphi_{CU}=13°$	
		P_a/kPa	P_p/kPa	P_a/kPa	P_p/kPa
地下深度 $h=6\mathrm{m}$ 处	式（3.38）、式（3.39）	66.9	209.4	11.7	308.3
	式（3.40）、式（3.41）	66.9	209.4	11.7	308.3
	式（3.23）、式（3.24）	33.8	283.1	0	352.7
	式（3.27）、式（3.28）	40.8	181.2	0	269.8
地下深度 $h=9\mathrm{m}$ 处 基坑开挖深度 $d=6\mathrm{m}$，墙前基坑上覆土层厚度 $h'=3\mathrm{m}$，墙前 $C'_U=0.7C_U$	式（3.38）、式（3.39）	108.3	122.5	58.9	226.2
	式（3.40）、式（3.41）	108.3	146.3	58.9	207.3
	式（3.23）、式（3.24）	58.7	159.4	20.7	248.3
	式（3.27）、式（3.28）	74.0	120.3	12.6	177.2

表 3.5　土压力计算结果表（$b=1$）

情况描述及公式	土类及相关参数	软黏土，$\gamma_t=18.5\mathrm{kN/m^3}$ $C_{CU}=10\mathrm{kPa}$，$\varphi_{CU}=19°$		中等密实黏土，$\gamma_t=20\mathrm{kN/m^3}$ $C_{CU}=45\mathrm{kPa}$，$\varphi_{CU}=13°$	
		P_a/kPa	P_p/kPa	P_a/kPa	P_p/kPa
地下深度 $h=6\mathrm{m}$ 处	式（3.38）、式（3.39）	66.0	214.0	8.8	317.3
	式（3.40）、式（3.41）	66.0	214.0	8.8	317.3
	式（3.23）、式（3.24）	32.2	291.3	0	363.7
	式（3.27）、式（3.28）	37.5	184.5	0	276.9
地下深度 $h=9\mathrm{m}$ 处 基坑开挖深度 $d=6\mathrm{m}$，墙前基坑上覆土层厚度 $h'=3\mathrm{m}$，墙前 $C'_U=0.7C_U$	式（3.38）、式（3.39）	107.1	125.7	55.7	234.1
	式（3.40）、式（3.41）	107.1	150.6	55.7	214.4
	式（3.23）、式（3.24）	56.4	164.3	16.4	257.3
	式（3.27）、式（3.28）	69.6	123.3	4.6	182.8

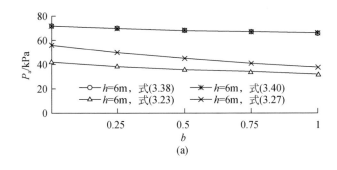

(a)

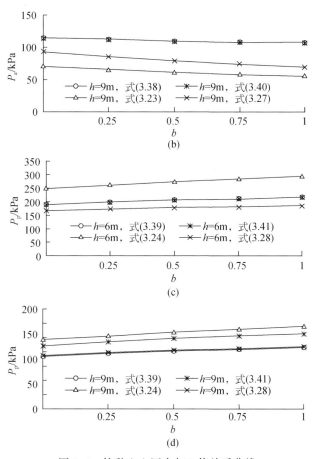

图 3.5　软黏土土压力与 b 值关系曲线

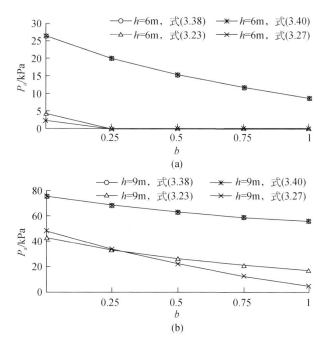

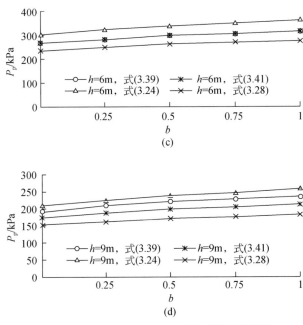

图 3.6　中等密实黏土土压力与 b 值关系曲线

（2）当 $\mu_\tau' = \dfrac{1-\sin\varphi_{CU}}{2}$ 时，计算结果见表 3.6 ~ 表 3.9（其中 $b=0$ 时，同表 3.1），以及图 3.7 和图 3.8。

表 3.6　土压力计算结果表（$b=0.25$）

情况描述及公式	土类及相关参数	软黏土，$\gamma_t=18.5\text{kN/m}^3$ $C_{CU}=10\text{kPa}$，$\varphi_{CU}=19°$		中等密实黏土，$\gamma_t=20\text{kN/m}^3$ $C_{CU}=45\text{kPa}$，$\varphi_{CU}=13°$	
		P_a/kPa	P_p/kPa	P_a/kPa	P_p/kPa
地下深度 $h=6\text{m}$ 处	式（3.38）、式（3.39）	68.8	200.1	18.5	288.6
	式（3.40）、式（3.41）	68.8	200.1	18.5	288.6
	式（3.23）、式（3.24）	37.2	266.9	0	328.3
	式（3.27）、式（3.28）	51.9	170.1	0	254.1
地下深度 $h=9\text{m}$ 处 基坑开挖深度 $d=6\text{m}$，墙前基坑上覆土层厚度 $h'=3\text{m}$，墙前 $C_U'=0.7C_U$	式（3.38）、式（3.39）	110.9	116.2	66.6	208.8
	式（3.40）、式（3.41）	110.9	137.7	66.6	191.9
	式（3.23）、式（3.24）	63.5	149.6	30.7	228.6
	式（3.27）、式（3.28）	88.6	110.1	30.1	164.9

表 3.7　土压力计算结果表（$b=0.5$）

情况描述及公式	土类及相关参数	软黏土，$\gamma_t=18.5\text{kN/m}^3$ $C_{CU}=10\text{kPa}$，$\varphi_{CU}=19°$		中等密实黏土，$\gamma_t=20\text{kN/m}^3$ $C_{CU}=45\text{kPa}$，$\varphi_{CU}=13°$	
		P_a/kPa	P_p/kPa	P_a/kPa	P_p/kPa
地下深度 $h=6$m 处	式（3.38）、式（3.39）	66.7	210.2	12.5	305.9
	式（3.40）、式（3.41）	66.7	210.2	12.5	305.9
	式（3.23）、式（3.24）	33.5	284.5	0	349.7
	式（3.27）、式（3.28）	48.9	173.1	0	267.9
地下深度 $h=9$m 处 基坑开挖深度 $d=6$m，墙前基坑上覆土层厚度 $h'=3$m，墙前 $C'_U=0.7C_U$	式（3.38）、式（3.39）	108.1	123.1	59.8	224.1
	式（3.40）、式（3.41）	108.1	147.1	59.8	205.5
	式（3.23）、式（3.24）	58.3	160.3	21.9	245.9
	式（3.27）、式（3.28）	84.6	112.8	14.7	175.7

表 3.8　土压力计算结果表（$b=0.75$）

情况描述及公式	土类及相关参数	软黏土，$\gamma_t=18.5\text{kN/m}^3$ $C_{CU}=10\text{kPa}$，$\varphi_{CU}=19°$		中等密实黏土，$\gamma_t=20\text{kN/m}^3$ $C_{CU}=45\text{kPa}$，$\varphi_{CU}=13°$	
		P_a/kPa	P_p/kPa	P_a/kPa	P_p/kPa
地下深度 $h=6$m 处	式（3.38）、式（3.39）	65.0	218.9	7.7	320.6
	式（3.40）、式（3.41）	65.0	218.9	7.7	320.6
	式（3.23）、式（3.24）	30.6	299.8	0	367.9
	式（3.27）、式（3.28）	46.6	175.4	0	279.6
地下深度 $h=9$m 处 基坑开挖深度 $d=6$m，墙前基坑上覆土层厚度 $h'=3$m，墙前 $C'_U=0.7C_U$	式（3.38）、式（3.39）	105.9	129.1	54.5	237.0
	式（3.40）、式（3.41）	105.9	155.1	54.5	217.0
	式（3.23）、式（3.24）	54.2	169.5	14.9	260.6
	式（3.27）、式（3.28）	81.5	115.0	1.6	184.9

表 3.9　土压力计算结果表（$b=1$）

情况描述及公式	土类及相关参数	软黏土，$\gamma_t=18.5\text{kN/m}^3$ $C_{CU}=10\text{kPa}$，$\varphi_{CU}=19°$		中等密实黏土，$\gamma_t=20\text{kN/m}^3$ $C_{CU}=45\text{kPa}$，$\varphi_{CU}=13°$	
		P_a/kPa	P_p/kPa	P_a/kPa	P_p/kPa
地下深度 $h=6$m 处	式（3.38）、式（3.39）	63.7	226.6	3.9	333.3
	式（3.40）、式（3.41）	63.7	226.6	3.9	333.3
	式（3.23）、式（3.24）	28.3	313.2	0	383.5
	式（3.27）、式（3.28）	44.7	177.3	0	289.7

续表

情况描述及公式	土类及相关参数	软黏土，$\gamma_t = 18.5\text{kN/m}^3$ $C_{CU} = 10\text{kPa}$，$\varphi_{CU} = 19°$		中等密实黏土，$\gamma_t = 20\text{kN/m}^3$ $C_{CU} = 45\text{kPa}$，$\varphi_{CU} = 13°$	
		P_a/kPa	P_p/kPa	P_a/kPa	P_p/kPa
地下深度 $h=9$m 处基坑开挖深度 $d=6$m，墙前基坑上覆土层厚度 $h'=3$m，墙前 $C'_U = 0.7C_U$	式 (3.38)、式 (3.39)	104.1	134.3	50.2	248.2
	式 (3.40)、式 (3.41)	104.1	162.2	50.2	226.9
	式 (3.23)、式 (3.24)	51.0	177.6	9.2	273.3
	式 (3.27)、式 (3.28)	79.1	116.7	0	192.7

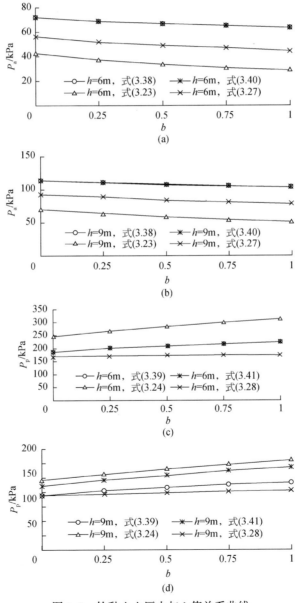

图 3.7 软黏土土压力与 b 值关系曲线

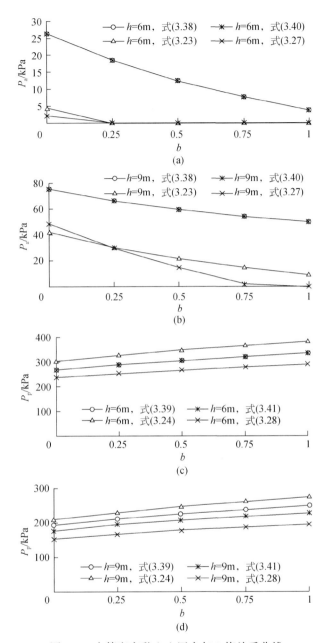

图 3.8　中等密实黏土土压力与 b 值关系曲线

　　由以上表和图可见，根据双剪应力状态参数 μ'_τ 及 b 的变化可获得一系列的解，魏汝龙（1995）的计算结果为其特例。

3.3.2　滑楔极限平衡理论统一解公式

1. 计算原理

计算的基本假定（刘建航、候学渊，1997）体现在以下几个方面。

（1）墙后土体为均质各向同性的无黏性土。

（2）属平面应变问题。

（3）土体表面为一平面，与水平面成 β 角。

（4）主动状态：挡土墙在土压力作用下，向前变形，使土体达极限平衡状态，形成滑裂面 $\overline{BC}$；被动状态：挡土墙在外荷作用下，向土体方向变形，使土体达极限平衡状态，形成滑裂面 $\overline{BC}$。

（5）在滑裂面上的力满足极限平衡关系：$T = N\tan\varphi_{\mathrm{UST}}$；在墙背上的力满足极限平衡关系：$T' = N'\tan\delta$。式中，$\varphi_{\mathrm{UST}}$ 为土的统一内摩擦角；δ 为土与墙之间的墙背摩擦角。

根据滑楔的平衡关系，可以求得：

$$\begin{cases} E_{\mathrm{a}} = \dfrac{\sin(\theta-\varphi_{\mathrm{UST}})}{\sin(\alpha+\theta-\varphi_{\mathrm{UST}}-\delta)}\overline{W} \\ E_{\mathrm{p}} = \dfrac{\sin(\theta+\varphi_{\mathrm{UST}})}{\sin(\alpha+\theta+\varphi_{\mathrm{UST}}+\delta)}\overline{W} \end{cases} \tag{3.42}$$

式中，$\overline{W}$ 为滑楔自重，由下式求得：

$$\overline{W} = \frac{1}{2}\gamma\,\overline{AB}\cdot\overline{AC}\cdot\sin(\alpha+\beta)$$

从式（3.42）可以看出，E_{a}、E_{p} 都是 θ 的函数，其主动土压力必然产生在使 E_{a} 为最大的滑楔面上；而被动土压力必然产生在使 E_{p} 为最小的滑楔面上。因此，将 E_{a} 与 E_{p} 分别对 θ 求导，求出最危险的滑裂面，即可求得主动土压力与被动土压力：

$$\begin{cases} E_{\mathrm{a}} = \dfrac{1}{2}\gamma h^2 K_{\mathrm{a}} \\ E_{\mathrm{p}} = \dfrac{1}{2}\gamma h^2 K_{\mathrm{p}} \end{cases} \tag{3.43}$$

式中，γ 为土体的重度；h 为挡土墙的高度；K_{a}、K_{p} 分别为主动与被动土压力系数，可由下式表示：

$$\begin{cases} K_{\mathrm{a}} = \dfrac{\sin^2(\alpha+\varphi_{\mathrm{UST}})}{\sin^2\alpha\cdot\sin(\alpha-\delta)\left[1+\sqrt{\dfrac{\sin(\varphi_{\mathrm{UST}}-\beta)\sin(\varphi_{\mathrm{UST}}+\delta)}{\sin(\alpha+\beta)\sin(\alpha-\delta)}}\right]^2} \\ K_{\mathrm{p}} = \dfrac{\sin^2(\alpha-\varphi_{\mathrm{UST}})}{\sin^2\alpha\cdot\sin(\alpha+\delta)\left[1-\sqrt{\dfrac{\sin(\varphi_{\mathrm{UST}}+\beta)\sin(\varphi_{\mathrm{UST}}+\delta)}{\sin(\alpha+\beta)\sin(\alpha+\delta)}}\right]^2} \end{cases} \tag{3.44}$$

土压力的方向均与墙背法线成 δ 角，但与法线所成的 δ 角的方向相反，如图3.9所示。土压力作用点在没有超载的情况，均为离墙踵高 $h/3$ 处。

当墙顶的土体表面作用有分布荷载 q 时，如图3.10所示，则滑楔自重部分应增加超载项，即

$$\overline{W} = \frac{1}{2}\gamma\,\overline{AB}\cdot\overline{AC}\cdot\sin(\alpha+\beta)+q\,\overline{AC}\cdot\cos\beta$$

$$= \frac{1}{2}\gamma\,\overline{AB}\cdot\overline{AC}\cdot\sin(\alpha+\beta)\cdot\left[1+\frac{2q}{\gamma h}\frac{\sin\alpha\cdot\cos\beta}{\sin(\alpha+\beta)}\right] \tag{3.45}$$

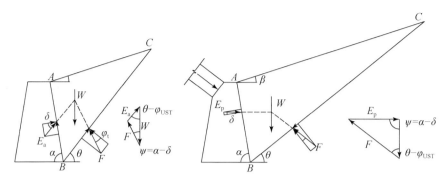

图 3.9　土压力计算简图

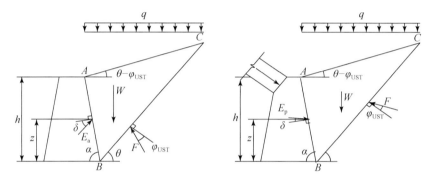

图 3.10　具有地表分布荷载的情况

令 $K_q = 1 + \dfrac{2q\sin\alpha \cdot \cos\beta}{\gamma h\ \sin(\alpha+\beta)}$

则式（3.45）可写成：

$$\overline{W} = \frac{1}{2}\gamma K_q\ \overline{AB} \cdot \overline{AC} \cdot \sin(\alpha+\beta) \tag{3.46}$$

同理，可求得主动土压力与被动土压力为

$$\begin{cases} E_a = \dfrac{1}{2}\gamma h^2 K_a K_q \\[2mm] E_p = \dfrac{1}{2}\gamma h^2 K_p K_q \end{cases} \tag{3.47}$$

其土压力的方向仍与墙背法线成 δ 角。土压力的作用点位于梯形的形心，离墙踵高为

$$Z_E = \frac{h}{3} \cdot \frac{2p_a + p_b}{p_a + p_b} = \frac{h}{3} \cdot \frac{\gamma h + 3q}{\gamma h + 2q}$$

式中，p_a、p_b 分别为墙顶与墙踵处的分布土压力。

2. 算例

某挡土墙墙高 $h = 6\mathrm{m}$，墙面与水平线间的夹角 $\alpha = 75°$，墙背面填土为无黏性土，填土表面为一向上倾斜的斜坡面，与水平面的夹角 $\beta = +10°$，填土的容重 $\gamma = 16.5\mathrm{kN/m^3}$，内摩

擦角 $\varphi = 30°$，填土与墙面的摩擦角 $\delta = 15°$，分别计算填土对挡土墙的主动土压力与被动土压力（顾慰慈，2005）。计算结果如图 3.11 和表 3.10 所示。

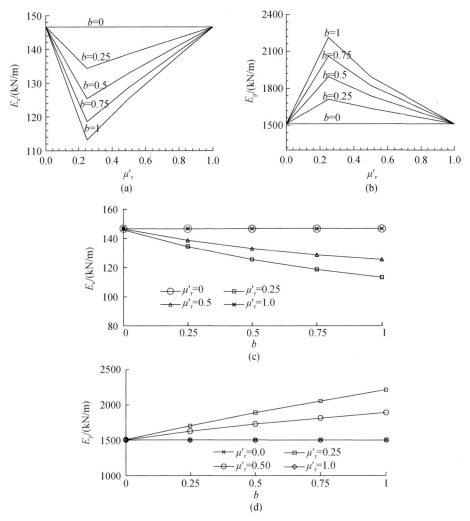

图 3.11　土压力与双剪应力状态参数的关系

表 3.10　土压力计算结果

μ'_τ	土压力 b	0	0.25	0.5	0.75	1.0
0	E_a	146.61	146.61	146.61	146.61	146.61
	E_p	1511.20	1511.20	1511.20	1511.20	1511.20
0.25	E_a	146.61	134.36	125.42	118.60	113.20
	E_p	1511.20	1711.11	1893.31	2059.94	2212.82

μ'_τ 土压力 b		0	0.25	0.5	0.75	1.0
0.5	E_a	146.61	138.58	132.92	128.69	125.42
	E_p	1511.20	1636.44	1738.17	1822.41	1893.31
1	E_a	146.61	146.61	146.61	146.61	146.61
	E_p	1511.20	1511.20	1511.20	1511.20	1511.20

注：土压力单位为 kN/m

计算得到的土压力为一系列解，文献（顾慰慈，2005）的结果为其特例。

3.4　地基极限承载力公式

地基承载力设计是地基设计中的重要环节，充分认识地基土的工程特性，有效地利用地基强度潜力是节约工程投资的重要方面。由于莫尔–库仑强度理论未考虑中间主应力 σ_2 的影响，在 π 平面上，它构成了屈服面的下限，应该说它计算的结果是偏于安全与保守的。下面根据地基承载力已有的计算原理，运用统一强度理论来分析地基承载力的强度理论效应（徐志英，1960；郑大同，1979；周小平等，2002）。

3.4.1　平面应变问题的统一强度理论公式

平面应变问题的统一强度理论公式以及统一强度理论材料参数 φ_{UST} 和 C_{UST}，由俞茂宏等于 1997 年首先推导得出（俞茂宏等，1997），它们在岩土工程应用中具有普遍性的意义。

令

$$\sigma_2 = \frac{m}{2}(\sigma_1 + \sigma_3) \quad 0 \leqslant m \leqslant 1 \tag{3.48}$$

将其代入式（2.94）和式（2.95）得

当 $\sigma_2 \leqslant \dfrac{\sigma_1 + \sigma_3}{2} - \dfrac{\sigma_1 - \sigma_3}{2}\sin\varphi_0$ 时

$$[2(1-\sin\varphi_0)(1+b) - bm(1+\sin\varphi_0)]\sigma_1 - (bm+2)(1+\sin\varphi_0)\sigma_3 = 4(1+b)c_0\cos\varphi_0 \tag{3.49}$$

当 $\sigma_2 \geqslant \dfrac{\sigma_1 + \sigma_3}{2} - \dfrac{\sigma_1 - \sigma_3}{2}\sin\varphi_0$ 时

$$(bm+2)(1-\sin\varphi_0)\sigma_1 + [bm(1-\sin\varphi_0) - 2(1+b)(1+\sin\varphi_0)]\sigma_3 = 4(1+b)c_0\cos\varphi_0 \tag{3.50}$$

据式（3.7）得

当 $\sigma_2 \leqslant \dfrac{\sigma_1 + \sigma_3}{2} - \dfrac{\sigma_1 - \sigma_3}{2}\sin\varphi_0$ 时

$$\frac{1+\sin\varphi_{UST}}{1-\sin\varphi_{UST}} = \frac{(bm+2)(1+\sin\varphi_0)}{2(1-\sin\varphi_0)(1+b) - bm(1+\sin\varphi_0)} \tag{3.51}$$

$$\frac{2c\cos\varphi_{\text{UST}}}{1-\sin\varphi_{\text{UST}}}=\frac{4(1+b)c_0\cos\varphi_0}{2(1-\sin\varphi_0)(1+b)-bm(1+\sin\varphi_0)} \tag{3.52}$$

由此可得

$$\varphi_{\text{UST}}=\arcsin\frac{b(m-1)+(bm+b+2)\sin\varphi_0}{2+b-b\sin\varphi_0}$$

$$C_{\text{UST}}=\frac{2(1+b)c_0\cos\varphi_0}{\sqrt{[2(1+b)(1-\sin\varphi_0)-bm(1+\sin\varphi_0)](bm+2)(1+\sin\varphi_0)}} \tag{3.53}$$

$$\tan\varphi_{\text{SUT}}=\frac{b(m-1)+(bm+b+2)\sin\varphi_0}{\sqrt{(2+b-b\sin\varphi_0)^2-[b(m-1)+(bm+b+2)\sin\varphi_0]^2}}$$

当 $\sigma_2\geqslant\dfrac{\sigma_1+\sigma_3}{2}-\dfrac{\sigma_1-\sigma_3}{2}\sin\varphi_0$ 时

$$\frac{1+\sin\varphi_{\text{UST}}}{1-\sin\varphi_{\text{UST}}}=\frac{2(1+b)(1+\sin\varphi_0)-bm(1-\sin\varphi_0)}{(bm+2)(1-\sin\varphi_0)} \tag{3.54}$$

$$\frac{2c\cos\varphi_{\text{UST}}}{1-\sin\varphi_{\text{UST}}}=\frac{4(1+b)c_0\cos\varphi_0}{(bm+2)(1-\sin\varphi_0)} \tag{3.55}$$

由此可得

$$\sin\varphi_{\text{UST}}=\frac{b(1-m)+(bm+b+2)\sin\varphi_0}{2+b+b\sin\varphi_0}$$

$$\varphi_{\text{UST}}=\arcsin\frac{b(1-m)+(bm+b+2)\sin\varphi_0}{2+b+b\sin\varphi_0}$$

$$C_{\text{UST}}=\frac{2(1+b)c_0\cos\varphi_0}{\sqrt{[2(1+b)(1+\sin\varphi_0)-bm(1-\sin\varphi_0)](bm+2)(1-\sin\varphi_0)}} \tag{3.56}$$

$$\tan\varphi_{\text{UST}}=\frac{b(1-m)+(bm+b+2)\sin\varphi_0}{\sqrt{(2+b+b\sin\varphi_0)^2-[b(1-m)+(bm+b+2)\sin\varphi_0]^2}}$$

式（3.53）和式（3.56）可用于土压力、地基承载力等问题。

3.4.2 太沙基公式的修正

假设基础底面粗糙，当地基发生整体剪切破坏时，基底以下有一部分土体将随基础一起移动而始终处于弹性状态，该部分土体称为弹性楔体。弹性楔体的边界 ab 为滑动边界的一部分，并假定与水平面的夹角为 ψ；滑动区由对数螺线 bc 为边界的径向剪切区 Ⅱ 和朗肯被动区 Ⅲ 组成，滑动区域范围内的所有土体均处于塑性平衡状态；同时不考虑基底以上基础两侧土体的抗剪强度的影响，而用均布超载 $q=\gamma D$ 来代替。相应参数如图 3.12 所示。

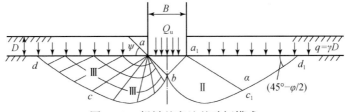

图 3.12　粗糙基底地基破坏模式

滑动区对数螺线曲线表示为

当 $\sigma_2 \leqslant \dfrac{\sigma_1+\sigma_3}{2}-\dfrac{\sigma_1-\sigma_3}{2}\sin\varphi_0$ 时

$$r=r_0 e^{\theta\tan\varphi_{\mathrm{UST}}}=r_0 e^{\dfrac{\theta[b(m-1)+(bm+b+2)\sin\varphi_0]}{\sqrt{(2+b-b\sin\varphi_0)^2-[b(m-1)+(bm+b+2)\sin\varphi_0]^2}}} \tag{3.57}$$

当 $\sigma_2 \geqslant \dfrac{\sigma_1+\sigma_3}{2}-\dfrac{\sigma_1-\sigma_3}{2}\sin\varphi_0$ 时

$$r=r_0 e^{\theta\tan\varphi_{\mathrm{UST}}}=r_0 e^{\dfrac{\theta[b(1-m)+(bm+b+2)\sin\varphi_0]}{\sqrt{(2+b+b\sin\varphi_0)^2-[b(1-m)+(bm+b+2)\sin\varphi_0]^2}}} \tag{3.58}$$

式中，r_0 为起始矢径；θ 为任一矢径 r 与起始矢径 r_0 的夹角。

根据基本假定由图 3.13 中的弹性楔体的平衡条件可得整体剪切破坏时的极限荷载：

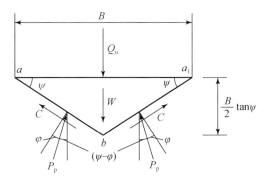

图 3.13　弹性楔体受力状态

$$Q_u=2P_p\cos(\psi-\varphi)-\frac{1}{4}\gamma B^2\tan\psi+cB\tan\psi \tag{3.59}$$

其中，

$$P_p\cos(\psi-\varphi)=P_{p\gamma}=P_{p\gamma}+P_{pc}+P_{pq}$$

即

$$P_{p\gamma}=\frac{1}{8}\gamma B^2\tan\psi^2 K_{p\gamma}+\frac{1}{2}cB\tan\psi K_{pc}+\frac{1}{2}qB\tan\psi K_{pq} \tag{3.60}$$

式中，$K_{pc}=\dfrac{\cos(\psi-\varphi)}{\sin\psi\sin\varphi}\left[e^{\left(\frac{3\pi}{2}+\varphi-2\psi\right)\tan\varphi}(1+\sin\varphi)-1\right]$；$K_{pq}=\dfrac{\cos(\psi-\varphi)}{\sin\psi}e^{\left(\frac{3\pi}{2}+\varphi-2\psi\right)\tan\varphi}\tan\left(\dfrac{\pi}{4}+\dfrac{\varphi}{2}\right)$；

$K_{p\gamma}$ 为 γ 项的被动土压力系数，须通过试算确定。

当 $\sigma_2 \leqslant \dfrac{\sigma_1+\sigma_3}{2}-\dfrac{\sigma_1-\sigma_3}{2}\sin\varphi_0$ 时

$$Q_u=\frac{Q_u}{B}=\frac{1}{2}\gamma BN_\gamma+\frac{2(1+b)c_0\cos\varphi_0 N_c}{\sqrt{[2(1+b)(1-\sin\varphi_0)-bm(1+\sin\varphi_0)](bm+2)(1+\sin\varphi_0)}}+qN_q \tag{3.61}$$

当 $\sigma_2 \geqslant \dfrac{\sigma_1+\sigma_3}{2}-\dfrac{\sigma_1-\sigma_3}{2}\sin\varphi_0$ 时

$$q_{u} = \frac{Q_{u}}{B} = \frac{1}{2}\gamma B N_{\gamma} + \frac{2(1+b)c_{0}\cos\varphi_{0}N_{c}}{\sqrt{[2(1+b)(1+\sin\varphi_{0})-bm(1-\sin\varphi_{0})](bm+2)(1-\sin\varphi_{0})}} + qN_{q} \qquad (3.62)$$

其中，

$$N_{\gamma} = \frac{1}{2}\tan\psi(\tan\psi K_{p\gamma}-1)$$

$$N_{c} = \frac{\cos(\psi-\varphi)[e^{(\frac{3\pi}{2}+\varphi-2\psi)\tan\varphi}(1+\sin\varphi)-1]}{\cos\psi\sin\varphi} + \tan\psi$$

$$N_{q} = \frac{\cos(\psi-\varphi)}{\cos\psi}e^{(\frac{3\pi}{2}+\varphi-2\psi)\tan\varphi}\tan\left(\frac{\pi}{4}+\frac{\varphi}{2}\right)$$

式中，N_{γ}，N_{c}，N_{q} 为承载力系数。

（1）假定基底完全粗糙时。

即 $\psi = \varphi$ 时

$$N_{\gamma} = \frac{1}{2}\tan\varphi(\tan\varphi K_{p\gamma}-1)$$

$$N_{c} = \frac{1}{\sin\varphi\cos\varphi}[e^{(\frac{3\pi}{2}-\varphi)\tan\varphi}(1+\sin\varphi)-1] + \tan\varphi = (N_{q}-1)\cot\varphi$$

$$N_{q} = \frac{1}{2\cos^{2}\left(\frac{\pi}{4}+\frac{1}{2}\varphi\right)}e^{(\frac{3\pi}{2}-\varphi)\tan\varphi}$$

为了便于计算，结合太沙基经验公式，有

$$N_{\gamma} = 1.8(N_{q}-1)\tan\varphi \qquad (3.63)$$

（2）假定基础完全光滑时，此时弹性楔体成为朗肯主动区，整个滑动区由朗肯主动区 Ⅰ、径向剪切区 Ⅱ 和朗肯被动区 Ⅲ 组成，如图 3.14 所示。

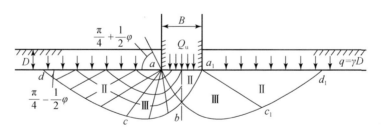

图 3.14　完全光滑基底破坏模式图

当 $\psi = \frac{\pi}{4}+\frac{1}{2}\varphi$ 时

$$N_{\gamma} = \frac{1+\sin\varphi}{2\cos\varphi}\left(\frac{1+\sin\varphi}{\cos\varphi}K_{p\gamma}-1\right)$$

$$N_{c} = \frac{1+\sin\varphi}{\sin\varphi\cos\varphi}[e^{\pi\tan\varphi}(1+\sin\varphi)-1+\sin\varphi] = (N_{q}-1)\cot\varphi$$

$$N_{q} = \tan^{2}\left(\frac{\pi}{4}+\frac{\varphi}{2}\right)e^{\pi\tan\varphi}$$

结合太沙基经验公式，同样有

$$N_\gamma = 1.8(N_q - 1)\tan\varphi$$

（3）算例。

为了便于比较，选用周小平等（2002）的算例，有一宽为 4m 的条形基础，埋深 3m，地基为均质黏性土，容重 $\gamma = 19.5\text{kN/m}^3$，固结不排水抗剪强度指标 $c_0 = 20\text{kPa}$，$\varphi_0 = 22°$。计算结果见表 3.11 和表 3.12，以及图 3.15。

表 3.11　基底完全粗糙时的极限承载力

b	0	0.25	0.75	1
N_γ	5.96	7.74	10.92	12.30
N_c	20.27	22.62	26.34	27.84
N_q	9.19	10.86	13.64	14.79
Q_u/kPa	1175.46	1425.31	1849.40	2027.83

表 3.12　基底完全光滑时的极限承载力

b	0	0.25	0.75	1
N_γ	4.96	6.41	8.98	10.10
N_c	16.88	18.74	21.67	22.84
N_q	7.82	9.17	11.40	12.32
Q_u/kPa	988.51	1190.84	1531.78	1674.89

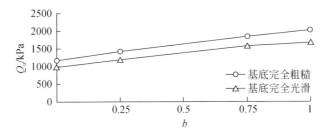

图 3.15　不同 b 值时地基极限承载力

由计算结果可知太沙基公式及文献（周小平等，2002）公式为本书公式的特例。

3.4.3　地基临界荷载公式

1. 分析模型

根据弹性理论，在半无限体表面作用一个无限条形均布荷载 p，宽度为 B 时，地基中任意一点的附加主应力 σ_1 和 σ_3 的数值可表示为

$$\frac{\sigma_1}{\sigma_3} = \frac{p}{\pi}(2\beta \pm \sin 2\beta) \tag{3.64}$$

式中，σ_1，σ_3 分别为附加大小主应力；p 为地面条形均布荷载；2β 为计算点 M 至条形均布荷载边缘的视角。

大小主应力方向为张角 2β 的平分角线方向，如图 3.16 所示。

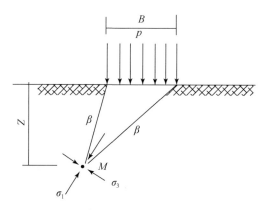

图 3.16　条形均布荷载下的附加应力

当条形均布荷载埋置深度为 D 时，地基中任意一点的应力计算如图 3.17 所示。地基中任意一点 M 的应力由两部分组成：①计算点以上土层自重引起的应力，如图 3.17（b）所示；②由于埋置深度内土的自重抵偿后的附加条形均布荷载引起的应力 σ_1'' 和 σ_3''，如图 3.17（c）所示。

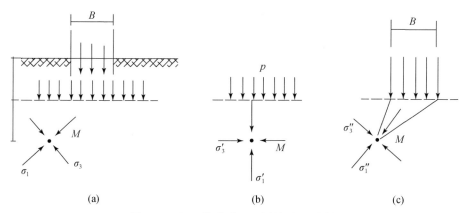

图 3.17　埋置深度为 D 时附加应力计算

计算点 M 总的应力由上述两部分叠加而成，但是自重应力主应力方向为竖直和水平方向，在此假定侧压力系数 $K_0 = 1$，这样自重作用下的大小主应力相等，相当于静水应力状态，主应力与方向无关，总的主应力可以按代数和叠加：

$$\begin{matrix}\sigma_1\\\sigma_3\end{matrix} = \gamma(D+Z) + \frac{p-\gamma D}{\pi}(2\beta \pm \sin 2\beta) \tag{3.65}$$

2. 公式推导

取 $m \to 1$，经判别由式（3.56）可得

$$\sin\varphi_{\text{UST}} = \frac{2(1+b)\sin\varphi_0}{2(1+b)+b(\sin\varphi_0-1)}$$

$$C_{\text{UST}} = \frac{2(1+b)c_0\cos\varphi_0}{2(1+b)+b(\sin\varphi_0-1)}\frac{1}{\cos\varphi_{\text{UST}}} \tag{3.66}$$

则

$$\frac{\sigma_1-\sigma_3}{2} = \frac{\sigma_1+\sigma_3}{2}\sin\varphi_{\text{UST}}+C_{\text{UST}}\cos\varphi_{\text{UST}} \tag{3.67}$$

式中，C_{UST} 和 φ_{UST} 分别为统一内聚力和内摩擦角。

将式（3.65）代入式（3.67）得

$$Z = \frac{p-\gamma D}{\pi\gamma}\left(\frac{\sin2\beta}{\sin\varphi_{\text{UST}}}-2\beta\right)-\frac{C_{\text{UST}}\cot\varphi_{\text{UST}}}{\gamma}-D \tag{3.68}$$

式中，Z 为塑性区的深度。

将式（3.68）对 β 求导数，并令导数等于零，可得

$$\cos2\beta = \sin\varphi_{\text{UST}}\ 或\ 2\beta = \frac{\pi}{2}-\varphi_{\text{UST}} \tag{3.69}$$

把式（3.69）代入式（3.68），即得塑性区开展深度的计算公式：

$$Z_{\max} = \frac{p-\gamma D}{\pi\gamma}\left[\cot\varphi_{\text{UST}}-\left(\frac{\pi}{2}-\varphi_{\text{UST}}\right)\right]-\frac{C_{\text{UST}}\cot\varphi_{\text{UST}}}{\gamma}-D \tag{3.70}$$

从式（3.70）求解基底压力，即承载力 p：

$$p = \frac{\pi}{\cot\varphi_{\text{UST}}+\varphi_{\text{UST}}-\frac{\pi}{2}}\gamma Z_{\max}+\frac{\cot\varphi_{\text{UST}}+\varphi_{\text{UST}}+\frac{\pi}{2}}{\cot\varphi_{\text{UST}}+\varphi_{\text{UST}}-\frac{\pi}{2}}\gamma D+\frac{\pi\cot\varphi_{\text{UST}}}{\cot\varphi_{\text{UST}}+\varphi_{\text{UST}}-\frac{\pi}{2}}C_{\text{UST}} \tag{3.71}$$

若在地基中不容许有塑性区存在，则在式（3.71）中令 $Z_{\max}=0$，可得临塑荷载：

$$p_0 = M_{\text{d}}\gamma_0 D+M_{\text{c}}C_{\text{UST}} \tag{3.72}$$

式中，$M_{\text{d}} = \dfrac{\cot\varphi_{\text{UST}}+\varphi_{\text{UST}}+\dfrac{\pi}{2}}{\cot\varphi_{\text{UST}}+\varphi_{\text{UST}}-\dfrac{\pi}{2}}$；$M_{\text{c}} = \dfrac{\pi\cot\varphi_{\text{UST}}}{\cot\varphi_{\text{UST}}+\varphi_{\text{UST}}-\dfrac{\pi}{2}}$；$\gamma_0$ 为基础底面以上土层的加权平均重度。

容许在地基中出现有限范围的塑性区，若控制塑性区开展的深度达基础宽度的 1/4 时，则式（3.71）中令 $Z_{\max}=\dfrac{1}{4}B$，由此可得临界荷载的计算公式 $p_{\frac{1}{4}}$ 为

$$p_{\frac{1}{4}} = M_{\text{b}}\gamma B+M_{\text{d}}\gamma_0 D+M_{\text{c}}C_{\text{UST}} \tag{3.73}$$

式中，$M_{\text{b}} = \dfrac{\dfrac{1}{4}\pi}{\cot\varphi_{\text{UST}}+\varphi_{\text{UST}}-\dfrac{\pi}{2}}$；$M_{\text{b}}$，$M_{\text{d}}$ 和 M_{c} 为地基承载力系数，它们均是内摩擦角 φ_{UST} 的函数，本书给出 $b=0$，$b=0.25$，$b=0.5$，$b=0.75$，$b=1$ 几种情况的地基承载力系数见表 3.13 ~ 表 3.17，以及图 3.18 ~ 图 3.20。

表 3.13　承载力系数 M_b，M_d，M_c（$b=0$）

$\varphi_0/(°)$	M_b	M_d	M_c	$\varphi_0/(°)$	M_b	M_d	M_c
0	0.00	1.00	3.14	16	0.36	2.43	4.99
2	0.03	1.12	3.32	18	0.43	2.73	5.31
4	0.06	1.25	3.51	20	0.51	3.06	5.66
6	0.10	1.39	3.71	22	0.61	3.44	6.04
8	0.14	1.55	3.93	24	0.72 (0.80)	3.87	6.45
10	0.18	1.73	4.17	26	0.84 (1.10)	4.37	6.90
12	0.23	1.94	4.42	28	0.98 (1.40)	4.93	7.40
14	0.29	2.17	4.69	30	1.15 (1.90)	5.59	7.95

注：（0.80）为修正后的值

表 3.14　承载力系数 M_b，M_d，M_c（$b=0.25$）

$\varphi_0/(°)$	M_b	M_d	M_c	$\varphi_0/(°)$	M_b	M_d	M_c
0	0.00	1.00	3.14	16	0.40	2.62	5.19
2	0.03	1.13	3.34	18	0.49	2.95	5.55
4	0.07	1.27	3.55	20	0.58	3.33	5.93
6	0.11	1.44	3.78	22	0.69	3.77	6.35
8	0.15	1.62	4.02	24	0.82	4.27	6.81
10	0.21	1.83	4.28	26	0.96	4.84	7.31
12	0.26	2.06	4.56	28	1.12	5.49	7.87
14	0.33	2.32	4.86	30	1.31	6.24	8.47

表 3.15　承载力系数 M_b，M_d，M_c（$b=0.5$）

$\varphi_0/(°)$	M_b	M_d	M_c	$\varphi_0/(°)$	M_b	M_d	M_c
0	0.00	1.00	3.14	16	0.44	2.77	5.35
2	0.03	1.14	3.36	18	0.53	3.14	5.74
4	0.07	1.30	3.58	20	0.64	3.56	6.15
6	0.12	1.47	3.83	22	0.76	4.04	6.61
8	0.17	1.67	4.09	24	0.90	4.59	7.10
10	0.22	1.90	4.37	26	1.06	5.22	7.64
12	0.29	2.15	4.67	28	1.24	5.95	8.24
14	0.36	2.44	5.00	30	1.45	6.79	8.89

表 3.16　承载力系数 M_b，M_d，M_c（$b=0.75$）

$\varphi_0/(°)$	M_b	M_d	M_c	$\varphi_0/(°)$	M_b	M_d	M_c
0	0.00	1.00	3.14	16	0.47	2.89	5.49
2	0.04	1.15	3.37	18	0.57	3.29	5.89
4	0.08	1.32	3.61	20	0.69	3.75	6.33
6	0.13	1.50	3.87	22	0.82	4.27	6.81
8	0.18	1.72	4.15	24	0.97	4.87	7.34
10	0.24	1.96	4.44	26	1.14	5.55	7.91
12	0.31	2.23	4.77	28	1.33	6.34	8.54
14	0.39	2.54	5.11	30	1.56	7.25	9.24

表 3.17　承载力系数 M_b，M_d，M_c（$b=1$）

$\varphi_0/(°)$	M_b	M_d	M_c	$\varphi_0/(°)$	M_b	M_d	M_c
0	0.00	1.00	3.14	16	0.50	3.00	5.60
2	0.04	1.16	3.38	18	0.61	3.43	6.02
4	0.08	1.33	3.63	20	0.73	3.91	6.48
6	0.13	1.53	3.90	22	0.87	4.46	6.99
8	0.19	1.76	4.19	24	1.02	5.10	7.54
10	0.25	2.01	4.51	26	1.21	5.83	8.14
12	0.32	2.30	4.84	28	1.42	6.66	8.80
14	0.41	2.63	5.21	30	1.66	7.63	9.53

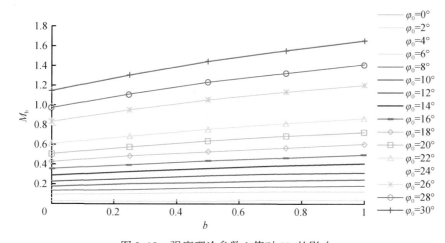

图 3.18　强度理论参数 b 值对 M_b 的影响

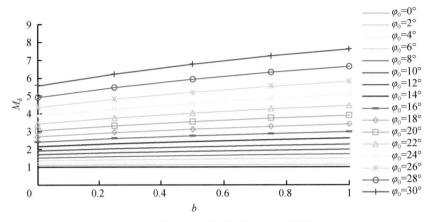

图 3.19　强度理论参数 b 值对 M_{d} 的影响

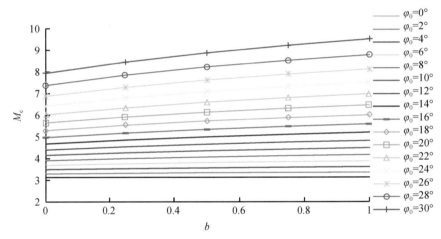

图 3.20　强度理论参数 b 值对 M_{c} 的影响

3. 经验修正

表 3.12 给出的是临界荷载承载力系数的理论公式的计算结果, 对于砂土的承载力计算值偏低, 为了将 $p_{\frac{1}{4}}$ 公式用于计算砂土地基承载力, 需要进行经验修正。规范修正的依据是在砂土地基上的荷载试验资料, 由于砂土的黏聚力为零, 式 (3.73) 中的第三项为零; 同时由于载荷试验时没有侧向超载, 式 (3.73) 中的第二项也为零。因此, 利用荷载实验资料来修正的承载力系数只有 μ_{b}, 规范根据 22 个砂土荷载试验数据求得的承载力系数 μ_{b} 与内摩擦角 φ_0 的关系曲线如图 3.21 所示, 修正后的值见表 3.12。

4. 实例分析

地基土的强度指标 $\varphi_0 = 10°$, $C_0 = 20 \mathrm{kN/m^2}$, 基础埋置深度 $D = 1.5\mathrm{m}$, 宽度 $B = 2.0\mathrm{m}$, 基础底面上下土的重度相等, $\gamma_0 = \gamma = 18\mathrm{kN/m^2}$。试分析, 当允许地基中有 $\dfrac{1}{4} B$ 塑性区存在

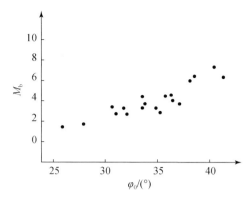

图 3.21　砂土承载力系数与内摩擦角的关系

时，求出其临界荷载。

由式（3.73）及表 3.13 ～ 表 3.17 可求出临界荷载，结果见表 3.18 和图 3.22。

表 3.18　不同 b 值的临界荷载值 $p_{\frac{1}{4}}$

b	0	0.25	0.5	0.75	1
$p_{\frac{1}{4}}$/kPa	136.59	165.14	176.25	185.76	193.85

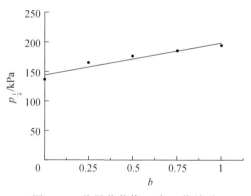

图 3.22　临界荷载值 $p_{\frac{1}{4}}$ 与 b 值关系

3.5　基于统一强度理论的地基模型试验研究

3.5.1　模型相似准则

1. 模型的定义

援引我国著名学者华罗庚、宋健在《模型与实体》一文中提出的论述（Wang et al.，2003）：模型是对实体的特征和变化规律的一种定量的抽象，而且是对那些所要研究的特定的特征的定量抽象。模型能在所要研究的主题范围内更普遍、更集中、更深刻地描述实体的特征。通过建立模型而达到的抽象反映了人们对实体认识的深化，是认识论的一个飞跃。模型的作用不在于也不可能表达实体的一切特征，而在于表达它的主要特征，特别是表达我们最需要知道的那些特征。从这个意义上讲，模型又优于实体，因为模型更深刻和更集中地反映客观事物的主要特征和规律。

2. 模型试验的相似准则

按照模型试验的相似性原理，试验采用了缩尺结构（几何比尺为1∶50）和原型土进行试验。试验以条形基础地基为原型，考虑以下几方面进行模拟，研究条形基础地基的变形破坏特征。

（1）材料相似。地基模型采用与原型相同的介质（粉质黏土与细砂）。

（2）几何条件相似。因相似现象必定发生在几何相似的空间内，故模型中地基的几何形状应与实际地基相似，主要是长、宽和深度几何相似。

（3）荷载相似。模型和原形在对应点所受的荷载方向一致，大小成比例。荷载试验实质上是基础的模拟试验，最能体现地基在荷载作用下的真实状况。

（4）边界条件相似。充分考虑到实际情况，模型的边界按半无限空间设计为横向柔性边界条件及纵向平面应变边界条件。

（5）起始应力条件相似。把土填至模型槽内预定高度后，用15个沙袋装满细砂（约7.5kN）预压48h，使之与土体在天然自重条件下的正常固结状态基本相似。

可以看出，由于影响地基应力、变形的因素很多，要在模型试验中满足所有相似条件很难做到，部分条件只能近似满足。

根据分析，筛选出起决定作用的物理量（表3.19），采用量纲矩阵法推导相似准则方程，可写出如下函数式：

$$f(\sigma,\ s,\ \varphi,\ c,\ w,\ p)=0$$

用矩阵法求准则方程，列矩阵表，见表3.20。从表的上半部分可以列出各参数指数间的代数方程：

$$a+d+f+g=0$$
$$-2a+b-2d-3f-2g=0$$

仅有2个方程，但未知数有7个，分别将 π_1、π_2、π_3、π_4、π_5 的左侧值带入公式求出 f, g 值。

表3.19　影响地基的参数

符号	意义	量纲
σ	土体应力	kN/m²
s	基础沉降	m
φ	土体的内摩擦角	°
c	土体的黏聚力	kN/m²
w	含水率	
r	土体的密度	kN/m³
p	基础的压力	kN/m²

表 3.20　矩阵表

序号	a	b	c	d	e	f	g
参数	σ	s	φ	c	w	r	p
F	1	0	0	1	0	1	1
L	−2	1	0	−2	0	−3	−2
π_1	1	0	0	0	0	0	−1
π_2	0	1	0	0	0	1	−1
π_3	0	0	1	0	0	0	0
π_4	0	0	0	1	0	0	−1
π_5	0	0	0	0	1	0	0

得到：

$$\pi_1 = \frac{\sigma}{p}, \quad \pi_2 = \frac{s\gamma}{p}, \quad \pi_3 = \varphi, \quad \pi_4 = \frac{c}{p}, \quad \pi_5 = w$$

则地基沉降的准则方程为

$$f\left(\frac{\sigma}{p}, \ \frac{s\gamma}{p}, \ \varphi, \ \frac{c}{p}, \ w\right) = 0$$

（1）由准则 $\pi_1 = \frac{\sigma}{p}$ 得 $\frac{\sigma}{p} = \frac{\sigma_m}{p_m}$ 即 $\frac{\sigma}{\sigma_m} = \frac{p}{p_m}$ 即 $C_\sigma = C_p$

（2）由准则 $\pi_2 = \frac{s\gamma}{p}$ 得 $\frac{s\gamma}{p} = \frac{s_m \gamma_m}{p_m}$ 即 $\frac{s\gamma}{s_m \gamma_m} = \frac{p}{p_m}$ 即 $C_{s\gamma} = C_p$

（3）由准则 $\pi_3 = \varphi$，由于采用原形土，故 $C_\varphi = 1$

（4）由准则 $\pi_4 = \frac{c}{p}$ 得 $\frac{c}{p} = \frac{c_m}{p_m}$ 即 $C_c = C_p$

（5）由准则 $\pi_5 = w$，由于采用原型土，故 $C_w = 1$

以上关系式中：加脚标 m 者为模型参数，未加者为原型参数，C 为相似比。

以上相似判据在本模型中较好满足，根据 $C_\varphi = 1$，现象的单值条件相似，并且由单值条件导出来的相似判据在数值上相等，故模型中的现象必与原型中的现象相似。

3.5.2　试验模型的设计

1. 模型槽及基础

整个模型槽采用厚度为 15mm 的有机玻璃板制成，长、宽、高（净尺寸）分别为 240cm、55cm、120cm。通过透明的有机玻璃材料可以直接观察到整个试验过程。模型槽四周由三道槽钢组成的框架箍紧，以限制有机玻璃的变形并防止其破坏。此次试验主要研究平面应变问题，使用条形基础模型，基础分别由长、宽、高为 50cm、20cm、2cm 的钢板与长、宽、高为 50cm、15cm、30cm 的素混凝土块制成，两次试验基础埋深均为零。

2. 加载设备与反力系统

采用试验前经过标定的 100kN 油压千斤顶施加垂向压力，所施加的荷载可由安装在千斤顶上的油压表直接读出，再经公式换算后得到。反力由地锚提供，地锚采用斜拉式锚杆反力装置，模型试验装置及加载设备如图 3.23、图 3.24 所示。

图 3.23　模型试验加载设备示意图

图 3.24　模型试验装置

实验过程中，千斤顶及衬垫物保持垂直，千斤顶加荷时，严格控制加荷速率，如速率过快，由于土体不能及时产生压缩变形，就可能会改变地基变形破坏的特征。

3. 土样制备

模型试验分两组，一组试验材料为粉质黏土（简称试验①）；另一组试验材料为细砂（简称试验②）。通过粉质黏土、砂土的模型试验分析比较两者的地基变形破坏特征以及地基中土压力的大小及其分布规律。

试验①中的土料取自西安市南郊某建筑工地基坑内，取土深度约为 6m，物理力学性质指标见表 3.21。把土体摊开、捣匀，过 5mm 的筛。在模型槽内装土料时，进行分层铺装压密。分层厚度为 5cm，经计算后每层加入相同质量的土料，整平后，分层夯实，以保证每层土的密实度基本相同。经室内土工试验确定模型槽内土的物理力学性质指标见表 3.22。模型槽内上部土体与下部土体的物理及力学性质基本一致。

表 3.21　原状土的物理力学性质指标

取土深度 /m	含水量 W/%	重度 γ /(kN/m³)	液限 W_L/%	塑限 W_p/%	塑性指数 I_p	液性指数 I_L	黏聚力 C/kPa	内摩擦角 φ/(°)
5.0~6.0	9.3	16.8	29.7	15.5	14.2	0.2	21.3	22.7

表 3.22　模型槽内土的物理力学性质指标

取土深度/m	含水量 W/%	重度 γ /(kN/m³)	液限 W_L/%	塑限 W_p/%	塑性指数 I_p	液性指数 I_L	黏聚力 C/kPa	内摩擦角 φ/(°)
0.3~0.7	7.1	16.6	29.7	15.5	14.2	0.2	21.2	23.5

试验②中的砂料取自西安市灞河河床，把砂料风干后过 5mm 的筛，以便除去其中杂

物与大粒径的砂。装料方法同试验①，砂料的颗粒级配见表 3.23。模型砂的内摩擦角 35°，密度 1.427g/cm³。

表 3.23 砂的颗粒级配表

颗粒组成/%						平均粒径	有效粒径	不均匀系数
<5mm	<1mm	<0.75mm	<0.5mm	<0.25mm	<0.075mm	d_{60}	d_{10}	d_{60}/d_{10}
100	90	74	54	20	7	0.69	0.08	9

把土填至模型槽内预定高度后，用 15 个沙袋装满细砂（约 7.5kN）预压 48h，使之基本达到土体在天然自重条件下的正常固结状态。仔细平整土层表面然后安置基础在模型槽中央，并用水平尺进行校正。用两个百分表测量基础沉降，分别安放在基础两端，以百分表读数的平均值作为基础沉降值，若两个百分表的沉降差超过基础沉降量的 10%，则需重新测定。

3.5.3 试验加载设计

本次加荷程序与平板荷载试验相似，采用如下加荷方法测定模型槽内土体的极限承载力：施加的每一级荷载为千斤顶油压表读数的一小格（一小格约为 1.66kN），每级荷载达到相对稳定后加下一级荷载，直到加载完成（加至土体破坏）。以两个百分表读数的平均值作为基础沉降值。

1）稳定标准

（1）测读基础沉降量：每级加载后，间隔 5min、10min，以后每间隔 15min 读一次百分表的读数。

（2）沉降稳定标准：在每级荷载下，试验土体的沉降量在每 30min 内小于 0.05mm。

（3）终止加载标准：① 承压板周围土体出现隆起，或明显破坏性裂缝，或明显地侧向挤出；②某级荷载的沉降量急剧增大，荷载–沉降曲线出现陡降段；③在某级荷载下，2h 沉降速率不能达到稳定标准。

2）加荷标准

试验①荷载共分 25 级施加完成，见表 3.24。试验②荷载共分 23 级施加完成，见表 3.25。

表 3.24 试验①加载分级表

荷载等级	1	2	3	4	5	6	7	8	9
荷载/kN	4.2	5.8	7.4	9	10.6	12.2	13.8	15.5	17.1
时间/min	30	60	90	120	150	180	210	240	270
荷载等级	10	11	12	13	14	15	16	17	18
荷载/kN	18.7	20.3	21.9	23.5	25.1	26.7	28.3	29.9	31.5
时间/min	330	375	405	435	465	510	545	575	620

荷载等级	19	20	21	22	23	24	25	
荷载/kN	33.1	34.8	36.4	38	39.6	41.2	42.8	
时间/min	665	725	770	815	875	935	995	

表 3.25 试验②加载分级表

荷载等级	1	2	3	4	5	6	7	8
荷载/kN	4.2	5.8	7.4	9	10.6	12.2	13.8	15.5
时间/min	30	60	90	120	150	180	210	240
荷载等级	9	10	11	12	13	14	15	16
荷载/kN	17.1	18.7	20.3	21.9	23.5	25.1	26.7	28.3
时间/min	270	300	330	360	390	435	465	510
荷载等级	17	18	19	20	21	22	23	
荷载/kN	29.9	31.5	33.1	34.8	36.4	38	39.6	
时间/min	540	585	630	675	735	795	870	

3.5.4 模型试验的数据采集

1. 土中应力的测量

为了研究逐级荷载情况下地基土应力的变化、分布规律，地基土内应力采用压力盒量测。全部压力盒在使用前进行了标定，压力盒数据的采集使用万用表完成，每级荷载施加5min后记录万用表读数，施加下一级荷载前5min再记录一次。压力盒采用0.2MPa和0.7MPa两个量程，根据不同部位土体的受力情况来埋设。模型槽内共埋设0.2MPa的压力盒18个，0.7MPa的压力盒3个，把21个压力盒依次编号为1，2，3，…，21号，其中1~18号量程为0.2MPa，19~21号量程为0.7 MPa。压力盒共分三层摆放：压力盒1、2、3、4、5、6和21号埋设在第一层，水平间隔15cm，距土层表面25cm；压力盒7、8、9、10、11、12和20号埋设在第二层，水平间隔20cm，距土层表面38cm；压力盒13、14、15、16、17、18和19号埋设在第三层，水平间隔25cm，距土层表面70cm。压力盒在模型槽内分布情况如图3.25所示。

压力盒埋设时要尽量小的扰动土体，必须使压力盒水平（竖向埋设时垂直）并与周围土体接触良好，压力盒周围土体密实度应和模型槽内土体密实度相等，以保证数据的有效性与压力的均匀传递。

2. 地基变形场测点的布置

在模型槽的有机玻璃外用记号笔画上5cm×5cm的坐标网格。分层铺装土料时，在坐标十字交点处埋设白色粉笔头作为标志物，同时沿水平方向铺上一层白色滑石粉（与有机

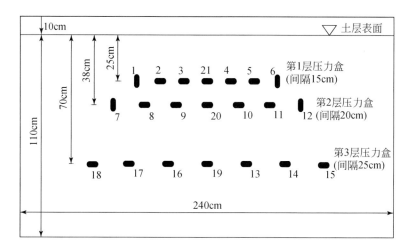

■ 水平埋设的压力盒　　　■ 垂直埋设的压力盒

图 3.25　压力盒在模型槽内的分布情况

玻璃上的网格横线水平对齐,以下称做白粉线)。这样就可以通过试验槽的有机玻璃观测地基土体的连续沉降变形曲线,并用直尺量测标志物相对于十字交叉点的位移,如图 3.26 所示。

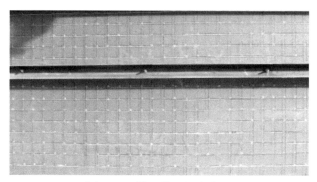

图 3.26　模型槽上的方格网

3.5.5　试验数据处理和结果分析

1. 地基变形及极限荷载

1) 试验①地基变形及极限荷载

本次荷载共分 25 级完成,在前 10 级荷载之前,承压板下沉量较小,地基表层土体、白粉线和标志物无明显变化,地基土体以压密变形为主,基础两边土体下沉约 2mm,当施加第 10 级荷载(186.9kPa)后 20min 观察到在基础两侧土层表面出现 5 条细小裂纹,如图 3.27 所示。

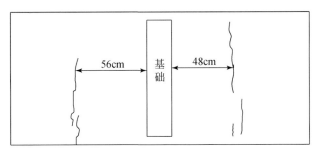

图 3.27　地基表层裂缝

　　在施加第 18 级荷载（315kPa）之后，地基逐渐呈现破坏特征：百分表转速明显加快，基础下沉量增大，土层表面裂纹逐渐扩展，土体变形影响范围逐渐扩大，白粉线与标志物位移速率加大，位移主要集中在基础正下方周围土体。

　　图 3.28 ~ 图 3.30 分别是第 11 级荷载（203kPa）、第 18 级荷载（315kPa）、第 25 级荷

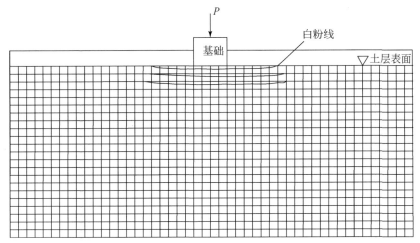

图 3.28　荷载为 203kPa 时地基测点变形曲线

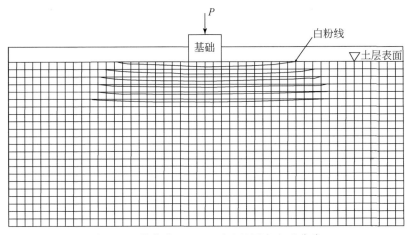

图 3.29　荷载为 315kPa 时地基测点变形曲线

载（428kPa）作用下白粉线的变化曲线（图中的曲线为受压后发生移动的白粉线）。通过连续观察地基测点变形曲线可知，垂向变形最大的区域主要在基底以下 3.5B 范围内，地基沉降的绝大部分是由该部分土层的压缩引起的，距基础中轴线越近的土体下沉量越大。水平变形的区域主要在基础两侧各 3B 左右范围内，基础两侧测点的水平位移量较基础下方的大。当超过极限荷载后继续施压，基础下方左右两侧各出现一条与水平方向成 45° 左右的剪切破坏带，随着荷载的增加，剪切带有增厚的趋势，基底周围土体逐渐破碎。

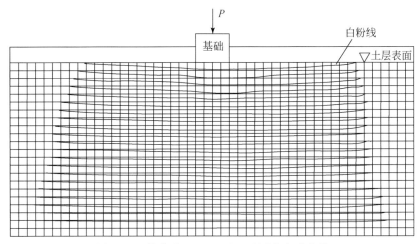

图 3.30 荷载为 428kPa 时地基测点变形曲线

试验①的荷载、沉降关系曲线（P-S 曲线）如图 3.31 所示。

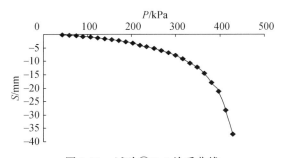

图 3.31 试验①P-S 关系曲线

由图 3.31 可见，P-S 曲线出现陡降段时的荷载为 396kPa，因此可取其前一级荷载 380kPa 为极限荷载。这与荷载为 396kPa 时，压力盒读数不能稳定的试验现象相吻合。

试验前土的密度 1.658g/cm³，试验后取基础下 20cm 处的土进行测试，密度达到 1.702g/cm³，比原来增大 2.6%；试验后取基础下 10cm 处的土，密度达到 1.736g/cm³，比原来增大 4.7%；取基础下 5cm 处的土进行测试，密度达到 1.763g/cm³，比原来增大 6.3%。即距基础底部越近的土，受力越大被压得越密实，存在一个形状近似为楔形体的压实核。

2）试验②地基变形及极限荷载

由于砂的内聚力为零，考虑到基础下沉后基坑两侧的砂土不能直立，于是基础换成了由标号为 525 的水泥与毛石浇筑成的素混凝土块，混凝土块的长、宽、高分别为 50cm、15cm、30cm，如图 3.32 所示。

图 3.32　模型试验装置及加载设备示意图

本次荷载共分 23 级施加完成，加荷步骤同试验①。前 12 级荷载以前，基础下沉量较小，地基土体以压密变形为主，地基表层土体、白粉线和标志物无明显变化，基础两边土体下沉约 1mm，当施加第 12 级荷载（292kPa）后至第 21 级荷载（485kPa），基础两侧土层表面先后出现 8 条细小裂纹（由于施加荷载后模型槽的有机玻璃板产生变形，砂土纵向挤压模型槽使得模型槽鼓胀，致使砂土中出现拉张应力，而砂土内聚力为零，因此产生横向张裂缝，从而裂纹方向与试验①的不同），如图 3.33 所示。

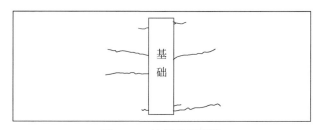

图 3.33　地基表层裂缝

图 3.34 ~ 图 3.36 分别为第 10 级荷载（249kPa）、第 18 级荷载（421kPa）、第 23 级荷载（528kPa）下白粉线的变化曲线（图中的曲线为受压后发生移动的白粉线）。

通过观察地基测点变形曲线可知，垂向变形最大的区域主要在基底以下 4B 范围内，地基沉降的绝大部分是由该部分土层的压缩引起的，距中轴线越近的土体下沉量越大。水平变形的区域在基础两侧各 2B 左右范围内，基础两侧测点的水平位移量较基础下方的大。

当施加第 22 级荷载（506kPa）与第 23 级荷载（528kPa）后，土层表面裂纹骤然增多，特别是基础四周土体出现较多细小裂纹，原有裂纹加宽加长，基础急剧下沉，地基丧

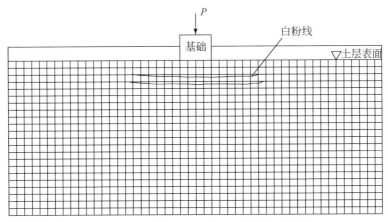

图 3.34　荷载为 249kPa 时地基测点变形曲线

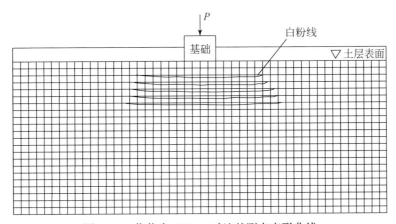

图 3.35　荷载为 421kPa 时地基测点变形曲线

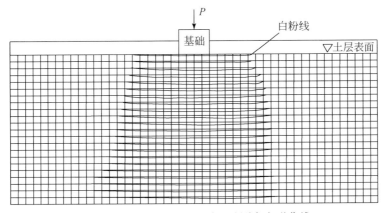

图 3.36　荷载为 528kPa 时地基测点变形曲线

失稳定，基础周围土体出现明显的破坏性裂缝，如图 3.37 所示。

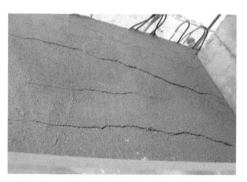

图 3.37　基础周围土体出现的破坏性裂缝

本次试验在距土层表面 55cm 深度处预先水平埋设了一排小木棍,共计 19 根、水平间隔 5cm,通过木棍的滑动形态可以观察土体内部的变形情况。试验结束后,开挖至预定深度,然后用毛刷小心地拨开木棍上的砂土,发现木棍在竖直剖面上成 U 字形分布(图 3.38),中央的木棍相对原来的位置下降了 12cm,并且已经被折断。模型槽内右面的 9 根木棍比左面的 9 根木棍高出 1.5cm 左右,可能是加载时发生了偏心致使基底下两侧土体变形不一致产生沉降差。

试验②的荷载、沉降关系曲线(P-S 曲线)如图 3.39 所示。由图 3.39 可见,P-S 曲线出现陡降段时的荷载为 506kPa,因此可取其前一级荷载 485kPa 为极限荷载。这与荷载为 506 kPa 时,压力盒读数不能稳定的试验现象相吻合。

图 3.38　试验后的木棍分布情况

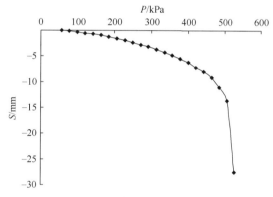

图 3.39　试验②荷载、沉降关系曲线

2. 地基应力分析

1)试验①地基应力分析

试验过程中用万用表记录了压力盒的数据,处理资料时发现第 5、11、15 号压力盒数据失真。现将第一层(1、2、3、4、6 号压力盒)、第二层(7、8、9、10、12 号压力盒)、第三层(13、14、16、17、18 号压力盒)以及基础正下方 19、20、21 号压力盒记录的土压力随加压荷载变化的曲线分别绘制如图 3.40 ~ 图 3.43 所示。

从图 3.40(即第一层压力盒)可见,随着荷载的增加,压力盒读数逐渐增加,尤其是距基底中心线较近的 3、4 号压力盒读数的增长较为显著,峰值比同一层的压力盒高出 5 ~ 6 倍,当施加的荷载达到 40kN 左右时,压力盒的值开始下降,3、4 号压力盒读数的下降较为明显,由此可见,此时第一层压力盒附近土体基本完全破坏。

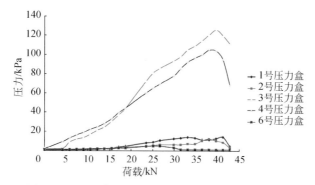

图 3.40　试验①地基第一层压力盒随荷载变化曲线

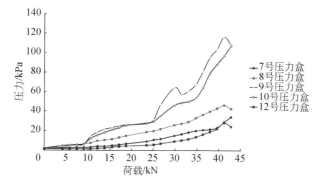

图 3.41　试验①地基第二层压力盒随荷载变化曲线

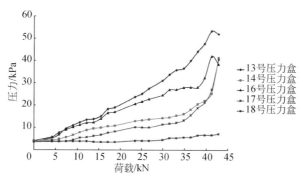

图 3.42　试验①地基第三层压力盒随荷载变化曲线

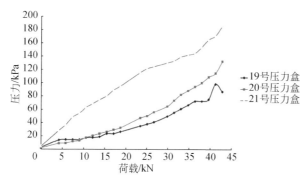

图 3.43　试验①地基 19、20、21 号压力盒随荷载变化曲线

从图 3.41（即第二层压力盒）可见，随着荷载的增加，压力盒读数逐渐增加，距基底中心线较近的 9、10 号压力盒读数的增长较为明显，峰值比同一层的压力盒高出 3～5 倍，垂直埋设的 7、12 号压力盒读数增长最慢，当施加的荷载达到 40kN 左右时，8、9、12 号压力盒读数开始下降，7、10 号压力盒读数继续上升。

从图 3.42（即第三层压力盒）可见，随着荷载的增加，压力盒读数逐渐增加，距基底中心线较近的 13、16 号压力盒读数的增长较快，但不如第一、第二层压力盒读数增幅明显，即这一层土体的受力比较均匀，不像上层土体局部受力较大，因而压力盒读数增长较为平稳；距基底中心线较远的 18 号压力盒读数增长缓慢，当施加的荷载达到 40kN 左右时，13、16 号压力盒读数开始缓慢下降，14、17、18 号压力盒读数继续上升，由此可见，第三层压力盒附近的大部分土体较之第一、第二层压力盒附近土体而言，破坏的区域小且大部分土体仍然处于挤密状态，大部分土体没有达到屈服强度。

从图 3.43（19、20、21 号压力盒）可见，随着荷载的增加，压力盒读数增长迅速，距基底最近的 21 号压力盒读数增长最快（峰值为 186kPa），距基底较远的 20、19 号压力盒读数增长次之（峰值分别为 133kPa、99kPa），由此可见地基中，上部荷载主要由基础下方 3.5B（B 为基础宽度）范围内的土体承担，当施加的荷载达到 40kN 左右时，距基底最远的 19 号压力盒读数开始下降，20、21 号压力盒读数继续增长，即基底正下方 2B 范围内土体一直处于挤密状态（即基底以下存在一个压密核）。试验后取基底 20cm 内土体测试，密度均有所增大。

由试验结果可知，随着深度的增加压力盒读数的增长逐渐放缓，距基底中轴线越近的压力盒读数增长最快，峰值比同一层的压力盒读数高出许多，刚开始加压时垂直埋设的压力盒读数变化幅度最小，基底水平埋设的压力盒读数变化幅度最大，即此时地基土体的受力主要是垂向的，水平方向的力很小，随着千斤顶压力的增大，太沙基地基破坏模式图示中的 I 区（弹性压密区）与基础成为整体，竖直向下移动，并挤压两侧 II 区和 III 区（过渡区和郎肯被动区）的土体，水平推力逐渐增大，垂直埋设的压力盒读数变化幅度逐渐增大。当施加的荷载达到 40kN 左右时，多数压力盒读数开始下降（尤其是第一和第二层压力盒），即大部分地基土体发生破坏而卸荷，部分土体仍然处于挤密状态（第三层及其以下土体），由以上压力盒的变化曲线可知，第一和第二层土体为地基的持力层，第三层及其以下土体为地基的下卧层。

两次试验压力盒都是按基底中轴线对称埋设，压力盒距中轴线的距离与应力的关系如图 3.44～图 3.46 所示。

从以上结果可知，距基底越近的土体受力越大，同一层面上，距中轴线越近的土体所承受的受力越大，增幅最为明显，地基土体受力呈抛物线型分布。

本次荷载试验历时 995min 完成，图 3.47 显示了各个压力盒读数随时间变化的曲线。图中变化明显的压力盒都是距基底中轴线较近或埋深较浅的，读数增幅平缓的都是距基底中轴线较远或埋深较大的压力盒。

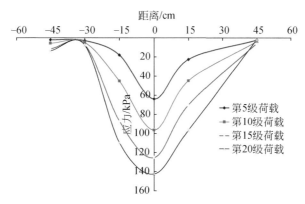

图 3.44　试验①地基基底中轴线土中应力分布（第一层）

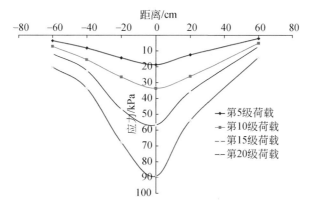

图 3.45　试验①地基基底中轴线土中应力分布（第二层）

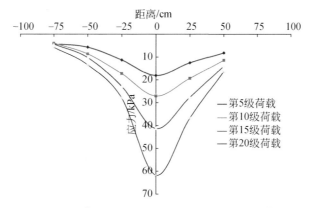

图 3.46　试验①地基基底中轴线土中应力分布（第三层）

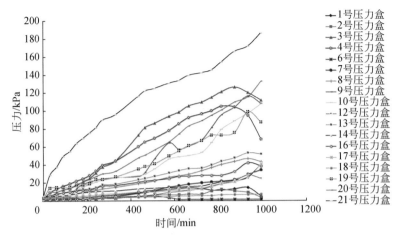

图 3.47　试验①地基中压力盒读数随时间变化曲线

2）试验②地基应力分析

试验过程中用万用表实时地纪录了压力盒的数据，处理资料时发现 4 号压力盒数据失真，因此不采用。现将第一层（1、2、3、5、6 号压力盒）、第二层（7、8、9、10、11、12 号压力盒）、第三层（13、14、15、16、17、18 号压力盒）以及基础正下方 19、20、21 号压力盒随荷载变化的曲线分别绘制如图 3.48～图 3.51 所示。

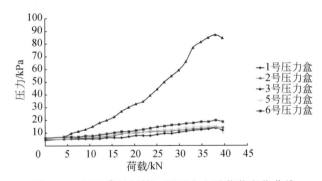

图 3.48　试验②地基第一层压力盒随荷载变化曲线

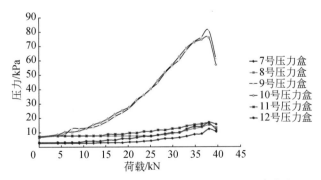

图 3.49　试验②地基第二层压力盒随荷载变化曲线

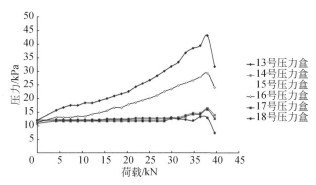

图 3.50　试验②地基第三层压力盒随荷载变化曲线

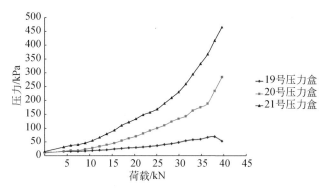

图 3.51　试验②地基 19、20、21 号压力盒随荷载变化曲线

　　从图 3.48（即第一层压力盒）可见，随着荷载的增加，压力盒读数逐渐增加（增长幅度较试验①小），距基底中心线较近的 3 号压力盒读数的增长较为显著，峰值比同一层的压力盒高出 4~5 倍；垂直埋设的 6 号压力盒（基础右边）读数总是比垂直埋设的 1 号压力盒（基础左边）读数大，证明基础右边的土体受到的水平推力比左边受到的水平推力大（可能基础产生了一定程度的倾斜），当施加的荷载达到 38kN 左右时，压力盒的值开始下降，3 号压力盒读数的下降较为明显，由此可见，第一层压力盒附近土体基本全部破坏。

　　从图 3.49（即第二层压力盒）可见，随着荷载的增加，压力盒读数逐渐增加（增长幅度与峰值较试验①小），距基底中心线较近的 9、10 号压力盒读数的增长较为明显，峰值比同一层的压力盒高出 5~6 倍，其余压力盒读数增长缓慢；垂直埋设的 12 号压力盒（基础右边）读数总是比 7 号压力盒（基础左边）读数大，进一步证明了基础右边的土体受到的水平推力比左边土体受到的水平推力大。当施加的荷载达到 38kN 左右时，第二层所有的压力盒的读数开始下降，由此可见，此时第二层压力盒附近土体基本全部破坏。

　　从图 3.50（即第三层压力盒）可见，随着荷载的增加，距基底中心线较近的 13、16 号压力盒读数缓慢增长，其余压力盒读数几乎不增长，直到荷载达到 28kN 后，14、17 号压力盒读数才缓慢增长，而 15、18 号压力盒读数此时已成下降趋势，当施加的荷载达到 38kN 左右时，第三层压力盒读数已全部下跌。由此可见，第三层压力盒附近的大部分土体已破坏，地基丧失稳定。

从图 3.51（19、20、21 号压力盒）可见，随着荷载的增加，压力盒读数增长迅速，距基底最近的 21 号压力盒读数增长最快，峰值达到了 465kPa，是试验①中 21 号压力盒的峰值（186kPa）的 2.5 倍，20 号压力盒读数的峰值为 286kPa，是试验①中 20 号压力盒的峰值（133kPa）的 2.15 倍，而 19 号压力盒读数的峰值较小，为 70kPa，比试验①中 19 号压力盒的峰值（99kPa）小 29kPa。由此可见，此地基中的上部荷载主要由基础下方 3B 左右范围内的土体承担，这与实际基础工程中，条形基础基底下 3B 范围内的土层为主要持力层相符，且随着深度的增加，土体所承担的荷载值迅速降低，当施加的荷载达到 38kN 左右时，距基底最远的 19 号压力盒读数开始下降，20、21 号压力盒读数继续增长，即基底正下方 3B（B 为基础宽度）范围内土体一直处于挤密状态（同试验①，基底以下存在一个压密核）。

由以上可知，同试验①，距基底中轴线越近的压力盒读数增长最快，峰值比同一层的压力盒读数高出许多，刚开始加压时垂直埋设的压力盒读数变化幅度最小，基底水平埋设的压力盒读数变化幅度最大，即此时地基土体的受力主要是垂向的，水平方向的力很小，随着千斤顶压力的增大，太沙基地基破坏图示中的Ⅰ区（弹性压密区）与基础成为整体，竖直向下移动，并挤压两侧Ⅱ区和Ⅲ区的土体，水平推力逐渐增大，垂直埋设的压力盒读数变化幅度逐渐增大。与试验①不同的是，当施加的荷载达到 38kN 左右时，除 20、21 号压力盒读数继续增长外，其余压力盒读数开始或已经下降，即大部分地基土体发生破坏而卸荷，地基丧失稳定。

距中轴线不同距离的压力盒压力如图 3.52 ~ 图 3.54 所示。

同试验①一样，由图可知，距基底越近的土体受力越大，同一层面上，距中轴线越近的土体所承受力越大，增幅也最为明显，地基土体受力呈抛物线型分布。

本次荷载试验历时 870min 完成，图 3.55 显示了各个压力盒读数随时间变化的曲线。

同试验①的时间-压力关系曲线相比较可以看出，试验②中除 20、21 号压力盒外，其余压力盒读数的增长较为平缓，超过半数的压力盒在前 300min 内读数几乎不增长，其原因是相对黏性土而言，由于砂的黏聚力为零，砂土之间力的传递主要靠摩擦，需要较长的时间和较大的荷载才能把力传递出去。

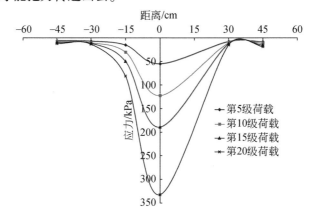

图 3.52　试验②地基基底中轴线土中应力分布（第一层）

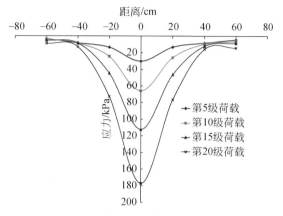

图 3.53　试验②地基基底中轴线土中应力分布（第二层）

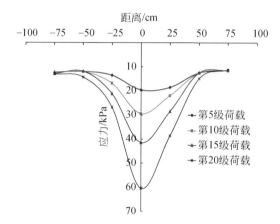

图 3.54　试验②地基基底中轴线土中应力分布（第三层）

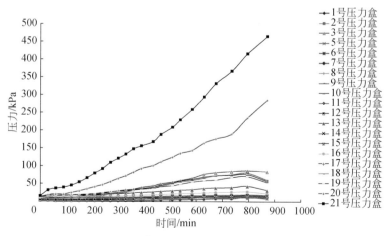

图 3.55　试验②地基压力盒读数随时间变化曲线

3. 地基变形破坏特征分析

从两次试验的 P-S 曲线可以看出，试验①与试验②的土体变形均经历了压密阶段、剪切阶段和破坏阶段。

压密阶段：P-S 曲线接近于直线，土中各点的剪应力小于土的抗剪强度，土体处于弹性状态，基础的沉降主要是由于土体的压密引起的，土中各测点主要表现为垂向位移和一定程度的水平位移（水平位移量很小），在基底之下以垂直变形为主。

剪切阶段：当荷载超过临塑荷载之后，地基土体进入剪切阶段，在这一阶段，地基土体局部发生了剪切变形，土体变形发展较快，土体的垂向位移和水平位移加速，当荷载达到剪切阶段的中后期时，地面逐渐产生不同程度的隆起（试验①隆起现象不明显）。

破坏阶段：当荷载超过极限荷载之后，荷载板急剧下沉（试验②尤为明显），基础周围土体出现明显破坏性裂缝，地基出现较明显的连续滑动面，地面隆起加速。

经过试验①与试验②的荷载试验，观察两次试验的地基在加荷过程中土体测点的位移情况后发现，试验②白粉线的变化幅度与影响范围较试验①小，其原因是相对黏性土而言，由于砂的黏聚力为零，砂土之间的力主要靠摩擦来传递，因此影响范围比土的小。两次试验在荷载较小的时候，地基测点的位移主要集中体现在基础下方周围的土体，主要表现为垂向位移压密，在同一水平面上这种垂直位移距中轴线越近下沉量较大，距中轴线越远下沉量越小；离基底越近的白粉线变形幅度越大，越往深处变形幅度逐渐减小；随着荷载的逐渐增加，土体变形范围不断扩大，基础周围测点产生水平位移，基础两侧测点的水平位移量较基础下方的大，垂直位移较小。在地基完全破坏以前，即荷载还未达到地基极限承载力之前，试验①对地基的影响宽度和深度都比试验②的大，但当超过地基极限承载力后继续施加荷载，砂土地基的影响范围迅速扩大，基础急剧下沉，地面隆起明显（影响范围达到基础的左、右各 $5B$ 宽度），距土层表面 25cm 深度范围内的土体出现了负位移（即土体向上运动），地表隆起的最高点在基础两侧 $2.5B \sim 3B$ 范围处（最高隆起约 1.3cm），近地表处土体的隆起减少了水平位移，在 25cm 深度、距基础两侧 12cm 处土体的水平位移最大，达到 3.6cm。

通过试验现象结合两次试验的 P-S 曲线，得出试验①的地基破坏模式为局部剪切破坏，试验②的地基破坏模式为整体剪切破坏。两次试验均在基础下方出现了弹性核，也出现了主动区与过渡区交界的破坏带，但被动区处的剪切破坏带不明显，但有位移显示，如图 3.56、图 3.57 所示。

图 3.56　试验①土体变形图　　　　　图 3.57　试验②土体变形图

3.5.6　基于统一强度理论的地基变形破坏特征分析

1. 计算模型的建立

计算模型的尺寸完全根据物理模型试验尺寸确定，具体尺寸如图 3.58 所示。地基模型长为 2.4m，宽为 0.55m，高为 1.2m。在地基顶部，设置厚度为 0.1m 的基础，根据模型试验尺寸，基础的宽度为 20cm，长为 50cm，基础刚度较大。计算模型中地基土体根据试验①考虑为粉质黏土，为单一材料，材料参数见表 3.26。土体按理想弹塑性材料考虑，采用双剪统一屈服准则。固定约束地基底部及四个侧面的法向位移，顶部为自由面。在地基顶部的基础上施加竖向荷载，竖向荷载为 42.8kN。

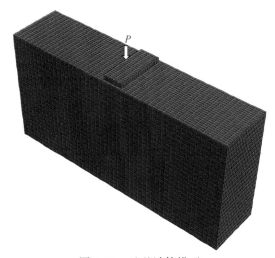

图 3.58　地基计算模型

表 3.26　计算模型参数

密度/(g/cm³)	剪切模量	体积模量	C/kPa	内摩擦角/(°)	剪胀角/(°)	b 值
1.66	3×10^7	1×10^8	21.2	23.5	23.5	0.0 ~ 1.0

2. 地基变形破坏的强度理论效应

图 3.59 和图 3.60 给出基础在荷载为 42.8kN 作用下，不同 b 值时地基最大 X 向位移曲线及三维 X 向位移分布云图。

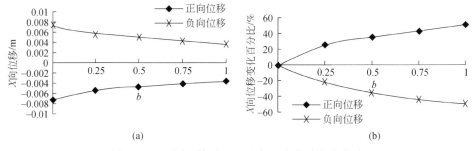

图 3.59　不同 b 值时地基最大 X 向位移变化曲线

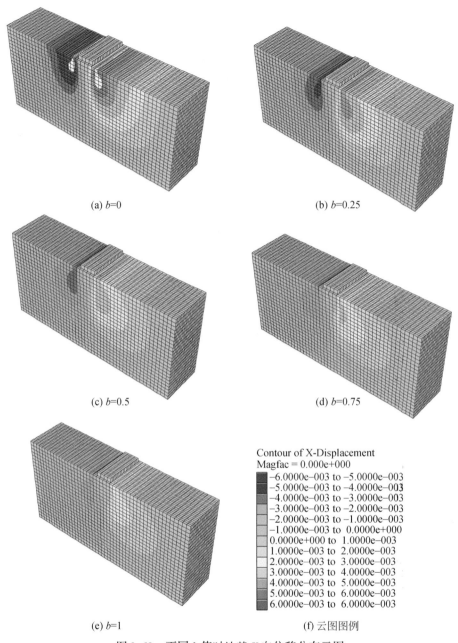

(a) $b=0$　　　　　　　　　　　　(b) $b=0.25$

(c) $b=0.5$　　　　　　　　　　　(d) $b=0.75$

Contour of X-Displacement
Magfac = 0.000e+000

-6.0000e-003 to -5.0000e-003
-5.0000e-003 to -4.0000e-003
-4.0000e-003 to -3.0000e-003
-3.0000e-003 to -2.0000e-003
-2.0000e-003 to -1.0000e-003
-1.0000e-003 to 0.0000e+000
 0.0000e+000 to 1.0000e-003
 1.0000e-003 to 2.0000e-003
 2.0000e-003 to 3.0000e-003
 3.0000e-003 to 4.0000e-003
 4.0000e-003 to 5.0000e-003
 5.0000e-003 to 6.0000e-003
 6.0000e-003 to 6.0000e-003

(e) $b=1$　　　　　　　　　　　(f) 云图图例

图 3.60　不同 b 值时地基 X 向位移分布云图

由图可见，b 值的变化对地基 X 向位移分布的影响比较显著。在荷载的作用下，基础两侧的地基土产生远离基础的位移场，且呈对称分布，最大位移出现在基础两侧 0.1m 处。随着 b 值的增大，地基土 X 向变形显著的范围在减小。当 $b=0$ 时，在基础两侧 0.7m 的地基顶部到埋深 0.7m 范围内地基土 X 向位移显著；当 $b=1$ 时，在基础两侧 0.2m 的地基顶部到埋深 0.5m 范围内地基土 X 向位移显著。当 b 值较大时，地基 X 向位移场的数值越小。地基最大位移幅值随 b 值的增大非线性减小，$b=1$ 时和 $b=0$ 时相比，最大位移变化减小 41%。

图 3.61 和图 3.62 给出基础在荷载为 42.8kN 作用下, 不同 b 值时地基最大 Z 向位移曲线及的三维 Z 向位移分布云图。由图可见, b 值的变化对地基 Z 向位移分布的影响比较显著。在荷载作用下, 地基中竖向沉降变形主要集中在基础底部以下, 并以椭圆的形式分布。随着 b 值的增大, 竖向沉降的范围变化不大, 但沉降的数值有一定减小。随 b 值的增大 Z 向位移幅值减小显著, $b=1$ 时与 $b=0$ 时相比, 最大位移幅值减小约 41%。

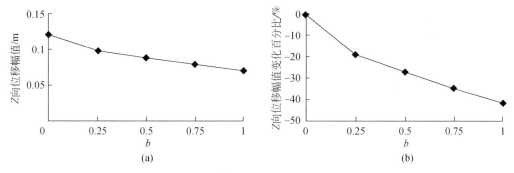

(a)　　　　　　　　　　　(b)

图 3.61　不同 b 值时地基最大 Z 向位移变化曲线

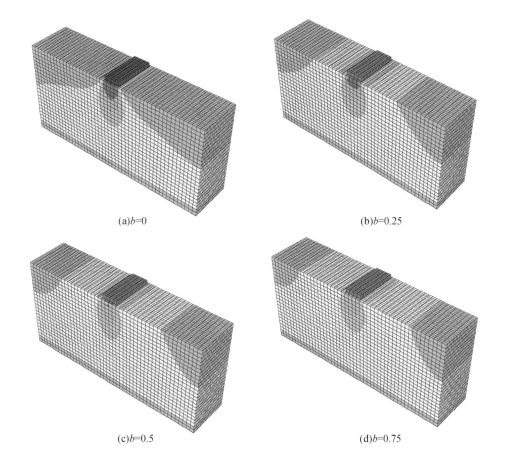

(a)$b=0$　　　　　　　　　　　(b)$b=0.25$

(c)$b=0.5$　　　　　　　　　　　(d)$b=0.75$

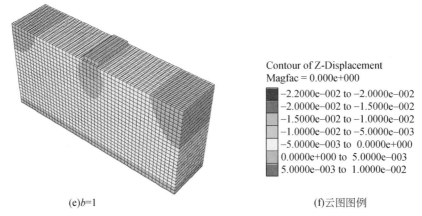

(e)b=1   (f)云图图例

图 3.62　不同 b 值时地基 Z 向位移分布云图

图 3.63 和图 3.64 给出基础在荷载为 42.8kN 作用下，不同 b 值时地基最大剪应变增量变化曲线及三维剪应变增量分布云图。由图可见，b 值的变化对地基剪应变增量分布的影响比较显著。当 $b=0$ 时，剪应变增量在基础两侧各 0.3m 向下椭圆形分布，椭圆比较丰满，随着 b 值的增大，剪应变增量分布的椭圆形态逐渐变瘦，深度逐渐变小；当 $b=0.75$ 时，分布范围呈倒峰状；当 $b=1$ 时，则蜕变成倒鞍型。剪应变增量幅值随 b 值的增大减小显著，$b=1$ 时和 $b=0$ 时相比，最大剪应变增量幅值减小约 41%。

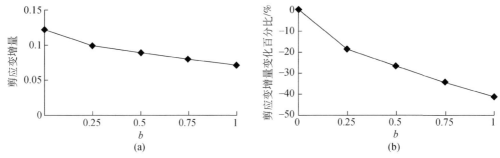

(a)   (b)

图 3.63　不同 b 值时地基最大剪应变增量变化曲线

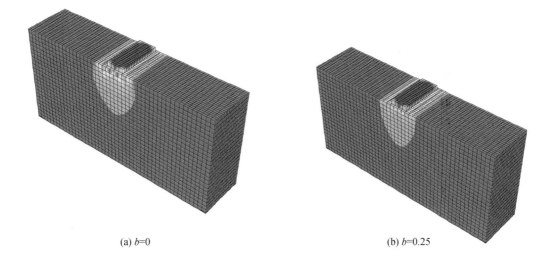

(a) b=0   (b) b=0.25

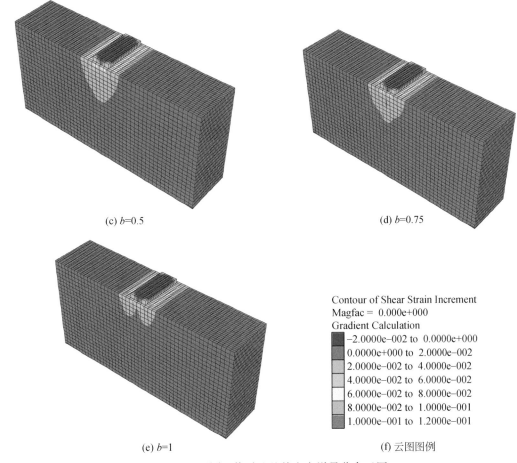

(c) $b=0.5$　　　　　　　　　　　　　　　　　(d) $b=0.75$

Contour of Shear Strain Increment
Magfac = 0.000e+000
Gradient Calculation

　　−2.0000e−002 to 0.0000e+000
　　0.0000e+000 to 2.0000e−002
　　2.0000e−002 to 4.0000e−002
　　4.0000e−002 to 6.0000e−002
　　6.0000e−002 to 8.0000e−002
　　8.0000e−002 to 1.0000e−001
　　1.0000e−001 to 1.2000e−001

(e) $b=1$　　　　　　　　　　　　　　　　　(f) 云图图例

图 3.64　不同 b 值时地基剪应变增量分布云图

图 3.65 和图 3.66 给出基础在荷载为 42.8kN 作用下，不同 b 值时地基最大 Z 向应力变化曲线及三维 Z 向应力分布云图。由图可见，b 值的变化对地基 Z 向应力分布的影响不大。当 $b=0$ 到 $b=1$ 变化时，地基中 Z 向应力分布的形态、范围及数值变化均较小。最大 Z 向应力随 b 值的增大而减小，但减小的幅度较小，$b=1$ 时和 $b=0$ 时相比，最大 Z 向应力幅值减小约 5%。

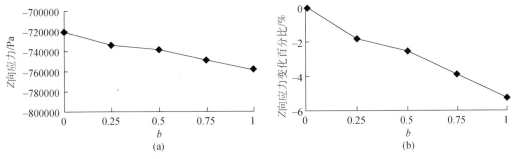

(a)　　　　　　　　　　　　　　　　　　　　(b)

图 3.65　不同 b 值时地基最大 Z 向应力变化曲线

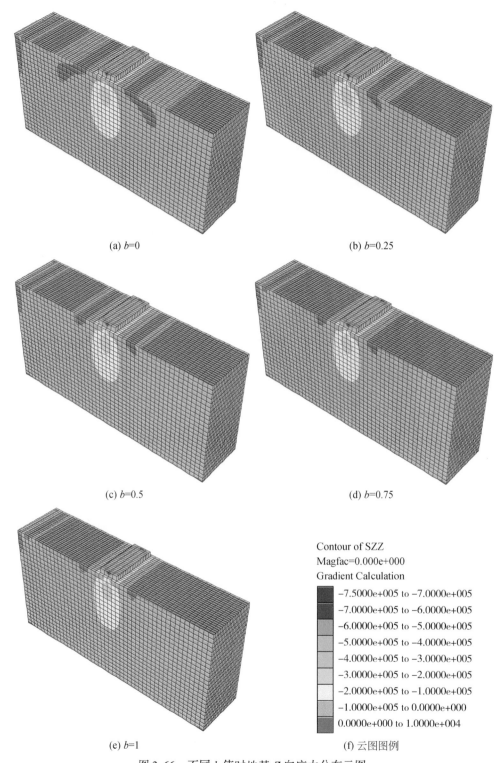

(a) b=0

(b) b=0.25

(c) b=0.5

(d) b=0.75

(e) b=1

(f) 云图图例

Contour of SZZ
Magfac=0.000e+000
Gradient Calculation

	−7.5000e+005 to −7.0000e+005
	−7.0000e+005 to −6.0000e+005
	−6.0000e+005 to −5.0000e+005
	−5.0000e+005 to −4.0000e+005
	−4.0000e+005 to −3.0000e+005
	−3.0000e+005 to −2.0000e+005
	−2.0000e+005 to −1.0000e+005
	−1.0000e+005 to 0.0000e+000
	0.0000e+000 to 1.0000e+004

图 3.66　不同 b 值时地基 Z 向应力分布云图

3.5.7　基于统一强度理论的地基极限承载力验算

根据试验结果，试验①的地基极限承载力为 380kPa，试验②的地基极限承载力为 485kPa。根据试验①和试验②的试验参数，结合式（3.10）、式（3.11）、式（3.61）、式（3.62），可得不同 b 值和 μ'_τ 值时地基极限承载力计算值，如图 3.67、图 3.68 所示。

由图可见，当 b 和 μ'_τ 取不同值时，可以得到系列基于统一强度理论的地基极限承载力计算值，当 $b=0$ 时的计算值为经典太沙基地基极限承载力计算值。经对比分析，两组试验的地基极限承载力试验值远大于 $b=0$ 时的计算值，并对应于某一 b 值和 μ'_τ 值的承载力计算值。可见，修正后的地基极限承载力公式，能充分发挥材料的潜能，与试验结果相符较好。

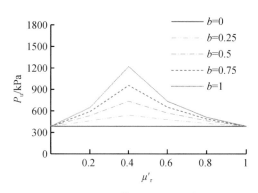

图 3.67　试验①地基极限承载力　　　　　图 3.68　试验②地基极限承载力

主要参考文献

陈惠发. 1995. 极限公析与土体塑性. 北京：人民交通出版社.

陈惠发，詹世斌. 1995. 极限分析与土体塑性. 北京：人民交通出版社.

陈愈炯，温彦锋. 1999. 基坑支护结构上的水土压力. 岩土工程学报，21（2）：139～143.

范文. 2003. 岩土工程结构强度理论研究. 西安：西安交通大学博士学位论文.

高大钊，徐超等. 1999. 天然地基上的浅基础. 北京：机械工业出版社.

顾慰慈. 2005. 挡土墙土压力计算手册. 北京：中国建材工业出版社.

胡中雄. 1997. 土力学与环境土工学. 上海：同济大学出版社.

华罗庚，宋健. 1980-7-11. 模型与实体. 光明日报，08.

李德寅. 1996. 结构模型实验. 北京：科学出版社.

李广信. 2000. 基坑支护结构上水土压力的分算与合算. 岩土工程学报，22（3）：348～352.

李之光. 1982. 相似与模化（理论及应用）. 北京：国防工业出版社.

刘建航，候学渊. 1997. 基坑工程手册. 北京：中国建筑工业出版社.

彭胤宗，沈相男. 1991. 粘性土土压力的有限元分析. 成都：西南交通大学出版社.

沈珠江. 2000. 基于有效固结应力理论的粘土土压力公式. 岩土工程学报，22（3）：353～356.

孙红，赵锡宏. 2002. 各向异性损伤对土压力强度的影响分析. 同济大学学报，30（8）：927～931.

徐志英. 1960. 理论土力学. 北京：地质出版社.

王勇. 2006. 浅基础地基模型试验研究. 西安：长安大学硕士学位论文.

魏汝龙 . 1995. 总应力法计算土压力的几个问题 . 岩土工程学报, 17 (6): 120 ~ 125.

魏汝龙 . 1998. 深基坑开挖中的土压力计算 . 地基处理, 9 (1): 3 ~ 15.

魏汝龙 . 1999. 库仑土压力理论中的若干问题 . 港工技术, 2: 31 ~ 38.

俞茂宏, 杨松岩, 刘春阳等 . 1997. 统一平面应变滑移线场理论. 土木工程学报, 30 (2): 14 ~ 26.

张文革 . 1997. 挡土墙的库仑土压力 . 力学与实践, 19 (5): 55 ~ 57.

郑大同 . 1979. 地基极限承载力的计算 . 北京: 中国建筑工业出版社 .

中华人民共和国住房和城乡建设部. 2011. 建筑地基基础设计规范 (GB 50007—2011) . 北京: 中国建筑工业出版社 .

周小平, 黄煜镔, 丁志诚 . 2002. 考虑中间主应力的太沙基地基极限承载力公式 . 岩土力学与工程学报, 21 (10): 1554 ~ 1556.

朱大勇 . 2000. 挡土结构中土体被动临界滑动场及被动土压力的数值计算 . 水利学报, 11: 15 ~ 20.

Chen W F, Rosenfarb J L. 1973. Limit analysis solutions of earth pressure problems. Soils and Foundations, 13 (4): 45 ~ 56.

Clough G W, Duncan J M. 1971. Finite element analysis of retaining wall bahavior. Journal of Soil Mechanics and Foundations Div, 99 (4): 347 ~ 349.

Wang X, Chan D, Morgenstern N. 2003. Kinematic modeling of shear band localization using discrete finite elements. International Journal for Numerical and Analytical Methods in Geomechanics, 27 (4): 289 ~ 324.

第4章 统一弹塑性损伤模型与各向异性损伤的统一滑移线场理论

4.1 引 言

损伤力学经过几十年的发展，已成为固体力学前沿研究的热门学科。损伤力学理论是由 Kachanov（1958）计算拉伸棒的蠕变断裂引入的。对于拉伸棒的黏性断裂，Hoff 曾作过分析，而 Hoff 的研究假设不能解释小变形断裂，于是 Kachanov 引入连续性因子的概念，提出脆性破坏模型。随后，Rabotnov（1963）引入了损伤变量，对蠕变损伤破坏开展了系统的研究。连续损伤的概念被应用于不同的耗散过程，并开始应用于解决工程中遇到的实际问题，为破坏控制提供了有效的分析模型。

损伤力学是研究含损伤的固体在荷载与环境的作用下，损伤场的演化规律及其对材料力学性能的影响。

其研究方法主要包括以下几个方面。

（1）利用连续介质热力学与连续介质力学的唯象理论，研究损伤的力学过程，其着重考查损伤对材料宏观力学性质的影响以及材料和结构损伤演化的过程和规律；

（2）材料宏观变形和损伤过程与微观损伤参数之间关系的研究方法，即微观损伤力学；

（3）后来发展起来的基于微观唯象损伤理论的方法。

本章采用基于连续介质热力学与连续介质力学的宏观唯象理论的研究方法，引入俞茂宏相当应力，建立统一弹塑性损伤模型。另外，在统一滑移线场理论已有的研究基础上（俞茂宏等 1997；俞茂宏，2000），通过编制程序将其推广到数值分析方法（范文等，2002），并将其应用到地基极限承载力的研究中。在此基础上，推导各向异性损伤的统一滑移线场控制方程，并采用解析方法与数值方法将其应用到地基极限承载力的研究中。

4.2 统一弹塑性损伤模型的建立

对于弹塑性各向异性损伤材料，假设在小变形时，其应变 ε 可分解为弹性应变 ε^e 和塑性应变 ε^p，即有 $\varepsilon = \varepsilon^e + \varepsilon^p$。

4.2.1 有效应力与损伤应变张量

在定义有效应力之前，先来定义损伤变量（王军，1997），损伤变量可借助图 4.1 所示的损伤单元来定义。图中 A 为单元体法向为 n 的横截面的面积。

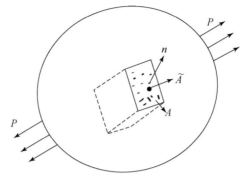

图 4.1　损伤单元

单元体受载后，由于裂纹和微孔洞的存在，微缺陷所导致的微应力集中以及缺陷的相互作用，有效承载面积减小为 $\tilde{A}$。假定这些微裂纹和微孔洞在空间各个方向均匀分布，$\tilde{A}$ 与法向 n 无关，这时可定义各向同性损伤变量 D 为

$$D = \frac{A - \tilde{A}}{A} \tag{4.1}$$

事实上，微缺陷的取向、分布及演化与受载方向密切相关。因此，材料损伤实质上是各向异性的。为了描述损伤的各向异性，通常采用二阶或四阶张量 D 来定义损伤。

有效应力是损伤力学中一个重要的概念，损伤力学模型的许多假定，如应力等效性假设、能量等效性假设等，都是基于有效应力概念而提出的。这一概念非土力学中的有效应力概念。根据式（4.1）定义的有效面积，可定义有效 Cauchy 应力张量 $\tilde{\sigma}$。

$$\tilde{\sigma} = \frac{\sigma_A}{\tilde{A}} = \frac{\sigma}{1-D} \tag{4.2}$$

式中，σ 为名义 Cauchy 应力张量。

对于各向异性损伤，式（4.2）定义的有效应力可推广为

$$\tilde{\sigma} = M(D) : \sigma \tag{4.3}$$

变换张量 $M(D)$ 与损伤的关系是非线性的，但构造 $M(D)$ 的一个必要条件是，各向同性损伤的 $M(D)$ 可化为标量 $\frac{1}{1-D}$。

由于 σ_{ij} 为对称张量，$\tilde{\sigma}_{ij}$ 也应为对称张量，故 $M(D)$ 具有下列对称性：

$$M_{ijkl} = M_{jikl} = M_{jilk} = M_{ijlk}$$

此外，假定 σ_{kl} 对 $\tilde{\sigma}_{ij}$ 的贡献与 σ_{ij} 对 $\tilde{\sigma}_{kl}$ 的贡献等同是合理的，故有 $M_{ijkl} = M_{klij}$。
综合可得

$$M_{ijkl} = M_{jikl} = M_{jilk} = M_{ijlk} = M_{klij} = M_{klji} = M_{lkij} = M_{lkji}$$

为了将四阶张量表达为矩阵形式，应将应力、应变损伤等二阶张量表示为矢量形式：

$$\{\sigma_1, \sigma_2, \sigma_3, \sigma_4, \sigma_5, \sigma_6\}^T = \{\sigma_{11}, \sigma_{22}, \sigma_{33}, \sigma_{23}, \sigma_{31}, \sigma_{12}\}^T$$
$$\{\varepsilon_1, \varepsilon_2, \varepsilon_3, \varepsilon_4, \varepsilon_5, \varepsilon_6\}^T = \{\varepsilon_{11}, \varepsilon_{22}, \varepsilon_{33}, \varepsilon_{23}, \varepsilon_{31}, \varepsilon_{12}\}^T$$
$$\{D_1, D_2, D_3, D_4, D_5, D_6\}^T = \{D_{11}, D_{22}, D_{33}, D_{23}, D_{31}, D_{12}\}^T$$

这样，对应于主坐标系下的 $M(D)$ 的表达式可写为

$$[M] = \begin{bmatrix} \dfrac{1}{1-D_1} & 0 & 0 \\ 0 & \dfrac{1}{1-D_2} & 0 \\ 0 & 0 & \dfrac{1}{1-D_3} \end{bmatrix} \qquad (4.4)$$

式（4.4）适用于比例加载的情形，即应力主轴方向在加载过程中不变。这一模型假定了应力主轴与有效应力主轴重合，且主应力分量之间无耦合，Sidoroff（1981）称其为无耦合各向异性损伤。基于无耦合模型的局限性，有必要将其推广到任意坐标，为此，Chow 和 Wang（1987a，1987b，1987c，1988a，1988b，1989a，1989b，1991），以及 Sidoroff（1981）写出了主坐标下 $M(D)$ 的完整表达式：

$$[M(D)] = \begin{bmatrix} \dfrac{1}{W_{11}} & 0 & 0 & 0 & 0 & 0 \\ 0 & \dfrac{1}{W_{22}} & 0 & 0 & 0 & 0 \\ 0 & 0 & \dfrac{1}{W_{33}} & 0 & 0 & 0 \\ 0 & 0 & 0 & \dfrac{1}{W_{23}} & 0 & 0 \\ 0 & 0 & 0 & 0 & \dfrac{1}{W_{31}} & 0 \\ 0 & 0 & 0 & 0 & 0 & \dfrac{1}{W_{12}} \end{bmatrix} \qquad (4.5)$$

式中，$W_{11}=1-D_1$；$W_{22}=1-D_2$；$W_{33}=1-D_3$；D_1，D_2，D_3 表示 D 的主分量。对于剪应力效应，至少有三种选择。

$$A\begin{cases} W_{23}=\left[(1-D_2)(1-D_3)\right]^{\frac{1}{2}} \\ W_{21}=\left[(1-D_3)(1-D_1)\right]^{\frac{1}{2}} \\ W_{12}=\left[(1-D_1)(1-D_2)\right]^{\frac{1}{2}} \end{cases} \qquad (4.6)$$

$$B\begin{cases} W_{23}=2\left(\dfrac{1}{1-D_2}+\dfrac{1}{1-D_3}\right)^{-1} \\ W_{21}=2\left(\dfrac{1}{1-D_3}+\dfrac{1}{1-D_1}\right)^{-1} \\ W_{12}=2\left(\dfrac{1}{1-D_1}+\dfrac{1}{1-D_2}\right)^{-1} \end{cases} \qquad (4.7)$$

$$C\begin{cases} W_{23}=\dfrac{1}{2}\left[\,(1-D_2)+(1-D_3)\,\right] \\[2mm] W_{21}=\dfrac{1}{2}\left[\,(1-D_3)+(1-D_1)\,\right] \\[2mm] W_{12}=\dfrac{1}{2}\left[\,(1-D_1)+(1-D_2)\,\right] \end{cases} \tag{4.8}$$

上述三种选择分别对应于弱化系数 W_{11}、W_{22} 和 W_{33} 的几何平均、逆算术平均和算术平均。当 $D_1=D_2=D_3=D$，即对应于各向同性损伤，$M(D)$ 简化为各向同性张量 $\dfrac{1}{1-D_{ij}}\delta_{ij}$。

4.2.2 弹性与损伤

从热力学的观点看，损伤变量表征物质内部结构的不可逆变化过程，因此它是一个内部状态变量。无损伤状态下，材料的线弹性本构方程为

$$\varepsilon^e=C^{-1}\sigma \tag{4.9}$$

式中，σ 为 Cauchy 应力张量；C 为对称的弹性张量。

当材料受损后，在建立各向异性损伤模型时，要求有效弹性矩阵是对称的情况下，各向异性损伤和应变等效性假设是相矛盾的。为了解决这一问题，余天庆和钱济成（1993）提出了一个能量等效性假设，即损伤材料的余能函数与无损伤材料的余能函数形式相同。

$$w^e(\sigma,\ D)=w^e(\tilde{\sigma},\ 0)=\frac{1}{2}\tilde{\sigma}:C^{-1}:\tilde{\sigma}=\frac{1}{2}\sigma:M^{\mathrm{T}}(D):C^{-1}:M(D):\sigma \tag{4.10}$$

则

$$\varepsilon^e=\frac{\partial w^e(\sigma,\ D)}{\partial\sigma}=(M^{\mathrm{T}}:C^{-1}:M):\sigma \tag{4.11}$$

故有效弹性张量为

$$\tilde{C}=M^{-1}:C:M^{\mathrm{T},-1} \tag{4.12}$$

弹性本构方程变为

$$\varepsilon^e=\tilde{C}^{-1}:\sigma \tag{4.13}$$

若将有效弹性应变张量定义为

$$\tilde{\varepsilon}^e=M^{\mathrm{T},-1}:\varepsilon^e \tag{4.14}$$

则弹性本构方程变为

$$\tilde{\varepsilon}^e=C^{-1}:\tilde{\sigma} \tag{4.15}$$

可以看出，弹性本构方程的形式不变，只要将弹性应变 ε^e 和应力 σ 分别换成有效弹性应变 $\tilde{\varepsilon}^e$ 和有效应力 $\tilde{\sigma}$ 即可。

各向同性无损材料的弹性矩阵为

$$[C]^{-1} = \frac{1}{E} \begin{bmatrix} 1 & -\nu & -\nu & 0 & 0 & 0 \\ -\nu & 1 & -\nu & 0 & 0 & 0 \\ -\nu & -\nu & 1 & 0 & 0 & 0 \\ 0 & 0 & 0 & 2(1+\nu) & 0 & 0 \\ 0 & 0 & 0 & 0 & 2(1+\nu) & 0 \\ 0 & 0 & 0 & 0 & 0 & 2(1+\nu) \end{bmatrix} \tag{4.16}$$

将式（4.16）和式（4.5）代入式（4.12），得主损伤坐标下的有效弹性矩阵为

$$[\tilde{C}]^{-1} = \frac{1}{E} \begin{bmatrix} \dfrac{1}{W_{11}^2} & \dfrac{-\nu}{W_{12}^2} & \dfrac{-\nu}{W_{13}^2} & 0 & 0 & 0 \\[2mm] & \dfrac{1}{W_{22}^2} & \dfrac{-\nu}{W_{23}^2} & 0 & 0 & 0 \\[2mm] & & \dfrac{1}{W_{33}^2} & 0 & 0 & 0 \\[2mm] & & & \dfrac{2(1+\nu)}{W_{23}^2} & 0 & 0 \\[2mm] & S & & & \dfrac{2(1+\nu)}{W_{31}^2} & 0 \\[2mm] & & & & & \dfrac{2(1+\nu)}{W_{12}^2} \end{bmatrix} \tag{4.17}$$

4.2.3　塑性与损伤

假设塑性与损伤间的耦合作用类似于弹性与损伤间的耦合作用，即在塑性耗散势函数中用有效应力张量替代名义应力张量，Chow 和 Wang（1987b）设应变硬化准则为

$$F_p(\sigma, D, R) = F_p(\tilde{\sigma}, R) = \tilde{\sigma}_p - [R_0 + R(P)] = 0 \tag{4.18}$$

式中，R_0 为应变硬化初始阈值；$R(P)$ 为应变硬化阈值增量；$\tilde{\sigma}_p$ 为有效塑性等效应力。

这里定义 $\tilde{\sigma}_p$ 为俞茂宏相当应力。

当 $0° \leqslant \theta \leqslant \theta_b$ 时

$$\sigma_p = (1-\alpha)\frac{I_1}{3} + \frac{\alpha(1-b)}{1+b}\sqrt{J_2}\sin\theta + \frac{2+\alpha}{\sqrt{3}}\cos\theta\sqrt{J_2} \tag{4.19}$$

当 $\theta_b \leqslant \theta \leqslant 60°$ 时

$$\sigma_p = (1-\alpha)\frac{I_1}{3} + \left[\left(\alpha + \frac{b}{1+b}\right)\sin\theta + \frac{\left(\frac{2-b}{1+b}+\alpha\right)\cos\theta}{\sqrt{3}}\right]\sqrt{J_2} \tag{4.20}$$

式中，I_1 为应力张量第一不变量；J_2 为偏应力张量第二不变量；θ 为双剪应力角；α 为拉压比；b 为双剪统一强度理论参数。

交接处的角度 θ_b 为

$$\theta_b = \arctan\frac{\sqrt{3}(1+\beta)}{3-\beta}, \quad \beta = \frac{1-\alpha}{1+\alpha} \tag{4.21}$$

当 $0° \leqslant \theta \leqslant \theta_b$ 时

$$\tilde{\sigma}_p = \frac{\sqrt{2}(1-\alpha)}{3}\left[\frac{1}{2}\sigma : \tilde{H}_1 : \sigma\right]^{\frac{1}{2}} + \frac{1}{\sqrt{3}}\left[\frac{\alpha(1-b)}{1+b}\sin\theta + \frac{2+\alpha}{\sqrt{3}}\cos\theta\right]\left[\frac{1}{2}\sigma : \tilde{H}_2 : \sigma\right]^{\frac{1}{2}} \quad (4.22)$$

当 $\theta_b \leqslant \theta \leqslant 60°$ 时

$$\tilde{\sigma}_p = \frac{\sqrt{2}(1-\alpha)}{3}\left[\frac{1}{2}\sigma : \tilde{H}_1 : \sigma\right]^{\frac{1}{2}} + \frac{1}{\sqrt{3}}\left[\left(\alpha+\frac{b}{1+b}\right)\sin\theta + \left(\frac{2-b}{1+b}+\alpha\right)\cos\theta\right]\left[\frac{1}{2}\sigma : \tilde{H}_2 : \sigma\right]^{\frac{1}{2}}$$

$$(4.23)$$

在材料主坐标系下，H_1 与 H_2 分别为（教育部高等教育司，2000）

$$H_1 = \begin{bmatrix} 1 & 1 & 1 & 0 & 0 & 0 \\ 1 & 1 & 1 & 0 & 0 & 0 \\ 1 & 1 & 1 & 0 & 0 & 0 \\ 0 & 0 & 0 & 0 & 0 & 0 \\ 0 & 0 & 0 & 0 & 0 & 0 \\ 0 & 0 & 0 & 0 & 0 & 0 \end{bmatrix} \quad (4.24)$$

$$H_2 = \begin{bmatrix} G+H & -H & -G & 0 & 0 & 0 \\ & H+F & -F & 0 & 0 & 0 \\ & & F+G & 0 & 0 & 0 \\ & & & 2l & 0 & 0 \\ & S & & & 2m & 0 \\ & & & & & 2n \end{bmatrix} \quad (4.25)$$

式中，H_1 为反映静水压力影响的塑性常数张量；H_2 为反映偏应力影响的各向异性塑性常数张量。

耗散功率为

$$\xi = \sigma : \dot{\varepsilon}^p - R\dot{P} - Y : \dot{D} - B\dot{\beta} \quad (4.26)$$

由最小耗散原理，在满足 $F_p(\sigma, R)=0$ 的约束条件下，ξ 应取最小值。

引入 Lagrange 乘子 λ_p，有

$$\frac{\partial}{\partial\sigma}[\xi - \lambda_p F(\sigma, R)] = \frac{\partial}{\partial\sigma}[\sigma : \dot{\varepsilon}^p - R\dot{P} - Y : \dot{D} - B\dot{\beta} - \lambda_p F(\sigma, R)] = 0 \quad (4.27)$$

可得出塑性本构方程：

当 $0° \leqslant \theta \leqslant \theta_b$ 时

$$\dot{\varepsilon}^p = \lambda_p \frac{\partial F}{\partial\sigma} = -\lambda_p \frac{1}{2\tilde{\sigma}_I^{1/2}} \times \frac{\sqrt{2}(1-\alpha)}{3}\tilde{H}_1 : \sigma - \lambda_p \frac{1}{2\tilde{\sigma}_H^{1/2}} \times \frac{1}{\sqrt{3}}\left[\frac{\alpha(1-b)}{1+b}\sin\theta + \frac{2+\alpha}{\sqrt{3}}\cos\theta\right]\tilde{H}_2 : \sigma$$

$$(4.28)$$

$$\dot{p} = \lambda_p$$

当 $\theta_b \leqslant \theta \leqslant 60°$ 时

$$\dot{\varepsilon}^p = \lambda_p \frac{\partial F}{\partial\sigma} = -\frac{\sqrt{2}(1-\alpha)}{3}\frac{\lambda_p}{2\tilde{\sigma}_I^{1/2}}\tilde{H}_1 : \sigma - \frac{1}{\sqrt{3}}\left[\left(\alpha+\frac{b}{1+b}\right)\sin\theta + \left(\alpha+\frac{2-b}{1+b}\right)\cos\theta\right]\frac{\lambda_p}{2\tilde{\sigma}_H^{1/2}}\tilde{H}_2 : \sigma$$

$$(4.29)$$

$$\dot{p} = \lambda_{\mathrm{p}}$$

式中，$\sigma_1 = \dfrac{1}{2}\tilde{\sigma} : H_1 : \tilde{\sigma}$；$\sigma_H = \dfrac{1}{2}\tilde{\sigma} : H_2 : \tilde{\sigma}$。

Lagrange 乘子 λ_{p} 为

$$\lambda_{\mathrm{p}} = \begin{cases} \dfrac{\dfrac{\partial F_{\mathrm{p}}}{\partial \sigma} : \dot{\sigma} + \dfrac{\partial F_{\mathrm{p}}}{\partial D} : \dot{D}}{\left(\dfrac{\partial F_{\mathrm{p}}}{\partial R}\right)^2 \left(\dfrac{\partial R}{\partial P}\right)} > 0 & \text{若 } F_{\mathrm{p}} = 0 \text{ 且 } \dfrac{\partial F}{\partial \sigma} : \dot{\sigma} + \dfrac{\partial F_{\mathrm{p}}}{\partial D} : \dot{D} > 0 \\[4mm] 0 & \text{若 } F_{\mathrm{p}} \leqslant 0 \text{ 且 } \dfrac{\partial F}{\partial \sigma} : \dot{\sigma} + \dfrac{\partial F_{\mathrm{p}}}{\partial D} : \dot{D} \leqslant 0 \end{cases} \tag{4.30}$$

若将有效塑性应变率 $\dot{\bar{\varepsilon}}^{\mathrm{p}}$ 定义为

$$\dot{\bar{\varepsilon}}^{\mathrm{p}} = M^{\mathrm{T},-1} : \dot{\varepsilon}^{\mathrm{p}} \tag{4.31}$$

当 $0° \leqslant \theta \leqslant \theta_b$ 时

$$\dot{\varepsilon}^{\mathrm{p}} = \frac{\sqrt{2}\,(1-\alpha)}{3} \frac{\lambda_{\mathrm{p}}}{2\sigma_I^{1/2}} H_1 : \tilde{\sigma} + \frac{1}{\sqrt{3}}\left[\frac{\alpha(1-b)}{1+b}\sin\theta + \frac{2+\alpha}{\sqrt{3}}\cos\theta\right]\frac{\lambda_{\mathrm{p}}}{2\tilde{\sigma}_H^{1/2}} H_2 : \tilde{\sigma} \tag{4.32}$$

当 $\theta_b \leqslant \theta \leqslant 60°$ 时

$$\dot{\varepsilon}^{\mathrm{p}} = \frac{\sqrt{2}\,(1-\alpha)}{3} \frac{\lambda_{\mathrm{p}}}{2\tilde{\sigma}_I^{1/2}} H_1 : \tilde{\sigma} + \frac{1}{\sqrt{3}}\left[\left(\alpha + \frac{b}{1+b}\right)\sin\theta + \left(\alpha + \frac{2-b}{1+b}\right)\cos\theta\right]\frac{\lambda_{\mathrm{p}}}{2\tilde{\sigma}_H^{1/2}} H_2 : \tilde{\sigma} \tag{4.33}$$

可见受损材料的塑性本构方程形式与无损材料本构方程形式相同，只要将原来的塑性应变率 $\dot{\varepsilon}^{\mathrm{p}}$ 和 Cauchy 应力 σ 分别换成有效塑性应变率 $\dot{\bar{\varepsilon}}^{\mathrm{p}}$ 和有效应力 $\tilde{\sigma}$ 即可。

下面分析各向同性材料，应力主轴与材料主轴重合，损伤主轴与材料主轴重合，且损伤是正交异性的，H_1 与 H_2 可用 3×3 阶矩阵表示。

$$H_1 = \begin{bmatrix} 1 & 1 & 1 \\ 1 & 1 & 1 \\ 1 & 1 & 1 \end{bmatrix} \tag{4.34}$$

$$H_2 = \begin{bmatrix} 2 & -1 & -1 \\ -1 & 2 & 2 \\ -1 & -1 & -1 \end{bmatrix} \tag{4.35}$$

则可得出其塑性本构关系：

当 $0° \leqslant \theta \leqslant \theta_b$ 时

$$\begin{Bmatrix} (1-D_1)\dot{\varepsilon}_1^{\mathrm{p}} \\ (1-D_2)\dot{\varepsilon}_2^{\mathrm{p}} \\ (1-D_3)\dot{\varepsilon}_3^{\mathrm{p}} \end{Bmatrix} = \frac{\sqrt{2}\,(1-\alpha)}{3} \frac{\lambda_{\mathrm{p}}}{2\tilde{\sigma}_I^{1/2}} \begin{Bmatrix} \dfrac{\sigma_1}{1-D_1} + \dfrac{\sigma_2}{1-D_2} + \dfrac{\sigma_3}{1-D_3} \\[3mm] \dfrac{\sigma_1}{1-D_1} + \dfrac{\sigma_2}{1-D_2} + \dfrac{\sigma_3}{1-D_3} \\[3mm] \dfrac{\sigma_1}{1-D_1} + \dfrac{\sigma_2}{1-D_2} + \dfrac{\sigma_3}{1-D_3} \end{Bmatrix}$$

$$+\frac{1}{\sqrt{3}}\left[\frac{\alpha}{1+b}\frac{(1-b)}{1+b}\sin\theta+\frac{2+\alpha}{\sqrt{3}}\cos\theta\right]\frac{\lambda_{\mathrm{p}}}{2\tilde{\sigma}_H^{1/2}}\left\{\begin{array}{l}\dfrac{2\sigma_1}{1-D_1}-\dfrac{\sigma_2}{1-D_2}-\dfrac{\sigma_3}{1-D_3}\\[2mm]-\dfrac{\sigma_1}{1-D_1}+\dfrac{2\sigma_2}{1-D_2}-\dfrac{\sigma_3}{1-D_3}\\[2mm]-\dfrac{\sigma_1}{1-D_1}-\dfrac{\sigma_2}{1-D_2}+\dfrac{2\sigma_3}{1-D_3}\end{array}\right\} \tag{4.36}$$

当 $\theta_b \leqslant \theta \leqslant 60°$ 时

$$\left\{\begin{array}{l}(1-D_1)\,\dot{\varepsilon}_1^{\mathrm{p}}\\[1mm](1-D_2)\,\dot{\varepsilon}_2^{\mathrm{p}}\\[1mm](1-D_3)\,\dot{\varepsilon}_3^{\mathrm{p}}\end{array}\right\}=\frac{\sqrt{2}}{3}\frac{(1-\alpha)}{2\tilde{\sigma}_I^{1/2}}\frac{\lambda_{\mathrm{p}}}{2\tilde{\sigma}_I^{1/2}}\left\{\begin{array}{l}\dfrac{\sigma_1}{1-D_1}+\dfrac{\sigma_2}{1-D_2}+\dfrac{\sigma_3}{1-D_3}\\[2mm]\dfrac{\sigma_1}{1-D_1}+\dfrac{\sigma_2}{1-D_2}+\dfrac{\sigma_3}{1-D_3}\\[2mm]\dfrac{\sigma_1}{1-D_1}+\dfrac{\sigma_2}{1-D_2}+\dfrac{\sigma_3}{1-D_3}\end{array}\right\}$$

$$+\frac{1}{\sqrt{3}}\left[\left(\alpha+\frac{b}{1+b}\right)\sin\theta+\left(\frac{2-b}{1+b}+\alpha\right)\cos\theta\right]\frac{\lambda_{\mathrm{p}}}{2\tilde{\sigma}_H^{1/2}}\left\{\begin{array}{l}\dfrac{2\sigma_1}{1-D_1}-\dfrac{\sigma_2}{1-D_2}-\dfrac{\sigma_3}{1-D_3}\\[2mm]-\dfrac{\sigma_1}{1-D_1}+\dfrac{2\sigma_2}{1-D_2}-\dfrac{\sigma_3}{1-D_3}\\[2mm]-\dfrac{\sigma_1}{1-D_1}-\dfrac{\sigma_2}{1-D_2}+\dfrac{2\sigma_3}{1-D_3}\end{array}\right\} \tag{4.37}$$

这时可根据 $\varepsilon=\varepsilon^{\mathrm{e}}+\varepsilon^{\mathrm{p}}$ 的关系，求出统一弹塑性损伤模型。

4.2.4　损伤演变——俞茂宏相当应力模型

损伤演变模型一般有损伤应变能释放率模型（王军，1997），这一模型应用甚广，在此作一介绍，对于各向异性损伤，损伤应变能释放率 Y 和损伤变量 D 均为张量，假设损伤耗散势函数为

$$\left\{\begin{array}{l}F_{\mathrm{d}}(Y,\ B)=Y_{\mathrm{d}}-\{B_0+B(\omega)\}\\[2mm]Y_{\mathrm{d}}=\left(\dfrac{1}{2}Y:J:Y\right)^{\frac{1}{2}}\end{array}\right. \tag{4.38}$$

式中，J 为损伤特征张量，为对称张量；B_0 为初始损伤强化阈值；$B(\omega)$ 为其增量。由损伤耗散势函数可导出损伤演变方程：

$$\left\{\begin{array}{l}\dot{D}=\lambda_{\mathrm{d}}\dfrac{\partial F_{\mathrm{d}}}{\partial(-Y)}=-\dfrac{\lambda_{\mathrm{d}}}{2Y_{\mathrm{d}}}J:Y\\[3mm]\dot{w}=\lambda_{\mathrm{d}}\dfrac{\partial F_{\mathrm{d}}}{\partial(-B)}=\lambda_{\mathrm{d}}\end{array}\right. \tag{4.39}$$

式中，Lagrange 乘子 λ_{d} 由下式计算：

$$\lambda_{d} = \begin{cases} \dfrac{\dfrac{\partial F_{p}}{\partial Y} : Y}{\dfrac{\partial F_{d}}{\partial B}\dfrac{\partial B}{\partial \bar{\omega}}\dfrac{\partial F_{d}}{\partial B}} > 0 & 若\ F_{d} = 0\ 且\ \dfrac{\partial F_{d}}{\partial Y} : \dot{Y} > 0 & (4.40) \\[4mm] 0 & 若\ F_{d} \leqslant 0\ 且\ \dfrac{\partial F_{d}}{\partial Y} : \dot{Y} \leqslant 0 & (4.41) \end{cases}$$

将损伤耗散势函数、损伤演变方程及式 (4.40) 结合，得总损伤率 $\dot{w}$ 为

$$\dot{w} = 2\left[\frac{1}{2}D : J^{-1} : D\right]^{\frac{1}{2}}$$

式中，J^{-1} 为 J 的广义逆。

基于损伤等效应力的概念，Chow 和 Wang（1987c）提出了另一个损伤演变模型。这一模型保持式 (4.38) 的二次函数形式不变，只是将有效应力张量 $\tilde{\sigma}$ 替代损伤应变能释放率 Y（王军，1997）：

$$F_{d} = \tilde{\sigma}_{d} - [B_{0} + B(\omega)] = 0 \qquad (4.42)$$

式中，有效损伤等效应力 $\tilde{\sigma}$ 定义为

$$\tilde{\sigma}_{d} = \left(\frac{1}{2}\tilde{\sigma} : J : \tilde{\sigma}\right)^{\frac{1}{2}} = \left(\frac{1}{2}\sigma : \tilde{J} : \sigma\right)^{\frac{1}{2}} \qquad (4.43)$$

式中，J 为损伤特征张量。

基于以上形式，引入俞茂宏相当应力来定义有效损伤等效应力 $\tilde{\sigma}_{d}$。

当 $0° \leqslant \theta \leqslant \theta_{b}$ 时

$$\tilde{\sigma}_{d} = \frac{\sqrt{2}\,(1-\alpha)}{3}(1-m)\left[\frac{1}{2}\sigma : H_{1} : \sigma\right]^{\frac{1}{2}} + \frac{m}{\sqrt{3}}\left[\frac{\alpha(1-b)}{1+b}\sin\theta + \frac{2+\alpha}{\sqrt{3}}\cos\theta\right]\left[\frac{1}{2}\sigma : H_{2} : \sigma\right]^{\frac{1}{2}}$$

$$(4.44)$$

当 $\theta_{b} \leqslant \theta \leqslant 60°$ 时

$$\tilde{\sigma}_{d} = \frac{\sqrt{2}\,(1-\alpha)}{3}(1-m)\left[\frac{1}{2}\sigma : H_{1} : \sigma\right]^{\frac{1}{2}} + \frac{m}{\sqrt{3}}\left[\frac{\alpha(1-b)}{1+b}\sin\theta + \frac{2+\alpha}{\sqrt{3}}\cos\theta\right]\left[\frac{1}{2}\sigma : H_{2} : \sigma\right]^{\frac{1}{2}} \quad (0 \leqslant m \leqslant 1)$$

$$(4.45)$$

当 $m = 0$ 时，为静水压力影响部分；当 $m = 1$ 时，为偏应力影响部分。

由以上方程可以看出，本模型能反映材料的拉压异性与应力状态的特征。

设耗散功率为

$$\rho = \sigma : \dot{\varepsilon}^{\,p} - R\dot{P} - Y : \dot{D} - B\dot{\beta} \qquad (4.46)$$

由最小耗散原理，在满足 $F_{d}(\sigma,\ B) = 0$ 的约束条件下，ρ 应取最小值。

引入 langrange 乘子 λ_{d}，有

$$\frac{\partial}{\partial \sigma}[\rho - \lambda_{d}F_{d}(\sigma,\ R)] = 0 \qquad (4.47)$$

当 $0° \leqslant \theta \leqslant \theta_{b}$ 时

$$
\begin{Bmatrix} \dot{D}_1 \\ \dot{D}_2 \\ \dot{D}_3 \end{Bmatrix} = \frac{\sqrt{2}}{3}\frac{(1-\alpha)(1-m)}{}\frac{\lambda_p}{2\tilde{\sigma}_I^{1/2}} \begin{Bmatrix} \dfrac{\sigma_1}{1-D_1}+\dfrac{\sigma_2}{1-D_2}+\dfrac{\sigma_3}{1-D_3} \\ \dfrac{\sigma_1}{1-D_1}+\dfrac{\sigma_2}{1-D_2}+\dfrac{\sigma_3}{1-D_3} \\ \dfrac{\sigma_1}{1-D_1}+\dfrac{\sigma_2}{1-D_2}+\dfrac{\sigma_3}{1-D_3} \end{Bmatrix}
$$

$$
+\frac{m}{\sqrt{3}}\left[\frac{\alpha(1-b)}{1+b}\sin\theta+\frac{2+\alpha}{\sqrt{3}}\cos\theta\right]\frac{\lambda_p}{2\tilde{\sigma}_H^{1/2}}\begin{Bmatrix} \dfrac{2\sigma_1}{1-D_1}-\dfrac{\sigma_2}{1-D_2}-\dfrac{\sigma_3}{1-D_3} \\ -\dfrac{\sigma_1}{1-D_1}+\dfrac{2\sigma_2}{1-D_2}-\dfrac{\sigma_3}{1-D_3} \\ -\dfrac{\sigma_1}{1-D_1}-\dfrac{\sigma_2}{1-D_2}+\dfrac{2\sigma_3}{1-D_3} \end{Bmatrix} \tag{4.48}
$$

当 $\theta_b \leqslant \theta \leqslant 60°$ 时

$$
\begin{Bmatrix} \dot{D}_1 \\ \dot{D}_2 \\ \dot{D}_3 \end{Bmatrix} = \frac{\sqrt{2}}{3}\frac{(1-\alpha)(1+m)}{}\frac{\lambda_p}{2\tilde{\sigma}_I^{1/2}} \begin{Bmatrix} \dfrac{\sigma_1}{1-D_1}+\dfrac{\sigma_2}{1-D_2}+\dfrac{\sigma_3}{1-D_3} \\ \dfrac{\sigma_1}{1-D_1}+\dfrac{\sigma_2}{1-D_2}+\dfrac{\sigma_3}{1-D_3} \\ \dfrac{\sigma_1}{1-D_1}+\dfrac{\sigma_2}{1-D_2}+\dfrac{\sigma_3}{1-D_3} \end{Bmatrix}
$$

$$
+\frac{m}{\sqrt{3}}\left[\left(\alpha+\frac{b}{1+b}\right)\sin\theta+\left(\frac{2-b}{1+b}+\alpha\right)\cos\theta\right]\frac{\lambda_p}{2\tilde{\sigma}_H^{1/2}}\begin{Bmatrix} \dfrac{2\sigma_1}{1-D_1}-\dfrac{\sigma_2}{1-D_2}-\dfrac{\sigma_3}{1-D_3} \\ -\dfrac{\sigma_1}{1-D_1}+\dfrac{2\sigma_2}{1-D_2}-\dfrac{\sigma_3}{1-D_3} \\ -\dfrac{\sigma_1}{1-D_1}-\dfrac{\sigma_2}{1-D_2}+\dfrac{2\sigma_3}{1-D_3} \end{Bmatrix} \tag{4.49}
$$

4.3　统一滑移线场理论及其应用

对于理想塑性材料，存在有塑性极限荷载。当到达该荷载时，荷载不增加而变形可以不断增长。如果只要求塑性极限荷载，无须从弹塑性状态一步步求解，采用刚塑性模型，所得出的结果和弹塑性结果完全一样（王仁，1998）。

滑移线场理论包括应力场理论和速度场理论。当讨论地基承载力问题时，基础下的土体应力达到极限或屈服条件，并导致基础底下的土体形成自由塑流时，就会产生临界塑流。把屈服准则和平衡方程结合起来，即组成塑性平衡微分方程组。再结合应力边界条件，便可根据该方程组算出临界塑流时基础底下土体的应力及其极限荷载。求解具体问题时，将该方程组转换到曲线坐标系内，使屈服区内每一点的坐标方向与破坏面或滑移面的方向一致（陈震，1987；张学言，1993；俞茂宏等1997；龚晓南，2000）。

Kotter（1903）最先导出了平面变形情况下的滑移线方程。而 Prandtl 对无重土上的一种基础得出了这些滑移线方程的闭合解析解，并由此发展而提出了以一束直滑移线通过一个奇异点的解。这些结果后来被 Reissner 和 Novotortsev 用来对某些特殊问题求解过无重土上基础的承载力。然而，由于考虑土重会使数学解变得相当复杂，因此，曾发展了许多近似方法。

Sokolovoskii 以滑移线方程的有限差分近似为基础，提出了一种数值方法，并发现了关于基础或边坡承载力，以及挡土墙背后填土压力的许多有趣的问题，这些问题不可能求得闭合解。Dejong 从另一角度采用不同途径提出了一种图解法。其他形式的近似解法还有摄动法和级数展开法。

4.3.1　平面应变问题的基本方程

1. 平衡微分方程

在沿轴向非常长的等截面柱体的平面变形中，根据平面变形的特点，可认为柱体的变形状态及应力状态相对于任意截面都是对称分布的。假如，用一垂直于 z 轴的平面，将柱体截开为两部分。被截两部分之间有内力相互作用。但是，截面内相互的切向力，对于截面是反对称的，因此应等于零。可以判断，z 轴方向为应力主方向之一。于是

$$\tau_{zy} = \tau_{zx} = 0 \tag{4.50}$$

其他应力分量只为 x 及 y 的函数，而与 z 无关，这样，根据图 4.2 可得平面变形问题的平衡微分方程：

$$\frac{\partial \sigma_x}{\partial x} + \frac{\partial \tau_{xy}}{\partial y} = \gamma \tag{4.51}$$

$$\frac{\partial \tau_{yx}}{\partial x} + \frac{\partial \sigma_y}{\partial y} = 0 \tag{4.52}$$

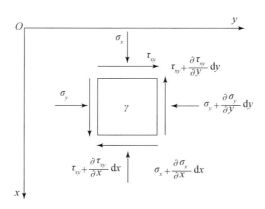

图 4.2　平面应变问题坐标系

2. 屈服条件

采用滑移线法作塑性极限分析时，对平面应变塑性情况可取 $\sigma_2 = \dfrac{\sigma_1 + \sigma_3}{2}$

令

$$p=\frac{\sigma_1+\sigma_3}{2}=\frac{\sigma_x+\sigma_y}{2} \qquad (4.53)$$

$R=\dfrac{1}{2}\left(\sigma_1-\sigma_3\right)=\sqrt{\left(\dfrac{\sigma_x-\sigma_y}{2}\right)^2+\tau_{xy}^2}$ 在岩土力学中，正应力处于压缩状态时定义为正，

经判定采用屈服条件式（2.103）、式（2.104），变为

$$mp+nR=\sigma_t \qquad (4.54)$$

式中，$m=\alpha-1$；$n=\dfrac{1+b+\alpha}{1+b}$.

通过变换，有

$$\begin{cases}\sigma_x=p+R\cos2\theta\\\sigma_y=p-R\sin2\theta\\\tau_{xy}=R\sin2\theta\end{cases} \qquad (4.55)$$

式中，θ 为 x 轴与 σ_1 的夹角，以逆时针方向为正。

4.3.2　滑移线法解析解

1. 基本公式

对于滑移线法解析解的求法，俞茂宏等（1997）、张永强等（2000）、范文等（2002）作了大量的工作。

滑移线和主应力迹线的关系如图 4.3 所示，本书以第一主应力 σ_1 的迹线为基线，顺时针方向与基线成锐角的为 α 线，逆时针方向与基线成锐角的为 β 线。

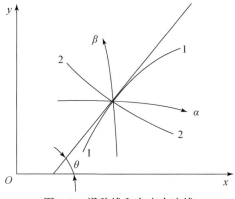

图4.3　滑移线和主应力迹线

联立式（4.51）~式（4.53），得

$$\left(\cos2\theta-\frac{n}{m}\right)\frac{\partial R}{\partial x}+\sin2\theta\frac{\partial R}{\partial y}-2R\sin2\theta\frac{\partial\theta}{\partial x}+2R\cos2\theta\frac{\partial\theta}{\partial y}=\gamma \qquad (4.56)$$

$$\sin2\theta\frac{\partial R}{\partial x}-\left(\frac{n}{m}+\cos2\theta\right)\frac{\partial R}{\partial y}+2R\cos2\theta\frac{\partial\theta}{\partial x}+2R\sin2\theta\frac{\partial\theta}{\partial y}=0 \qquad (4.57)$$

令

$$dR = \frac{\partial R}{\partial x}dx + \frac{\partial R}{\partial y}dy \tag{4.58}$$

$$d\varphi = \frac{\partial \varphi}{\partial x}dx + \frac{\partial \varphi}{\partial y}dy \tag{4.59}$$

利用特征线法，根据克莱姆法则，令 $\Delta = 0$，得

$$\frac{dy}{dx} = \frac{\sin 2\theta \mp \sqrt{1 - \left(\frac{m}{n}\right)^2}}{-\frac{m}{n} + \cos 2\theta} \tag{4.60}$$

令 $\cos 2\mu = -\frac{m}{n}$，则 $\mu = \frac{1}{2}\arccos\left(-\frac{m}{n}\right)$，得

α 族
$$\frac{dy}{dx} = \tan(\theta - \mu) \tag{4.61}$$

β 族
$$\frac{dy}{dx} = \tan(\theta + \mu) \tag{4.62}$$

再令 $\Delta_1 = \Delta_2 = \cdots = 0$，可得

$$r\left(\cos 2\theta \frac{dy}{dx} - \sin 2\theta\right) - 2R\frac{d\theta}{dx} - \frac{n}{m}\sin 2\theta \frac{dR}{dx} - \frac{dy}{dx}\frac{dR}{dx} + \frac{n}{m}\cos 2\theta \frac{dy}{dx}\frac{dR}{dx} = 0 \tag{4.63}$$

若 $r = 0$，即为无重介质，且把式（4.61）和式（4.62）代入得

$$2m\theta + \sqrt{n^2 - m^2}\ln R = \text{const} \quad (\text{沿 } \alpha \text{ 线}) \tag{4.64}$$

$$2m\theta - \sqrt{n^2 - m^2}\ln R = \text{const} \quad (\text{沿 } \beta \text{ 线}) \tag{4.65}$$

这样根据滑移线性质及边界条件分析，可得出无重介质的极限荷载 P_u。

2. 实例分析

已知一条形基础，由分析得条形基础的滑移线如图 4.4 所示，Ⅰ区为主动区，Ⅱ区为过渡区，Ⅲ区为被动区。

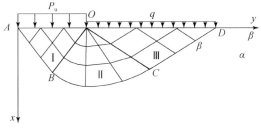

图 4.4　地基极限承载力的例题

在 OA 边界上，$\theta_I = 0$，$\sigma_1 = P_u$，则 $R_I = \dfrac{\sigma_t - mP_u}{n - m}$

在 OD 边界上，$\theta_{\text{Ⅲ}} = \dfrac{\pi}{2}$，$\sigma_3 = q$，则 $R_{\text{Ⅲ}} = \dfrac{\sigma_t - mq}{n + m}$

沿 β 线解 P_u，代入式（4.65），得

$$P_u = \frac{(n+m)\sigma_t - (\sigma_t - mq)(n-m)\exp\left(\frac{-m\pi}{\sqrt{n^2-m^2}}\right)}{m(n+m)} \quad (4.66)$$

又 $\sigma_t = \frac{2c_0\cos\varphi_0}{1+\sin\varphi_0}$，$\alpha = \frac{1-\sin\varphi_0}{1+\sin\varphi_0}$

对于某条形基础宽 $B = 3.00\mathrm{m}$，基础埋深 $d = 1.00\mathrm{m}$，地基土容重 $\gamma = 19\mathrm{kN/m^3}$，$c = 10\mathrm{kPa}$，$\varphi = 10°$，求地基土的极限承载力。

经计算，得到 b 取不同值时的 P_u，见表4.1及图4.5。

表 4.1　极限承载力 P_u 与 b 的关系

b	0.0	0.1	0.2	0.4	0.5	0.6	0.8	1.0
P_u/kPa	130.0	137.4	143.8	155.4	160.4	165.5	174.5	182.4

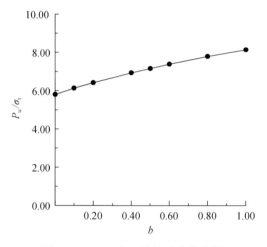

图 4.5　P_u/σ_t 与 b 值关系变化曲线

4.3.3　滑移线法数值解

1. 基本公式

对于滑移线法数值解，俞茂宏等（1997）、龚晓南（2000）、范文等（2002）推导出了基本公式。

当考虑材料的自身重力时，需采用数值解法，把式（4.53）代入式（4.54），得

$$R = p\sin\varphi_{\mathrm{UST}} + C_{\mathrm{UST}}\cos\varphi_{\mathrm{UST}} \quad (4.67)$$

式中，$\sin\varphi_{\mathrm{UST}} = \frac{2(1+b)\sin\varphi_0}{2+b(1+\sin\varphi_0)}$；$C_{\mathrm{UST}} = \frac{2(1+b)c_0\cos\varphi_0}{2+b(1+\sin\varphi_0)}$。

把式（4.55）和式（4.67）代入式（4.51）和式（4.52）得反映塑性区应力状态的控制方程：

$$\frac{\partial p}{\partial x}(1+\sin\varphi_{\mathrm{UST}}\cos2\theta)+\frac{\partial p}{\partial y}\sin\varphi_{\mathrm{UST}}\sin2\theta+2R\left(\frac{\partial\theta}{\partial y}\cos2\theta-\frac{\partial\theta}{\partial x}\sin2\theta\right)=\gamma \tag{4.68}$$

$$\frac{\partial p}{\partial x}\sin\varphi_{\mathrm{UST}}\sin2\theta+\frac{\partial p}{\partial y}(1-\sin\varphi_{\mathrm{UST}}\cos2\theta)+2R\left(\frac{\partial\theta}{\partial x}\cos2\theta+\frac{\partial\theta}{\partial y}\sin2\theta\right)=0 \tag{4.69}$$

根据特征线法，同样可得出

α 族
$$\frac{\mathrm{d}y}{\mathrm{d}x}=\tan(\theta-\mu)$$

β 族
$$\frac{\mathrm{d}y}{\mathrm{d}x}=\tan(\theta+\mu)$$

取与滑移线 α、β 相重合的曲线坐标系统 $(S_\alpha、S_\beta)$，根据方向导数的定义，可得

沿 α 线
$$-\sin2\mu\frac{\partial p}{\partial S_\alpha}+2R\frac{\partial\theta}{\partial S_\alpha}+\gamma\left(\sin2\mu\frac{\partial x}{\partial S_\alpha}+\cos2\mu\frac{\partial y}{\partial S_\alpha}\right)=0 \tag{4.70}$$

沿 β 线
$$\sin2\mu\frac{\partial p}{\partial S_\beta}+2R\frac{\partial\theta}{\partial S_\beta}+\gamma\left(-\sin2\mu\frac{\partial x}{\partial S_\beta}+\cos2\mu\frac{\partial y}{\partial S_\beta}\right)=0 \tag{4.71}$$

式（4.68）～式（4.71）是平面应变滑移线理论的应力控制方程。

上述方程是一个非齐次的双曲线型的拟线型偏微分方程。根据三种边界条件对应的三种基本边值问题，采用差分法按基本计算方法编制的程序，可求出土体所承受的极限荷载。

2. 两种基本计算方法

依据龚晓南（2000）提出的两种基本计算方法如下：

1）算法 1

已知 A 点和 B 点的 P、θ 值，求过 A 点的 α 线和过 B 点的 β 线的交点 P 点的 x、y、$\bar{P}$、θ 值（图 4.6）。

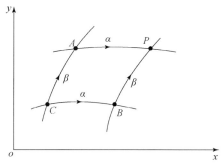

图 4.6 算法 1 图示

P 点的位置 x、y 要联立应力方程和滑移线方程求解，P 点的 P、θ 值则要采用差分法求解。式（4.70）和式（4.71）的差分形式为

$$-\sin2\mu(P_P-P_A)+(R_P+R_A)(\theta_P-\theta_A)=-\gamma\sin2\mu(x_P-x_A)-\gamma\cos2\mu(y_P-y_A) \tag{4.72}$$

$$\sin2\mu(P_P-P_B)+(R_P+R_B)(\theta_P-\theta_B)=-\gamma\sin2\mu(x_P-x_B)-\gamma\cos2\mu(y_P-y_B) \tag{4.73}$$

滑移线方程的差分形式为

$$y_P-y_A=\tan\left(\frac{\theta_P+\theta_A}{2}-\mu\right)(x_P-x_A)=\left(\frac{\mathrm{d}y}{\mathrm{d}x}\right)_1(x_P-x_A) \tag{4.74}$$

$$y_P - y_B = \tan\left(\frac{\theta_P + \theta_B}{2} + \mu\right)(x_P - x_B) = \left(\frac{\mathrm{d}y}{\mathrm{d}x}\right)_2 (x_P - x_B) \tag{4.75}$$

以上两组差分方程均为非线性方程，可以应用迭代法求解，迭代的步骤如下。

（1）确定 x_P、y_P、P_P、θ_P 的第一次近似值，若图 4.6 中所示 C 点的值已知，可用下式估算。

$$\begin{cases} x_P \approx x_A + x_B - x_C \\ y_P \approx y_A + y_B - y_C \\ \theta_P \approx \theta_A + \theta_B - \theta_C \\ P_P \approx P_A + P_B - P_C \end{cases} \tag{4.76}$$

若 C 点的值未知，可用 A、B 点的 x、y、P、θ 值的平均值 $x_P \approx \frac{1}{2}(x_A + x_B)$ 等式子估算。

（2）把 x_P、y_P、R_P 的第一次近似值代入式（4.70）和式（4.71）中求出 P_P、θ_P 的第二次近似值。

$$\theta_P = \frac{\gamma\sin2\mu(x_A - x_B) - \gamma\cos2\mu(2y_P - y_A - y_B) + \sin2\mu(P_B - p_A) + (R_P + R_A)\theta_A + (R_P + R_B)\theta_B}{R_A + R_B + 2R_P} \tag{4.77}$$

$$P_P = \frac{1}{\sin2\mu + (\theta_P - \theta_B)\sin\varphi}\left\{\left[\sin2\mu - (\theta_P - \theta_B)\sin\varphi\right]P_B - 2c(\theta_P - \theta_B)\cos\varphi \right.$$
$$\left. + \gamma\sin2\mu(x_P - x_B) - \gamma\cos2\mu(y_P - y_B)\right\} \tag{4.78}$$

将式（4.77）代入式（4.74）和式（4.75）求出 x_P、y_P 的第二次近似值

$$x_P = \frac{y_B - y_A + \left(\frac{\mathrm{d}y}{\mathrm{d}x}\right)_1 x_A - \left(\frac{\mathrm{d}y}{\mathrm{d}x}\right)_2 x_B}{\left(\frac{\mathrm{d}y}{\mathrm{d}x}\right)_1 - \left(\frac{\mathrm{d}y}{\mathrm{d}x}\right)_2} \tag{4.79}$$

$$y_P = y_B + \left(\frac{\mathrm{d}y}{\mathrm{d}x}\right)_2 (x_P - x_B) \tag{4.80}$$

式中，$\left(\dfrac{\mathrm{d}y}{\mathrm{d}x}\right)_1 = \tan\left(\dfrac{\theta_P + \theta_A}{2} - \mu\right)$；$\left(\dfrac{\mathrm{d}y}{\mathrm{d}x}\right)_2 = \tan\left(\dfrac{\theta_P + \theta_B}{2} + \mu\right)$。

（3）检查前后两次计算得到的 x_P、y_P、P_P、θ_P 的值是否满足精度要求，如不满足，重新计算，迭代至收敛为止。

2）算法 2

已知一条 α 族滑移线 BC 的位置和滑移线上各点的 P、θ 值，又已知一直线 OD 上的 θ 值，求过 B 点的 β 族滑移线与 OD 的交点 P 点的 x、y、P 值（图 4.7）。

β 族滑移线的差分方程和直线 OD 的方程分别为

$$y_P - y_B = \left(\frac{\mathrm{d}y}{\mathrm{d}x}\right)_2 (x_P - x_B) \tag{4.81}$$

$$\frac{y_P - y_C}{y_D - y_C} = \frac{x_P - x_C}{x_D - x_C} \tag{4.82}$$

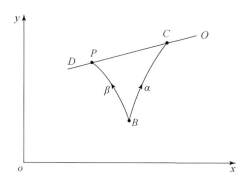

图 4.7　算法 2 图示

这样可以求得 P 点的位置 x_P、y_P 分别为

$$x_P = \frac{x_D - x_C}{y_D - y_C}\left[y_B - y_C + \left(\frac{\mathrm{d}y}{\mathrm{d}x}\right)_2 (x_P - x_B)\right] + x_C \tag{4.83}$$

$$y_P = y_B + \left(\frac{\mathrm{d}y}{\mathrm{d}x}\right)_2 (x_P - x_B) \tag{4.84}$$

已知 x_P、y_P、θ_P，再由式（4.73），得到 P_P 为

$$P_P = \frac{1}{\sin 2\mu + (\theta_P - \theta_B)\sin\varphi}\{[\sin 2\mu - (\theta_P - \theta_B)\sin\varphi]P_B - 2c(\theta_P - \theta_B)\cos\varphi$$

$$+ \gamma\sin 2\mu(x_P - x_B) - \gamma\cos 2\mu(y_P - y_B)\} \tag{4.85}$$

3. 实例分析

同样采用上面的例子，考虑土的重力的情况下，取不同 b 值时，对应的计算结果见表 4.2 和图 4.8 ~ 图 4.11。

表 4.2　不同的 b 值与极限荷载 P_u 的关系

b	0.0	0.1	0.2	0.4	0.5	0.6	0.8	1.0
P_u/kPa	147.3	155.1	162.3	176.4	182.3	189.0	199.1	208.1

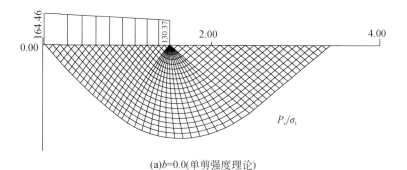

(a)b=0.0(单剪强度理论)

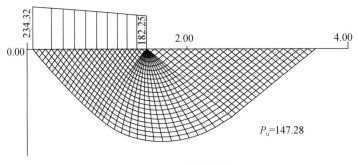

(b)b=1.0(双剪强度理论)

图 4.8　不同 b 值情况下的滑移线场及极限荷载

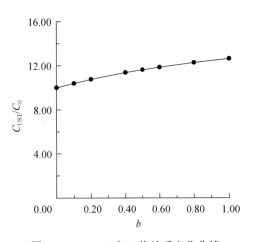

图 4.9　C_{UST}/C_0 与 b 值关系变化曲线

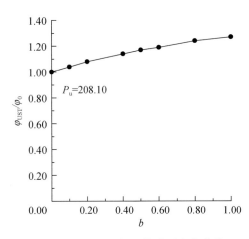

图 4.10　φ_{UST}/φ_0 与 b 值关系变化曲线

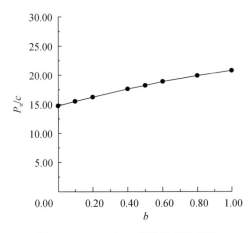

图 4.11　P_u/c 与 b 值关系变化曲线

4.4　各向异性损伤的统一滑移线场理论及其应用

目前在岩土力学中使用的极限分析理论主要有极限平衡法、极限分析的上限与下限理论及滑移线解等。在这些分析中，都是把材料视为弹塑性或刚塑性，很少考虑损伤的影响，孙红等（2002）基于剑桥模型应用耦合各向异性损伤的滑移线法求解了平面应变条件下极限荷载问题，本节在 4.3 节的基础上把各向异性损伤引入统一滑移线场理论，并将其应用到地基极限承载力研究。

4.4.1　平衡方程

设 D_1、D_2、D_3 分别为 x、y、z 方向的损伤变量。设 σ_1 与 x 轴夹角为 θ，则耦合损伤的等效正应力、等效剪应力与主应力的关系为

$$\tilde{\sigma}_x = \frac{\sigma_1+\sigma_3}{2(1-D_1)} + \frac{\sigma_1-\sigma_3}{2(1-D_1)}\cos 2\theta = \frac{P}{1-D_1} + \frac{R}{1-D_1}\cos 2\theta \tag{4.86}$$

$$\tilde{\sigma}_y = \frac{\sigma_1+\sigma_3}{2(1-D_2)} - \frac{\sigma_1-\sigma_3}{2(1-D_2)}\cos 2\theta = \frac{P}{1-D_2} - \frac{R}{1-D_2}\cos 2\theta \tag{4.87}$$

$$\tilde{\tau}_{xy} = \frac{\sigma_1-\sigma_3}{2\sqrt{(1-D_1)(1-D_2)}}\sin 2\theta = \frac{R}{\sqrt{(1-D_1)(1-D_2)}}\sin 2\theta \tag{4.88}$$

则其平衡方程为

$$\frac{\partial \tilde{\sigma}_x}{\partial x} + \frac{\partial \tilde{\tau}_{xy}}{\partial y} = \gamma \tag{4.89}$$

$$\frac{\partial \tilde{\tau}_{yx}}{\partial x} + \frac{\partial \tilde{\sigma}_y}{\partial y} = \gamma \tag{4.90}$$

4.4.2　耦合损伤的强度条件

采用相关流动法则，根据式（4.54），得耦合损伤变量的统一强度条件为

$$m\tilde{P} + n\tilde{R} = \sigma_{\mathrm{t}} \tag{4.91}$$

式中，$\tilde{P} = \dfrac{\tilde{\sigma}_1+\tilde{\sigma}_3}{2} = \dfrac{\tilde{\sigma}_x+\tilde{\sigma}_y}{2} = \dfrac{1}{2}P\left(\dfrac{1}{1-D_1}+\dfrac{1}{1-D_2}\right) + \dfrac{1}{2}R\left(\dfrac{1}{1-D_1}-\dfrac{1}{1-D_2}\right)\cos 2\theta$

$\tilde{R} = \dfrac{\tilde{\sigma}_1-\tilde{\sigma}_3}{2} = \sqrt{\left(\dfrac{\tilde{\sigma}_x-\tilde{\sigma}_y}{2}\right)^2 + \tilde{\tau}_{xy}^2}$

$\quad = \sqrt{\left[\dfrac{1}{2}P\left(\dfrac{1}{1-D_1}-\dfrac{1}{1-D_2}\right) + \dfrac{1}{2}R\left(\dfrac{1}{1-D_1}+\dfrac{1}{1-D_2}\right)\cos 2\theta\right]^2 + \dfrac{R^2}{(1-D_1)(1-D_2)}\sin^2 2\theta}$

由式（4.91），则有

$$P = \frac{-R(m^2-n^2)AB\cos 2\theta + 2mA\sigma_{\mathrm{t}} - n\sqrt{[mR(A^2-B^2)\cos 2\theta + 2B\sigma_{\mathrm{t}}]^2 + R^2(A^2-B^2)(m^2A^2-n^2B^2)\sin^2 2\theta}}{m^2A^2-n^2B^2}$$

$$\tag{4.92}$$

式中，$A=\dfrac{1}{1-D_1}+\dfrac{1}{1-D_2}$，$B=\dfrac{1}{1-D_1}-\dfrac{1}{1-D_2}$，$C=\dfrac{1}{\sqrt{(1-D_1)(1-D_2)}}$。

通过解方程，可得耦合损伤的统一强度条件为［同式（4.92）］

$$P=\dfrac{-R(m^2-n^2)AB\cos2\theta+2mA\sigma_t-n\sqrt{[mR(A^2-B^2)\cos2\theta+2B\sigma_t]^2+R^2(A^2-B^2)(m^2A^2-n^2B^2)\sin^22\theta}}{m^2A^2-n^2B^2}$$

4.4.3　耦合损伤的极限平衡微分方程

将式（4.86）~式（4.88）代入式（4.89）和式（4.90），得极限平衡微分方程：

$$\dfrac{\cos2\theta-D}{1-D_1}\dfrac{\partial R}{\partial x}+\dfrac{\sin2\theta}{\sqrt{(1-D_1)(1-D_2)}}\dfrac{\partial R}{\partial y}+\dfrac{E-2R\sin2\theta}{1-D_1}\dfrac{\partial\theta}{\partial x}+\dfrac{2R\cos2\theta}{\sqrt{(1-D_1)(1-D_2)}}\dfrac{\partial\theta}{\partial y}=\gamma \quad(4.93)$$

$$\dfrac{\sin2\theta}{\sqrt{(1-D_1)(1-D_2)}}\dfrac{\partial R}{\partial x}+\dfrac{\cos2\theta+D}{1-D_2}\dfrac{\partial R}{\partial y}+\dfrac{2R\cos2\theta}{\sqrt{(1-D_1)(1-D_2)}}\dfrac{\partial\theta}{\partial x}+\dfrac{E+2R\sin2\theta}{1-D_2}\dfrac{\partial\theta}{\partial y}=0 \quad(4.94)$$

其中，

$$F=\dfrac{1}{2(m^2A^2-n^2B^2)}$$
$$\left\{2(m^2-n^2)AB\cos2\theta+\dfrac{2n(A^2-B^2)[R(m^2A^2-n^2B^2)-B^2R(m^2-n^2)\cos^22\theta+2mB\sigma_t\cos2\theta]}{\sqrt{[mR(A^2-B^2)\cos2\theta+2B\sigma_t]^2+R^2(A^2-B^2)(m^2A^2-n^2B^2)\sin^22\theta}}\right\}$$

$$E=\dfrac{2R\sin2\theta}{2(m^2A^2-n^2B^2)}$$
$$\left\{2(m^2-n^2)AB-\dfrac{2n(A^2-B^2)[B^2R(m^2-n^2)\cos2\theta-2mB\sigma_t]}{\sqrt{[mR(A^2-B^2)\cos2\theta+2B\sigma_t]^2+R^2(A^2-B^2)(m^2A^2-n^2B^2)\sin^22\theta}}\right\}$$

利用特征线法，根据克莱姆法则，令 $\Delta=0$，得两族实的特征线族方程为

$$\dfrac{\mathrm{d}y}{\mathrm{d}x}=\sqrt{\dfrac{1-D_1}{1-D_2}}\dfrac{-(2FR\sin2\theta-E\cos2\theta)\pm\sqrt{4F^2R^2+E^2-4R^2}}{2R-(2FR\cos2\theta+E\sin2\theta)} \quad(4.95)$$

令 $\alpha=\arctan k_\alpha=\theta-\mu$

$\beta=\arctan k_\beta=\theta+\mu$

方向导数：

$$\dfrac{\partial}{\partial S_\alpha}=\cos\alpha\dfrac{\partial}{\partial x}+\sin\alpha\dfrac{\partial}{\partial y} \quad(4.96)$$

$$\dfrac{\partial}{\partial S_\beta}=\cos\beta\dfrac{\partial}{\partial x}+\sin\beta\dfrac{\partial}{\partial y} \quad(4.97)$$

则有

$$\dfrac{\partial}{\partial x}=\dfrac{\left[\sin\beta\dfrac{\partial}{\partial S_\alpha}-\sin\alpha\dfrac{\partial}{\partial S_\beta}\right]}{\sin(\beta-\alpha)} \quad(4.98)$$

$$\dfrac{\partial}{\partial y}=-\dfrac{\left[\cos\beta\dfrac{\partial}{\partial S_\alpha}-\cos\alpha\dfrac{\partial}{\partial S_\beta}\right]}{\sin(\beta-\alpha)} \quad(4.99)$$

4.4.4 解析解法

很显然，上述方程只有令 $\gamma=0$ 时，才可能用解析法求解，再令 $\Delta_1=\Delta_2=0$，可得

$$\frac{\mathrm{d}R}{\mathrm{d}\theta}=\frac{E^2-4R^2}{FE\pm\sqrt{4R^2(F^2-1)+E^2}}=\frac{FE\mp\sqrt{4R^2(F^2-1)+E^2}}{F^2-1} \tag{4.100}$$

上述微分方程是一个强非线性方程，必须对耦合损伤的强度条件进行简化，才可得出其近似解，因此，简化耦合损伤变量的破坏条件为

$$mP+nR=\sqrt{(1-D_1)(1-D_2)}\,\sigma_{\mathrm{t}} \tag{4.101}$$

则

$$\frac{\mathrm{d}y}{\mathrm{d}x}=\sqrt{\frac{1-D_1}{1-D_2}}\frac{\sin2\theta\pm\sqrt{1-\left(\frac{m}{n}\right)^2}}{-\frac{m}{n}+\cos2\theta} \tag{4.102}$$

令 $\Delta_2=0$，得无重介质滑移线方程：

$$2m\theta+\sqrt{n^2-m^2}\ln R=\mathrm{const} \tag{4.103}$$

$$2m\theta-\sqrt{n^2-m^2}\ln R=\mathrm{const} \tag{4.104}$$

同样分析上节中的例子，当考虑损伤时，通过边界条件求得

$$P_{\mathrm{u}}=\frac{(m+n)K\sigma_{\mathrm{t}}-(K\sigma_{\mathrm{t}}-mq)(m-n)\exp\left(\dfrac{-m\pi}{\sqrt{n^2-m^2}}\right)}{m(n+m)} \tag{4.105}$$

式中，$K=\sqrt{(1-D_1)(1-D_2)}$。

当 $D_1=D_2=0.2$ 时，经计算得到 b 取不同值时的 P_{u}，见表4.3。

表4.3　极限承载力的统一解 P_{u} 与参数 b 的关系

b	0.0	0.1	0.2	0.4	0.5	0.6	0.8	1.0
P_{u}/kPa	94.46	100.70	105.87	116.35	120.00	124.28	131.94	138.85

4.4.5 数值解法

对于式（4.93）和式（4.94），在 $\gamma\neq0$ 时，无法得到其解析解，必须采用数值解法，根据方向导数的定义得到考虑各向异性损伤的统一滑移线场控制方程为

$$\begin{aligned}&\frac{\partial R}{\partial S_\alpha}\left[\frac{\cos2\theta-F}{\sqrt{1-D_1}}\sin\beta-\frac{\sin2\theta\cos\beta}{\sqrt{1-D_2}}\right]+\frac{\partial R}{\partial S_\beta}\left[-\frac{\cos2\theta-F}{\sqrt{1-D_1}}\sin\alpha+\frac{\sin2\theta\cos\alpha}{\sqrt{1-D_2}}\right]\\&+\frac{\partial\theta}{\partial S_\alpha}\left[\frac{E-2R\sin2\theta}{\sqrt{1-D_1}}\sin\beta-\frac{2R\cos2\theta\cos\beta}{\sqrt{1-D_2}}\right]+\frac{\partial\theta}{\partial S_\beta}\left[-\frac{E-2R\sin2\theta}{\sqrt{1-D_1}}\sin\alpha+\frac{2R\cos2\theta\cos\alpha}{\sqrt{1-D_2}}\right]\\&=\gamma\sqrt{1-D_1}\sin(\beta-\alpha)\end{aligned} \tag{4.106}$$

$$\frac{\partial R}{\partial S_\alpha}\left[\frac{\sin2\theta\sin\beta}{\sqrt{1-D_1}}+\frac{\cos2\theta+F}{\sqrt{1-D_2}}\cos\beta\right]+\frac{\partial R}{\partial S_\beta}\left[-\frac{\sin2\theta\sin\alpha}{\sqrt{1-D_1}}-\frac{\cos2\theta+F}{\sqrt{1-D_2}}\cos\alpha\right]$$

$$+\frac{\partial\theta}{\partial S_\alpha}\left[\frac{2R\cos2\theta\sin\beta}{\sqrt{1-D_1}}-\frac{E+2R\sin2\theta}{\sqrt{1-D_2}}\cos\beta\right]+\frac{\partial\theta}{\partial S_\beta}\left[-\frac{2R\cos2\theta\sin\alpha}{\sqrt{1-D_1}}+\frac{E+2R\sin2\theta}{\sqrt{1-D_2}}\cos\alpha\right]=0 \quad (4.107)$$

式（4.106）和式（4.107）可化为

$$A_1\frac{\partial R}{\partial S_\alpha}+A_2\frac{\partial\theta}{\partial S_\alpha}+A_3\frac{\partial\theta}{\partial S_\beta}=\gamma\sqrt{1-D_1}\sin(\beta-\alpha)\left[-\frac{\sin2\theta\sin\alpha}{\sqrt{1-D_1}}-\frac{F+\cos2\theta}{\sqrt{1-D_2}}\cos\alpha\right] \quad (4.108)$$

$$B_1\frac{\partial R}{\partial S_\beta}+B_2\frac{\partial\theta}{\partial S_\beta}+B_3\frac{\partial\theta}{\partial S_\alpha}=\gamma\sqrt{1-D_1}\sin(\beta-\alpha)\left[\frac{\sin2\theta\sin\beta}{\sqrt{1-D_1}}+\frac{F+\cos2\theta}{\sqrt{1-D_2}}\cos\beta\right] \quad (4.109)$$

其中，

$$A_1=\frac{F^2-1}{\sqrt{(1-D_1)(1-D_2)}}\sin(\beta-\alpha)$$

$$A_2=\frac{\sin\alpha\sin\beta}{1-D_1}(-E\sin2\theta+2R-2RF\cos2\theta)+\frac{\cos\alpha\cos\beta}{1-D_2}(E\sin2\theta+2R+2RF\cos2\theta)$$

$$+\frac{\cos\alpha\sin\beta}{\sqrt{(1-D_1)(1-D_2)}}(-FE-E\cos2\theta+2FR\sin2\theta)$$

$$+\frac{\sin\alpha\cos\beta}{\sqrt{(1-D_1)(1-D_2)}}(FE-E\cos2\theta+2FR\sin2\theta)$$

$$A_3=\left(\frac{\sin^2\alpha}{1-D_1}-\frac{\cos^2\alpha}{1-D_2}\right)(E\sin2\theta+2RF\cos2\theta)-2R\left(\frac{\sin^2\alpha}{1-D_1}+\frac{\cos^2\alpha}{1-D_2}\right)$$

$$+\frac{2\sin\alpha\cos\alpha}{\sqrt{(1-D_1)(1-D_2)}}(E\cos2\theta-2RF\sin2\theta)$$

$$B_1=-A_1$$

$$B_2=A_2$$

$$B_3=\left(\frac{\sin^2\beta}{1-D_1}-\frac{\cos^2\beta}{1-D_2}\right)(E\sin2\theta+2RF\cos2\theta)-2R\left(\frac{\sin^2\beta}{1-D_1}+\frac{\cos^2\beta}{1-D_2}\right)$$

$$+\frac{2\sin\beta\cos\beta}{\sqrt{(1-D_1)(1-D_2)}}(E\cos2\theta-2RF\sin2\theta)$$

从式（4.109）看出，沿 α 线与 β 线存在耦合问题。若要解耦，必须使 $A_3=B_3=0$，为此，考虑各向同性损伤问题，此时令 $D_1=D_2=D$。则上述方程可写为

沿 α 线　$-\sin2\mu\dfrac{\partial P}{\partial S_\alpha}+2R\dfrac{\partial\theta}{\partial S_\alpha}+\gamma(1-D)\left(\sin2\mu\dfrac{\partial x}{\partial S_\alpha}+\cos2\mu\dfrac{\partial y}{\partial S_\alpha}\right)=0 \quad (4.110)$

沿 β 线　$\sin2\mu\dfrac{\partial P}{\partial S_\beta}+2R\dfrac{\partial\theta}{\partial S_\beta}+\gamma(1-D)\left(-\sin2\mu\dfrac{\partial x}{\partial S_\beta}+\cos2\mu\dfrac{\partial y}{\partial S_\beta}\right)=0 \quad (4.111)$

利用差分方法，编制程序可求得各向同性损伤时的数值解，采用上面的例子，经计算

得到一系列结果，如图4.12所示。

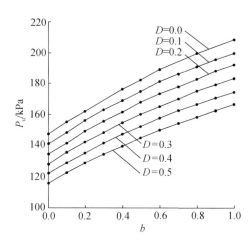

图 4.12　P_u 与 b 及 D 的关系变化曲线

主要参考文献

陈震.1987. 散体极限平衡理论基础. 北京：人民交通出版社.

范文.2003. 岩土工程结构强度理论研究. 西安：西安交通大学博士学位论文.

范文，俞茂宏，林永亮等.2002. 基于统一强度理论的地基极限承载力滑移线分析. 工程地质学报，10（增刊）：558 ~ 568.

龚晓南.2000. 土工计算机分析. 北京：中国建筑工业出版社.

孙红，赵锡宏，葛修润.2002. 各向异性损伤对地基承载力影响分析. 岩土力学，23（6）：709 ~ 713.

王军.1997. 损伤力学的理论与应用. 北京：科学出版社.

王仁.1998. 塑性力学基础. 北京：科学出版社.

俞茂宏.2000. 双剪理论及其应用. 北京：科学出版社.

俞茂宏，杨松岩，刘春阳.1997. 统一平面应变滑移线场理论. 土木工程学报，3（2）：14 ~ 26.

余天庆，钱济成.1993. 损伤理论及其应用. 北京：国防工业出版社.

张学言.1993. 岩土塑性力学. 北京：人民交通出版社.

张永强，范文，俞茂宏.2000. 边坡极限荷载的统一滑移线解. 岩石与工程学报，19：994 ~ 996.

Chow C L, Wang J. 1987a. An anisotropic continuum damage theory and its application to ductile crack initiation. Damage Mechanics in Composites, 47（2）：145 ~ 160.

Chow C L, Wang J. 1987b. An anisotropic theory of continuum damage mechanics for ductile fracture. Engineering Fracture Mechanics, 27（5）：547 ~ 558.

Chow C L, Wang J. 1987c. An anisotropic theory of elasticity for continuum damage mechanics. International Journal of Fracture, 33（1）：3 ~ 16.

Chow C L, Wang J. 1988a. A finite element analysis of continuum damage mechanics for ductile fracture. International Journal of Fracture, 38（2）：83 ~ 102.

Chow C L, Wang J. 1988b. Ductile fracture characterization with an anisotropic continuum damage theory. Engineering Fracture Mechanics, 30（5）：547 ~ 563.

Chow C L, Wang J. 1989a. On crack initiation angle of mixed mode ductile fracture with continuum damage mechanics. Engineering Fracture Mechanics, 32（4）：601 ~ 612.

Chow C L, Wang J. 1989b. Crack propagation in mixed-mode ductile fracture with continuum damage mechanics. Proceedings of the Institution of Mechanical Engineers Part C: Journal of Mechanical Engineering Science, 203 (33): 189～199.

Chow C L, Lu T J. 1989c. A normative representation of stress and strain for continuum damage mechanics. Theoretical and Applied Fracture Mechanics, 12: 161～187.

Chow C L, Wang J. 1991. A continuum damage mechanics model for crack initiation in mixed mode ductile fracture. International Journal of Fracture, 47 (2): 145～160.

Kachanov L M. 1958. Time of the rupture process under creep conditions. TVZ Akad Nauk SSR Otd Tech. Nauk, 8 (1-4): 26～31.

Kotter F. 1903. Die Bestimmung des Druckes an gekrummter Gleitflachen, eine Aufgabe aus der Lehre vom Erddruck. Monatsber Akad Wiss Berlin, 1: 229～233.

Rabotnov Y N. 1963. The equation of state of creep. In: proceedings of Joint International Conference on creep. Paris: Institution of Mechanical Engineers.

Sidoroff F. 1981. Description of Anisotropic Damage Application to Elasticity. Berlin: Springer.

第5章 基于统一强度理论的
塑性极限分析及其应用

5.1 引　　言

　　本章在前述极限平衡法和滑移线场研究的基础上，通过塑性极限分析方法来继续讨论岩土工程中的问题。对于理想弹塑性体或理想刚塑性体，它所能承受的外荷载是有一定界限的。在实际工程问题中，需要利用极限分析的上、下限原理计算其塑性极限荷载及相应的瞬时速度场。刚塑性体由于忽略了材料的强化和物体由于变形而引起的几何尺寸的改变，当外力达到某一定值时，可在外力不变的情况下，发生塑性流动，这时就称物体处于极限状态，所受荷载为极限荷载。由于物体的极限状态是介于静力平衡与塑性流动之间的临界状态。因此，极限状态的特征是：应力场为静力许可的，应变率场（或速度场）是机动许可的。

　　所谓静力许可的应力场 σ_{ij}^0（简称静力场）是满足下列条件的应力场：

　　（1）在 V 内满足平衡方程 $\sigma_{ij}^0 + F_i = 0$；

　　（2）在 V 内不违反屈服条件 $f(\sigma_{ij}^0) \leqslant 0$；

　　（3）在边界 S_T 上满足条件 $\sigma_{ij}^0 n_j = T_i^0$。

　　所谓机动许可应变率场（或速度场，简称机动场）是满足下列条件的应变率场或速度场：

　　（1）在 V 内满足连续条件；

　　（2）在边界 S_u 上满足 $v_i^* = 0$；

　　（3）在 S_T 上满足 $\int_{S_\mathrm{T}} T_i v_i^* \, \mathrm{d}s > 0$。

而且由 v_{ij}^* 可得到相应的应变率 $\dot{\varepsilon}_{ij}^* = \dfrac{1}{2}(v_{ij}^* + v_{ji}^*)$。

5.2 塑性最大功原理及虚功率原理

5.2.1 虚功率原理

1. 无间断面时的虚功率原理

当物体中不存在速度间断面时，虚功率原理可叙述为：任何一组与静力许可应力场

σ_{ij}^0 平衡的外荷载 F_i 与 P_i^0, 对任何机动许可的速度场 v_i^* (虚速度) 所做的虚外功功率等于静力场 σ_{ij}^0 对虚应变率 $\dot{\varepsilon}_{ij}^*$ 所做的虚功功率。用公式表示为

$$\int_v F_i v_i^* \, \mathrm{d}v + \int_{S_\mathrm{T}} P_i^0 v_i^* \, \mathrm{d}s = \int_v \sigma_{ij}^0 \dot{\varepsilon}_{ij}^* \, \mathrm{d}v \tag{5.1}$$

由于虚功率方程中的静力许可应力场是任意选定的, 因此忽略了体积力之后虚功率方程仍然成立, 即

$$\int_{S_\mathrm{T}} P_i^0 v_i^* \, \mathrm{d}s = \int_v \sigma_{ij}^0 \dot{\varepsilon}_{ij}^* \, \mathrm{d}v \tag{5.2}$$

有应力间断面时的虚功率原理, 应力间断面的存在对虚功率原理没有影响。

2. 有速度间断面时的虚功率方程

设物体中有一个速度间断面 S_D, 在速度间断面上某一点作用有静力场 σ_{ij}^0 的正应力 σ_n^0 和剪应力 τ^0; 机动场在间断面的速度不连续量为 Δv^*, Δv^* 沿间断线法线与切线方向的分量分别为 Δv_n^*、Δv_t^*, 由于间断面上有速度变化, 故在间断面上要耗散塑性功率, 间断面单位面积耗散的虚塑性功率为

$$\dot{D} = \tau^0 \Delta v_t^* + \sigma_n^0 \Delta v_n^* \tag{5.3}$$

由于间断面上的速度具有 $\Delta v_n^* = -\Delta v_t^* \tan\varphi$, 代入式 (5.3) 后可得

$$\dot{D} = (\tau^0 - \sigma_n^0 \tan\varphi_{\mathrm{UST}}) \Delta v_t^* \tag{5.4}$$

沿整个间断面 S_D 上的塑性耗散功率为

$$\dot{W} = \int_{S_\mathrm{D}} \dot{D} \mathrm{d}s = \int_{S_\mathrm{D}} (\tau^0 - \sigma_n^0 \tan\varphi_{\mathrm{UST}}) \Delta v_t^* \, \mathrm{d}s \tag{5.5}$$

若物体中有若干速度间断面, 只需对各个间断面应用式 (5.5) 后相加即可。

故具有速度间断面的虚功率方程为

$$\int_v F_i v_i^* \, \mathrm{d}v + \int_{S_\mathrm{T}} P_i^0 v_i^* \, \mathrm{d}s = \int_v \sigma_{ij}^0 \dot{\varepsilon}_{ij}^* \, \mathrm{d}v + \sum \int_{S_\mathrm{D}} (\tau^0 - \sigma_n^0 \tan\varphi_{\mathrm{UST}}) \Delta v_t^* \, \mathrm{d}s \tag{5.6}$$

若静力场在间断面上达到屈服应力状态时, 即 $\tau^0 = \tau_\mathrm{f} = \sigma_n^0 \tan\varphi_{\mathrm{UST}} + C_{\mathrm{UST}}$ 时, 将 $\Delta v_n^* = -\Delta v_t^* \tan\varphi$ 代入式 (5.6) 后得

$$\int_v \dot{F}_i v_i^* \, \mathrm{d}v + \int_{S_\mathrm{T}} P_i^0 v_i^* \, \mathrm{d}s = \int_v \sigma_{ij}^0 \dot{\varepsilon}_{ij}^* \, \mathrm{d}v + \sum \int_{S_\mathrm{D}} C_{\mathrm{UST}} \Delta v_t^* \, \mathrm{d}s \tag{5.7}$$

这说明对于符合相关联流动的 C-φ 型岩土材料而言, 极限状态时沿间断面耗散的摩擦塑性功率正好与材料剪胀而释放的塑性应变能率相抵消。

5.2.2　极限状态下应力和应变率的特点

设对应于面力速率 $\dot{T}_i$ 和体力速率 $\dot{F}_i$ 的应力速率均为 $\dot{\sigma}_{ij}$ 及应变速率场为 $\dot{\varepsilon}_{ij}$, $\dot{\varepsilon}_{ij}$ 又分成弹性和塑性两部分:

$$\dot{\varepsilon}_{ij} = \dot{\varepsilon}_{ij}^\mathrm{e} + \dot{\varepsilon}_{ij}^\mathrm{p} \tag{5.8}$$

利用虚功原理, 可得 (假设 S_u 上 $\dot{u}_i = 0$)

$$\int_v \dot{\sigma}_{ij} \dot{\varepsilon}_{ij} \mathrm{d}v = \int_v \dot{F}_i \dot{u}_i \mathrm{d}v + \int_{S_\mathrm{T}} \dot{T}_i \dot{u}_i \mathrm{d}s \qquad (5.9)$$

在极限状态下，外力为常值，所以

$$\dot{F}_i = 0 \ , \ \dot{T}_i = 0$$

故

$$\int_v \dot{\sigma}_{ij} \dot{\varepsilon}_{ij} \mathrm{d}v = 0 \qquad (5.10)$$

由于对于理想塑性材料有

$$\dot{\sigma}_{ij} \dot{\varepsilon}_{ij} = 0 \qquad (5.11)$$

故有

$$\dot{\sigma}_{ij} \dot{\varepsilon}_{ij} = \dot{\sigma}_{ij} (\dot{\varepsilon}_{ij}^{\mathrm{e}} + \dot{\varepsilon}_{ij}^{\mathrm{p}}) = \dot{\sigma}_{ij} \dot{\varepsilon}_{ij}^{\mathrm{e}} = A_{ijkl} \dot{\sigma}_{ij} \dot{\sigma}_{kl} \qquad (5.12)$$

式 (5.12) 只有当 $\dot{\sigma}_{ij} = 0$ 时等号成立。因此，在极限状态下，$\dot{\sigma}_{ij} = \dot{\varepsilon}_{ij}^{\mathrm{e}} = 0$，但 $\dot{\varepsilon}_{ij}^{\mathrm{p}}$ 可以不为 0。这就是说，在极限状态下，塑性破坏机构是纯粹塑性的，即有 $\dot{\varepsilon}_{ij} = \dot{\varepsilon}_{ij}^{\mathrm{p}}$。这时采用理想弹塑性模型和用理想刚塑性模型是一样的。极限状态情况下，对应于同一极限荷载，在塑性流动区域内，应力场是唯一的，应变速率分量之间的比唯一确定，但本身大小不唯一。

5.2.3　塑性最大功率原理

塑性极限分析的上、下限定理是建立在塑性最大功率与虚功率原理的基础上。作为建立塑性理论的基本原理，通常认为，材料在塑性变形阶段服从 Hill 的最大塑性功原理。其原理可表述为：对于理想塑性材料，在所有应力许可的应力场中，在任意给定的塑性应变率 $\dot{\varepsilon}_{ij}^{\mathrm{p}}$ 的情况下，只有与 $\dot{\varepsilon}_{ij}^{\mathrm{p}}$ 对应的真实应力场 σ_{ij} 对 $\dot{\varepsilon}_{ij}^{\mathrm{p}}$ 所做的功功率最大。这一原理可从 Drucker 关于材料稳定性公设的基本关系式得出。设 $\dot{\varepsilon}_{ij}^{\mathrm{p}}$ 为与 σ_{ij} 对应的（符合 φ 场关系的）塑性应变率，σ_{ij}^0 为另一个任意静力许可的应力场中的应力，根据 Drucker 公式：

$$(\sigma_{ij} - \sigma_{ij}^0) \dot{\varepsilon}_{ij}^{\mathrm{p}} \geqslant 0 \qquad (5.13)$$

或

$$\sigma_{ij} \dot{\varepsilon}_{ij}^{\mathrm{p}} \geqslant \sigma_{ij}^0 \dot{\varepsilon}_{ij}^{\mathrm{p}} \qquad (5.14)$$

式 (5.13) 和式 (5.14) 是对单位体积而言的。对于整个物体而言，则有

$$\int S_v \sigma_{ij} \dot{\varepsilon}_{ij}^{\mathrm{p}} \mathrm{d}v \geqslant \int_v S_v \sigma_{ij}^0 \dot{\varepsilon}_{ij}^{\mathrm{p}} \mathrm{d}v \qquad (5.15)$$

或

$$\dot{W} \geqslant \dot{W}^0 \qquad (5.16)$$

这就是最大塑性功率原理的数学表达式。可以推知：在所有满足屈服条件 $f(\sigma_{ij}) = 0$ 的应力状态中，与给定的塑性应变率相应的真实应力状态 σ_{ij}，使 $\sigma_{ij} \dot{\varepsilon}_{ij}^{\mathrm{p}}$ 取最大值。

5.3　塑性极限分析的上下限理论

5.3.1　下限定理

现假定物体内的体力为 F_i、应力边界 S_T 上的面力为 T_i，在所有与静力可能的应力场相对应的极限荷载 P_u^- 中，真正的极限荷载 P_u 最大，即 $P_u \geqslant P_u^-$。

设极限荷载 P_u 对应的真实应力场为 σ_{ij}，相应的位移速度场和应变率场分别为 v_i 和 $\dot{\varepsilon}_{ij}$；另一任意的静力许可应力场 σ_{ij}^0 即与之对应的荷载为 P_i^0，应力场和速度场都可以有不连续面。如果将真实的 v_i 和 $\dot{\varepsilon}_{ij}$ 视为虚位移速度和虚应变率场，当分别对应力场 σ_{ij} 和 σ_{ij}^0 应用虚功率方程后可得

$$\int_v F_i v_i \mathrm{d}v + \int_{S_T} P_u v_i \mathrm{d}s = \int_v \sigma_{ij}\dot{\varepsilon}_{ij}\mathrm{d}v + \sum \int_{S_D} C_{\mathrm{UST}}\Delta v_t \mathrm{d}s \tag{5.17}$$

$$\int_v F_i v_i \mathrm{d}v + \int_{S_T} P_u^- v_i \mathrm{d}s = \int_v \sigma_{ij}^0\dot{\varepsilon}_{ij}\mathrm{d}v + \sum \int_{S_D} (\tau_n^0 - \sigma_n^0\tan\varphi_{\mathrm{UST}})\Delta v_t \mathrm{d}s \tag{5.18}$$

式（5.17）与式（5.18）相减后可得

$$\int_{S_T} (P_u - P_u^-)v_i \mathrm{d}s = \int_v (\sigma_{ij} - \sigma_{ij}^0)\dot{\varepsilon}_{ij}\mathrm{d}v + \sum \int_{S_D} [C_{\mathrm{UST}} - (\tau_n^0 - \sigma_n^0\tan\varphi_{\mathrm{UST}})]\Delta v_t \mathrm{d}s$$

$$\tag{5.19}$$

右端两项分别大于或等于零，故左端有

$$\int_{S_T} (P_u - P_u^-)v_i \mathrm{d}s \geqslant 0 \text{ 或 } P_u \geqslant P_u^- \tag{5.20}$$

下限定理说明任何静力许可的应力场对应的荷载都小于（最多等于）真正的极限荷载，故称为下限定理。根据静力场或下限定理求极限荷载的方法称为下限法。显然，下限荷载越大，越接近极限荷载。

5.3.2　上限定理

在所有与运动许可的位移速度场和应变率场相对应的荷载中，极限荷载最小，或者说按运动许可的速度场与应变率场求得的极限荷载 P_u^+ 都大于（最多等于）真正的极限荷载 P_u，即 $P_u \leqslant P_u^+$；故称为上限定理。

如果对机动许可的速度场 v_i^* 和应变率场 ε_{ij}^* 及相应的机动应力 σ_{ij}^* 和与极限荷载 P_u 对应的真实应力场 σ_{ij} 分别使用虚功率原理。

$$\int_v F_i v_i^* \mathrm{d}v + \int_{S_T} P_u^+ v_i^* \mathrm{d}s = \int_v \sigma_{ij}^*\dot{\varepsilon}_{ij}^*\mathrm{d}v + \sum \int_{S_D} C_{\mathrm{UST}}\Delta v_t^* \mathrm{d}s \tag{5.21}$$

$$\int_v F_i v_i^* \mathrm{d}v + \int_{S_T} P_u v_i^* \mathrm{d}s = \int_v \sigma_{ij}\dot{\varepsilon}_{ij}^*\mathrm{d}v + \sum \int_{S_D} (\tau^0 - \sigma_n^0\tan\varphi_{\mathrm{UST}})\Delta v_t^* \mathrm{d}s \tag{5.22}$$

将式（5.21）与式（5.22）相减可得

$$\int_{S_T}(P_u^+ - P_u)v_i^* ds = \int_v (\sigma_{ij}^* - \sigma_{ij})\dot{\varepsilon}_{ij}^* dv + \sum \int_{S_D}\left[C_{UST} - (\tau_0 - \sigma_n^0 \tan\varphi_{UST})\right]\Delta v_t^* ds$$

$$(5.23)$$

σ_{ij}^* 与 ε_{ij}^* 为符合本构关系的应力和应变：

$$\int_{S_T}(P_u^+ - P_u)v_i^* ds \geqslant 0 \quad \text{或} \quad P_u^+ \geqslant P_u \qquad (5.24)$$

用机动许可速率场与应变率场求极限荷载上限的方法称为上限法。显然，上限荷载越小越好。

5.4　土压力问题的统一极限分析

随着塑性流动理论的发展，塑性极限分析方法在岩土力学中得到广泛应用，并在斜坡稳定、地基承载力和土压力问题中取得了一系列成果。Finn 和陈惠发用极限分析方法研究了古典的 Coulomb 直线破坏机理问题。Davis（1968）研究了由两个刚性滑块组成的破坏机构。Rosenfarb 和 Chen（1973）在土压力极限分析中作了大量的工作。为了获得作用在刚性挡土墙上的主动和被动土压力的上限，将采用极限分析的上限法。在着手求挡土墙（倾角为 α，填土的附加荷载为 q）背面的压力之前，如果一个破坏机构用 n 个独立参数描述，那么作用在一个刚性墙上的主动压力和被动压力可表示成（陈惠发，1995）

$$P_a = \max\left[\frac{1}{2}\gamma H^2 K_{a\gamma}(\theta_1, \theta_2, \cdots, \theta_n) + qHK_{aq}(\theta_1, \theta_2, \cdots, \theta_n) + C_{UST}HK_{ac}(\theta_1, \theta_2, \cdots, \theta_n)\right]$$

$$(5.25)$$

$$P_p = \max\left[\frac{1}{2}\gamma H^2 K_{p\gamma}(\theta_1, \theta_2, \cdots, {}_n) + qHK_{pq}(\theta_1, \theta_2, \cdots, \theta_n) + C_{UST}HK_{pc}(\theta_1, \theta_2, \cdots, \theta_n)\right]$$

$$(5.26)$$

式中，K_γ，K_q 和 K_c 分别表示重量、附加荷载和黏聚力影响的系数；θ_i 为参量。为计算简便，可以把式（5.25）和式（5.26）近似地表示成下述线形方程：

$$P_a = \frac{1}{2}\gamma H^2 \max\left[K_{a\gamma}(\theta_1, \theta_2, \cdots, \theta_n)\right] + qH\max\left[K_{aq}(\theta_1, \theta_2, \cdots, \theta_n)\right] + C_{UST}H\left[K_{ac}(\theta_1, \theta_2, \cdots, \theta_n)\right]$$

$$(5.27)$$

$$P_p = \frac{1}{2}\gamma H^2 \max\left[K_{p\gamma}(\theta_1, \theta_2, \cdots, \theta_n)\right] + qH\max\left[K_{pq}(\theta_1, \theta_2, \cdots, \theta_n)\right] + C_{UST}H\left[K_{pc}(\theta_1, \theta_2, \cdots, \theta_n)\right]$$

$$(5.28)$$

下面，将考虑滑动面为组合面时的土压力。

本机构由 n 个刚性三角形滑动块组成，完全由参数（θ_i，η_i）描述，如图 5.1 和图 5.2所示。

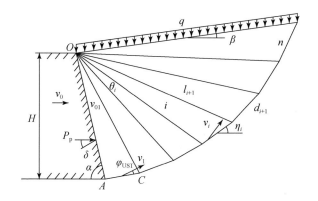

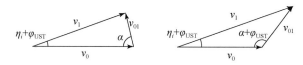

图 5.1　被动土压力计算简图

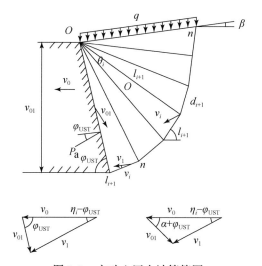

图 5.2　主动土压力计算简图

1. 若墙面光滑（$\delta < \varphi_{\mathrm{UST}}$）

（1）对于第 i 个小三角形，其边长 l_i 与 d_i 及其面积 S_i 分别为

$$l_i = \frac{H}{\sin\alpha}\prod_{t=1}^{i-1}\frac{\sin\left(\alpha - \sum_{j=1}^{t-1}\theta_j + \eta_t\right)}{\sin\left(\alpha - \sum_{j=1}^{t}\theta_j + \eta_t\right)} \tag{5.29}$$

$$d_i = \frac{H}{\sin\alpha} \frac{\sin\theta_i}{\sin\left(\alpha - \sum\limits_{j=1}^{i}\theta_j + \eta_i\right)} \prod_{t=1}^{i-1} \frac{\sin\left(\alpha - \sum\limits_{j=1}^{t-1}\theta_j + \eta_t\right)}{\sin\left(\alpha - \sum\limits_{j=1}^{t}\theta_j + \eta_t\right)} \tag{5.30}$$

$$S_i = \frac{1}{2}\left(\frac{H}{\sin\alpha}\right)^2 \frac{\sin\theta_i}{\sin\left(\alpha - \sum\limits_{j=1}^{i}\theta_j + \eta_i\right)} \prod_{t=1}^{i-1} \frac{\sin^2\left(\alpha - \sum\limits_{j=1}^{t-1}\theta_j + \eta_t\right)}{\sin^2\left(\alpha - \sum\limits_{j=1}^{t}\theta_j + \eta_t\right)} \tag{5.31}$$

对于 ΔOAC，可利用相容速度图求得：

$$\nu_1 = \frac{\nu_0\sin\alpha}{\sin(\eta_1 + \alpha \mp \varphi_{UST})} \quad \nu_{01} = \frac{\nu_0\sin(\eta_1 \mp \varphi_{UST})}{\sin(\eta_1 + \alpha \mp \varphi_{UST})} \tag{5.32}$$

同理，对于第 i 个三角形可求得：

$$\nu_{i+1} = \frac{\sin\left(\alpha - \sum\limits_{j=1}^{i}\theta_j + \eta_i \mp 2\varphi_{UST}\right)}{\sin\left(\alpha - \sum\limits_{j=1}^{i}\theta_j + \eta_{i+1} \mp 2\varphi_{UST}\right)} \nu_i$$

$$\nu_{i,\,i+1} = \frac{\sin(\eta_{i+1} - \eta_i)}{\sin\left(\alpha - \sum\limits_{j=1}^{i}\theta_j + \eta_{i+1} \mp 2\varphi_{UST}\right)} \nu_i$$

则

$$\nu_i = \frac{\nu_0\sin\alpha}{\sin(\eta_1 + \alpha \mp \varphi_{UST})} \prod_{t=1}^{i-1} \frac{\sin\left(\alpha - \sum\limits_{j=1}^{t}\theta_j + \eta_t \mp 2\varphi_{UST}\right)}{\sin\left(\alpha - \sum\limits_{j=1}^{t}\theta_j + \eta_{t+1} \mp 2\varphi_{UST}\right)} \tag{5.33}$$

$$\nu_{i,\,i+1} = \frac{\nu_0\sin\alpha}{\sin(\eta_1 + \alpha \mp \varphi_{UST})} \frac{\sin(\eta_{i+1} - \eta_i)}{\sin\left(\alpha - \sum\limits_{j=1}^{t}\theta_j + \eta_{i+1} \mp 2\varphi_{UST}\right)} \prod_{t=1}^{i-1} \frac{\sin\left(\alpha - \sum\limits_{j=1}^{t}\theta_j + \eta_t \mp 2\varphi_{UST}\right)}{\sin\left(\alpha - \sum\limits_{j=1}^{t}\theta_j + \eta_{t+1} \mp 2\varphi_{UST}\right)}$$

$$\tag{5.34}$$

（2）外力做的功率。

n 个三角形自重所做的外力功率：

$$\sum_{j=1}^{n}\left[\Delta W\right]_j = \frac{\gamma H^2}{2}\left[f_1(\alpha,\ \theta_i,\ \eta_i)\right]\nu_0 \tag{5.35}$$

其中，

$$f_1 = \pm\frac{1}{\sin\alpha\sin(\eta_1 + \alpha \mp \varphi_{UST})} \sum_{i=1}^{n}\left[\frac{\sin\theta_i\sin(\eta_i \mp \varphi_{UST})\sin\left(\alpha - \sum\limits_{j=1}^{i-1}\theta_j + \eta_i\right)}{\sin\left(\alpha - \sum\limits_{j=1}^{i}\theta_j + \eta_i\right)}\right.$$

$$\cdot \prod_{t=1}^{i-1} \frac{\sin^2\left(\alpha - \sum\limits_{j=1}^{t-1}\theta_j + \eta_t\right)\sin\left(\alpha - \sum\limits_{j=1}^{t}\theta_j + \eta_t \mp 2\varphi_{\text{UST}}\right)}{\sin^2\left(\alpha - \sum\limits_{j=1}^{t}\theta_j + \eta_t\right)\sin\left(\alpha - \sum\limits_{j=1}^{t}\theta_j + \eta_{t+1} \mp 2\varphi_{\text{UST}}\right)} \Bigg] \tag{5.36}$$

土压力所做的外力功率：

$$\Delta W_{\text{p}} = \mp \begin{Bmatrix} P_{\text{a}} \\ P_{\text{p}} \end{Bmatrix} V_0 \sin(\alpha \mp \delta) \tag{5.37}$$

地表均匀附加荷载 q 所做的功率：

$$\Delta W_q = qH f_2(\alpha, \eta_i, \theta_i) \nu_0 \tag{5.38}$$

其中，

$$f_2 = \pm \frac{\sin(\eta_n \mp \varphi_{\text{UST}})}{\sin(\eta_1 + \alpha \mp \varphi_{\text{UST}})} \frac{\sin\left(\alpha - \sum\limits_{j=1}^{n-1}\theta_j + \eta_n\right)}{\sin\left(\alpha - \sum\limits_{j=1}^{n}\theta_j + \eta_n\right)}$$

$$\cdot \prod_{t=1}^{n-1} \frac{\sin\left(\alpha - \sum\limits_{j=1}^{t-1}\theta_j + \eta_t\right)\sin\left(\alpha - \sum\limits_{j=1}^{t}\theta_j + \eta_t \mp 2\varphi_{\text{UST}}\right)}{\sin\left(\alpha - \sum\limits_{j=1}^{t}\theta_j + \eta_t\right)\sin\left(\alpha - \sum\limits_{j=1}^{t}\theta_j + \eta_{t+1} \mp 2\varphi_{\text{UST}}\right)} \tag{5.39}$$

因此，外力所做的总功率为

$$\sum \left[\Delta W\right]_{\text{ext}} = \sum_{j=1}^{n} \left[\Delta W\right]_j + \Delta W_{\text{p}} + \Delta W_q \tag{5.40}$$

（3）内能的消散率。

沿 OA 边：

$$\Delta D_{OA} = \begin{Bmatrix} P_{\text{a}} \\ P_{\text{p}} \end{Bmatrix} \nu_0 \frac{\sin\delta \sin(\eta_1 \mp \varphi_{\text{UST}})}{\sin(\eta_1 + \alpha \mp \varphi_{\text{UST}})} \tag{5.41}$$

沿 $d_{i(i=1,\cdots,n)}$ 边：

$$\Delta D_{d_i(i=1,2,\cdots,n)} = c_t H f_3(\alpha, \eta_i, \theta_i) \nu_0 \tag{5.42}$$

其中，

$$f_3 = \frac{\cos\varphi_{\text{UST}}}{\sin(\eta_1 + \alpha \mp \varphi_{\text{UST}})} \sum_{i=1}^{n} \Bigg[\frac{\sin\theta_i}{\sin\left(\alpha - \sum\limits_{j=1}^{i}\theta_j + \eta_i\right)}$$

$$\cdot \prod_{t=1}^{i-1} \frac{\sin\left(\alpha - \sum\limits_{j=1}^{t-1}\theta_j + \eta_t\right)\sin\left(\alpha - \sum\limits_{j=1}^{t}\theta_j + \eta_t \mp 2\varphi_{\text{UST}}\right)}{\sin\left(\alpha - \sum\limits_{j=1}^{t}\theta_j + \eta_t\right)\sin\left(\alpha - \sum\limits_{j=1}^{t}\theta_j + \eta_{t+1} \mp 2\varphi_{\text{UST}}\right)} \Bigg] \tag{5.43}$$

沿 $l_{i(i=2,\cdots,n)}$ 边：

$$\Delta D_{l_i(i=2,\cdots,n)} = C_{\text{UST}} H f_4(\alpha, \eta_i, \theta_i) \nu_0 \tag{5.44}$$

其中，

$$f_4 = \frac{\cos\varphi_{\mathrm{UST}}}{\sin(\eta_1 + \alpha \mp \varphi_{\mathrm{UST}})} \sum_{i=2}^{n} \left[\frac{\sin(\eta_i - \eta_{i-1})}{\sin\left(\alpha - \sum\limits_{j=1}^{i-1}\theta_j + \eta_i \mp 2\varphi_{\mathrm{UST}}\right)} \right.$$

$$\left. \cdot \prod_{t=1}^{i-1} \frac{\sin\left(\alpha - \sum\limits_{j=1}^{t-1}\theta_j + \eta_t\right)}{\sin\left(\alpha - \sum\limits_{j=1}^{t}\theta_j + \eta_t\right)} \prod_{t=1}^{i-2} \frac{\sin\left(\alpha - \sum\limits_{j=1}^{t}\theta_j + \eta_t \mp 2\varphi_{\mathrm{UST}}\right)}{\sin\left(\alpha - \sum\limits_{j=1}^{t}\theta_j + \eta_{t+1} \mp 2\varphi_{\mathrm{UST}}\right)} \right] \tag{5.45}$$

总的内能消散率为

$$\sum[\Delta D] = \Delta D_{OA} + \Delta D_{d_{i(i=1,\cdots,n)}} + \Delta D_{l_{i(i=2,\cdots,n)}} \tag{5.46}$$

由外力所作的功与内部消散的功相等的原则，有下述关系式：

$$\sum[\Delta W]_{\mathrm{ext}} = \sum[\Delta D] \tag{5.47}$$

根据式（5.47）可求得：

$$\begin{Bmatrix} K_{a\gamma} \\ K_{p\gamma} \end{Bmatrix} = \frac{1}{\pm\sin(\alpha\mp\delta) + \dfrac{\sin\delta\sin(\eta_1\mp\varphi_{\mathrm{UST}})}{\sin(\eta_1+\alpha\mp\varphi_{\mathrm{UST}})}} f_1(\alpha,\eta_i,\theta_i) \tag{5.48}$$

$$\begin{Bmatrix} K_{ac} \\ K_{pc} \end{Bmatrix} = \frac{1}{\mp\sin(\alpha\mp\delta) - \dfrac{\sin\delta\sin(\eta_1\mp\varphi_{\mathrm{UST}})}{\sin(\eta_1+\alpha\mp\varphi_{\mathrm{UST}})}} [f_3(\alpha,\eta_i,\theta_i) + f_4(\alpha,\eta_i,\theta_i)] \tag{5.49}$$

$$\begin{Bmatrix} K_{aq} \\ K_{pq} \end{Bmatrix} = \frac{1}{\pm\sin(\alpha\mp\delta) + \dfrac{\sin\delta\sin(\eta_1\mp\varphi_{\mathrm{UST}})}{\sin(\eta_1+\alpha\mp\varphi_{\mathrm{UST}})}} f_2(\alpha,\eta_i,\theta_i) \tag{5.50}$$

2. 若墙面粗糙（$\delta \geqslant \varphi_{\mathrm{UST}}$）

（1）对于 ΔOAB，利用速度相容图可求得：

$$\nu_1 = \frac{\nu_0\sin(\alpha\mp\varphi_{\mathrm{UST}})}{\sin(\eta_1+\alpha\mp2\varphi_{\mathrm{UST}})}, \quad \nu_{01} = \frac{\nu_0\sin(\eta_1\mp\varphi_{\mathrm{UST}})}{\sin(\eta_1+\alpha\mp2\varphi_{\mathrm{UST}})}$$

对于第 i 个三角形同样可求得：

$$\nu_i = \frac{\nu_0\sin(\alpha\mp\varphi_{\mathrm{UST}})}{\sin(\eta_1+\alpha\mp2\varphi_{\mathrm{UST}})} \cdot \prod_{t=1}^{i-1} \frac{\sin\left(\alpha - \sum\limits_{j=1}^{t}\theta_j + \eta_t \mp 2\varphi_{\mathrm{UST}}\right)}{\sin\left(\alpha - \sum\limits_{j=1}^{t}\theta_j + \eta_{t+1} \mp 2\varphi_{\mathrm{UST}}\right)} \tag{5.51}$$

$$\nu_{i,i+1} = \frac{V_0\sin(\alpha\mp\varphi_{\mathrm{UST}})}{\sin(\eta_1+\alpha\mp2\varphi_{\mathrm{UST}})} \cdot \frac{\sin(\eta_{i+1}-\eta_i)}{\sin\left(\alpha - \sum\limits_{j=1}^{t}\theta_j + \eta_{i+1} \mp 2\varphi_{\mathrm{UST}}\right)}$$

$$\cdot \prod_{t=1}^{i-1} \frac{\sin\left(\alpha - \sum\limits_{j=1}^{t}\theta_j + \eta_t \mp 2\varphi_{\mathrm{UST}}\right)}{\sin\left(\alpha - \sum\limits_{j=1}^{t}\theta_j + \eta_{t+1} \mp 2\varphi_{\mathrm{UST}}\right)} \tag{5.52}$$

（2）外力做功的功率。

n 个三角形自重所做的外力功率：

$$\sum_{j=1}^{n} \left[\Delta W \right]_j = \frac{\gamma H^2}{2} [f_1'(\alpha,\ \theta_i,\ \eta_i)] v_0 \tag{5.53}$$

其中，

$$f_1' = \pm \frac{\sin(\alpha \mp \varphi_{UST})}{\sin^2\alpha \sin(\eta_1 + \alpha \mp 2\varphi_{UST})} \sum_{i=1}^{n} \left[\frac{\sin\theta_i \sin(\eta_i \mp \varphi_{UST}) \sin\left(\alpha - \sum_{j=1}^{i-1}\theta_j + \eta_i\right)}{\sin\left(\alpha - \sum_{j=1}^{i}\theta_j + \eta_i\right)} \right.$$

$$\left. \cdot \prod_{t=1}^{i-1} \frac{\sin^2\left(\alpha - \sum_{j=1}^{t-1}\theta_j + \eta_t\right)\sin\left(\alpha - \sum_{j=1}^{t}\theta_j + \eta_t \mp 2\varphi_{UST}\right)}{\sin^2\left(\alpha - \sum_{j=1}^{t}\theta_j + \eta_t\right)\sin\left(\alpha - \sum_{j=1}^{t}\theta_j + \eta_{t+1} \mp 2\varphi_{UST}\right)} \right] \tag{5.54}$$

土压力所做的外力功率：

$$\Delta W_p = \mp \begin{Bmatrix} P_a \\ P_p \end{Bmatrix} v_0 \sin(\alpha \mp \delta) \tag{5.55}$$

地表均匀附加荷载 q 所做功的功率：

$$\Delta W_q = qH f_2'(\alpha,\ \eta_i,\ \theta_i) v_0 \tag{5.56}$$

其中，

$$f_2' = \pm \frac{\sin(\eta_n \mp \varphi_{UST})\sin(\alpha \mp \varphi_{UST})}{\sin(\eta_1 + \alpha \mp 2\varphi_{UST})\sin\alpha} \frac{\sin\left(\alpha - \sum_{j=1}^{n-1}\theta_j + \eta_n\right)}{\sin\left(\alpha - \sum_{j=1}^{n}\theta_j + \eta_n\right)}$$

$$\cdot \prod_{t=1}^{n-1} \frac{\sin\left(\alpha - \sum_{j=1}^{t-1}\theta_j + \eta_t\right)\sin\left(\alpha - \sum_{j=1}^{t}\theta_j + \eta_t \mp 2\varphi_{UST}\right)}{\sin\left(\alpha - \sum_{j=1}^{t}\theta_j + \eta_t\right)\sin\left(\alpha - \sum_{j=1}^{t}\theta_j + \eta_{t+1} \mp 2\varphi_{UST}\right)} \tag{5.57}$$

因此，外力所做功的总功率为

$$\sum \left[\Delta W \right]_{ext} = \sum_{j=1}^{n} \left[\Delta W \right]_j + \Delta W_p + \Delta W_q \tag{5.58}$$

（3）内能的消散率。

沿 OA 边：

$$\Delta D_{OA} = \frac{C_{UST} H v_0 \sin(\eta_1 \mp \varphi)\cos\varphi_{UST}}{\sin\alpha \sin(\eta_1 + \alpha \mp 2\varphi_{UST})} \tag{5.59}$$

沿 $d_{i(i=1,\cdots,n)}$ 边：

$$\Delta D_{d_i(i=1,2,\cdots,n)} = C_{UST} H f_3'(\alpha,\ \eta_i,\ \theta_i) v_0 \tag{5.60}$$

其中，

$$f'_3 = \frac{\cos\varphi\sin(\alpha \mp \varphi_{\mathrm{UST}})}{\sin\alpha\sin(\eta_1 + \alpha \mp \varphi_{\mathrm{UST}})} \sum_{i=1}^{n} \left[\frac{\sin\theta_i}{\sin\left(\alpha - \sum\limits_{j=1}^{i}\theta_j + \eta_i\right)} \right.$$

$$\left. \cdot \prod_{t=1}^{i-1} \frac{\sin\left(\alpha - \sum\limits_{j=1}^{t-1}\theta_j + \eta_t\right)\sin\left(\alpha - \sum\limits_{j=1}^{t}\theta_j + \eta_t \mp 2\varphi_{\mathrm{UST}}\right)}{\sin\left(\alpha - \sum\limits_{j=1}^{t}\theta_j + \eta_t\right)\sin\left(\alpha - \sum\limits_{j=1}^{t}\theta_j + \eta_{t+1} \mp 2\varphi_{\mathrm{UST}}\right)} \right] \tag{5.61}$$

沿 $l_{i(i=2,\cdots,n)}$ 边:

$$\Delta D_{l_{i(i=2,\cdots,n)}} = C_{\mathrm{UST}} H f'_4(\alpha, \eta_i, \theta_i) v_0 \tag{5.62}$$

其中,

$$f'_4 = \frac{\cos\varphi_{\mathrm{UST}}\sin(\alpha \mp \varphi_{\mathrm{UST}})}{\sin\alpha\sin(\eta_1 + \alpha \mp \varphi_{\mathrm{UST}})} \sum_{i=2}^{n} \left[\frac{\sin(\eta_i - \eta_{i-1})}{\sin\left(\alpha - \sum\limits_{j=1}^{i-1}\theta_j + \eta_i \mp 2\varphi_{\mathrm{UST}}\right)} \right.$$

$$\left. \cdot \prod_{t=1}^{i-1} \frac{\sin\left(\alpha - \sum\limits_{j=1}^{t-1}\theta_j + \eta_t\right)}{\sin\left(\alpha - \sum\limits_{j=1}^{t}\theta_j + \eta_t\right)} \prod_{t=1}^{i-2} \frac{\sin\left(\alpha - \sum\limits_{j=1}^{t}\theta_j + \eta_t \mp 2\varphi_{\mathrm{UST}}\right)}{\sin\left(\alpha - \sum\limits_{j=1}^{t}\theta_j + \eta_{t+1} \mp 2\varphi_{\mathrm{UST}}\right)} \right] \tag{5.63}$$

总的内能消散率为

$$\sum \left[\Delta D \right] = \Delta D_{OA} + \Delta D_{d_{i(i=1,\cdots,n)}} + \Delta D_{l_{i(i=2,\cdots,n)}} \tag{5.64}$$

由外力所做功功率与内部消散功率相等的原则, 有下述关系式:

$$\sum \left[\Delta W \right]_{\mathrm{ext}} = \sum \left[\Delta D \right] \tag{5.65}$$

根据式 (5.65) 可求得

$$\begin{Bmatrix} K_{a\gamma} \\ K_{p\gamma} \end{Bmatrix} = \pm \frac{1}{\sin(\alpha \mp \delta)} f'_1(\alpha, \eta_i, \theta_i) \tag{5.66}$$

$$\begin{Bmatrix} K_{ac} \\ K_{pc} \end{Bmatrix} = \mp \frac{1}{\sin(\alpha \mp \delta)} \left[f'_3(\alpha, \eta_i, \theta_i) + f'_4(\alpha, \eta_i, \theta_i) \right] \tag{5.67}$$

$$\begin{Bmatrix} K_{aq} \\ K_{pq} \end{Bmatrix} = \pm \frac{1}{\sin(\alpha \mp \delta)} f'_2(\alpha, \eta_i, \theta_i) \tag{5.68}$$

5.5 算法及实例分析

根据陈惠发与 Rosenfard 等的研究成果表述形式, 本章提取了主动土压力系数与被动土压力系数计算公式。本问题实际上是一个最优化问题, 根据计算公式, 为了确定土压力计算系数的极值, 陈惠发结合最速下降法借助迭代法来实现六种机构的土压力系数, 结果见表5.1~表5.6。本节求解采用以下方法来搜索破裂面。

表 5.1　被动压力系数 $K_{p\gamma}$ （$\beta=0$，$\alpha=70°$）

$\varphi/(°)$	$\delta/(°)$	机构					
		（1）	（2）	（3）	（4）	（5）	（6）
10	0	1.36	1.36	1.52	1.47	1.36	1.36
	5	1.45	1.45	1.53	1.50	1.45	1.45
	10	1.55	1.54	1.54	1.54	1.54	1.54
20	0	1.75	1.75	2.31	2.01	1.75	1.75
	10	2.08	2.08	2.36	2.18	2.08	2.08
	20	2.49	2.44	2.46	2.47	2.44	2.47
30	0	2.27	2.27	3.86	2.75	2.28	2.30
	15	3.16	3.16	4.06	3.36	3.16	3.18
	30	4.76	4.43	4.50	4.76	4.41	4.76
40	0	3.02	3.02	7.76	3.52	3.02	3.27
	20	5.34	5.32	8.33	5.39	5.31	5.89
	40	12.80	10.00	10.10	15.50	9.88	—

表 5.2　被动压力系数 $K_{p\gamma}$ （$\beta=0$，$\alpha=90°$）

$\varphi/(°)$	$\delta/(°)$	机构					
		（1）	（2）	（3）	（4）	（5）	（6）
10	0	1.42	1.42	1.68	1.60	1.42	1.42
	5	1.57	1.56	1.69	1.63	1.56	1.56
	10	1.73	1.68	1.71	1,68	1.68	1.67
20	0	2.04	2.04	3.07	2.60	2.04	2.04
	10	2.64	2.58	3.12	2.82	2.58	2.61
	20	3.53	3.18	3.27	3.19	3.17	3.19
30	0	3.00	3.00	6.38	4.80	3.00	3.01
	15	4.98	4.71	6.61	5.88	4.71	4.97
	30	10.10	7.24	7.37	8.31	7.10	8.31
40	0	4.60	4.60	16.10	15.40	4.60	4.67
	20	11.80	10.10	17.70	23.60	10.10	12.50
	40	92.60	22.70	21.70	67.90	20.90	

表 5.3　被动压力系数 $K_{p\gamma}$ （$\beta=0$，$\alpha=110°$）

$\varphi/(°)$	$\delta/(°)$	机构					
		（1）	（2）	（3）	（4）	（5）	（6）
10	0	1.76	1.74	3.10	2.06	1.74	1.74
	5	1.90	1.83	3.12	1.97	1.96	1.96
	10	2.04	1.91	2.77	1.90	2.16	2.14
20	0	2.98	2.91	6.41	4.03	2.91	2.93
	10	3.78	3.38	6.50	3.85	3.91	3.94
	20	4.81	3.92	5.22	3.79	5.04	4.95
30	0	5.34	5.09	15.60	10.20	5.08	5.33
	15	9.22	6.99	16.10	10.10	8.93	10.20
	30	72.70	10.10	11.70	11.50	14.40	17.60
40	0	10.70	9.73	50.30	127.00	9.71	11.40
	20	89.70	17.60	53.50	141.00	25.50	69.40
	40	77.40	—	34.90	298.00	56.60	—

表 5.4　主动压力系数 $K_{a\gamma}$ （$\beta=0$，$\alpha=70°$）

$\varphi/(°)$	$\delta/(°)$	机构					
		（1）	（2）	（3）	（4）	（5）	（6）
10	0	0.833	0.821	0.774	0.738	0.832	0.832
	5	0.801	0.800	0.775	0.778	0.801	0.801
	10	0.786	0.787	0.786	0.826	0.787	0.786
20	0	0.648	0.616	0.576	0.447	0.647	0.647
	10	0.615	0.610	0.582	0.485	0.615	0.614
	20	0.613	0.614	0.613	0.549	0.613	0.613
30	0	0.498	0.490	0.434	0.173	0.497	0.497
	15	0.476	0.473	0.446	0.187	0.475	0.475
	30	0.501	0.501	0.501	0.230	0.501	0.501
40	0	0.375	0.320	0.328	—	0.375	0.373
	20	0.370	0.303	0.346	—	0.368	0.365
	40	0.428	0.417	0.428	—	0.428	0.418

表5.5　主动压力系数 $K_{a\gamma}$ （$\beta=0$，$\alpha=90°$）

$\varphi/(°)$	$\delta/(°)$	机构					
		（1）	（2）	（3）	（4）	（5）	（6）
10	0	0.704	0.704	0.622	0.572	0.704	0.704
	5	0.662	0.664	0.624	0.566	0.664	0.663
	10	0.635	0.642	0.631	0.564	0.642	0.637
20	0	0.490	0.490	0.394	0.236	0.490	0.490
	10	0.447	0.448	0.400	0.226	0.448	0.447
	20	0.427	0.434	0.420	0.222	0.434	0.427
30	0	0.333	0.333	0.250	—	0.333	0.333
	15	0.301	0.302	0.259	—	0.302	0.301
	30	0.297	0.303	0.289	—	0.302	0.297
40	0	0.217	0.215	0.155	—	0.217	0.217
	20	0.199	0.200	0.165	—	0.200	0.197
	40	0.210	0.214	0.202	—	0.214	0.210

表5.6　主动压力系数 $K_{a\gamma}$ （$\beta=0$，$\alpha=110°$）

$\varphi/(°)$	$\delta/(°)$	机构					
		（1）	（2）	（3）	（4）	（5）	（6）
10	0	0.644	0.649	—	0.441	0.649	0.647
	5	0.625	0.639	—	0.436	0.601	0.595
	10	0.616	0.649	—	0.435	0.569	0.561
20	0	0.380	0.387	—	0.015	0.385	0.382
	10	0.371	0.386	—	—	0.341	0.333
	20	0.378	0.417	—	—	0.319	0.307
30	0	0.212	0.218	—	—	0.216	0.212
	15	0.215	0.226	—	—	0.188	0.181
	30	0.237	0.275	—	—	0.179	0.168
40	0	0.106	0.111	—	—	0.109	0.106
	20	0.115	0.123	—	—	0.095	0.090
	40	0.146	0.180	—	—	0.095	0.077

首先把墙后填土分成 n 个刚性三角形块，其角度分别为 θ_1、θ_2、…、θ_n。其次将每个刚性三角形块对应的滑裂面与水平面的夹角 η_1、η_2、…、η_n 的取值范围分别进行 m 份剖分，得到 η_i 的可能取值集合 $\eta_1\{\eta_{11}，\eta_{12}，…，\eta_{1m}\}$、$\eta_2\{\eta_{21}，\eta_{22}，…，\eta_{2m}\}$、…、$\eta_n\{\eta_{n1}，\eta_{n2}，…，\eta_{nm}\}$。由此得到墙后填土 m^n 个可能的滑裂面组合，其每个刚性三角形块滑裂面与水平面的夹角分别为 η_{1i}、η_{2j}、…、η_{nk}（$i=1，2，…，m$；$j=1，2，…，m$；…；

$k=1$，2，…，m）。然后对所有可能的滑裂面组合分别计算填土的土压力系数，求其最大值（主动土压力）或最小值（被动土压力）。在此需说明的是，上述 n 和 m 是任意正整数，通过改变 n 和 m，可实现 θ_i 和 η_i 的全域搜索。在实际计算中，n 和 m 大到一定值时，土压力系数最大值或最小值将会趋于稳定。计算框图如图 5.3 所示。

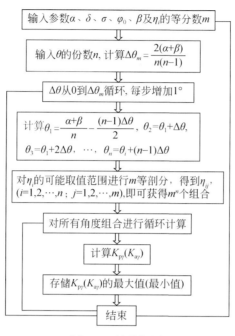

图 5.3　计算框图

采用陈惠发（1995）的例子，见表 5.1～表 5.6。根据上述推导的公式，采用五个三角形机构，计算得出了三个不同墙倾角 $\alpha=70°$、$\alpha=90°$、$\alpha=110°$ 和水平回填土（$\beta=0$）情况下，取不同 b 时的主动土压力系数与被动土压力系数，见表 5.7～表 5.12 和图 5.4～图 5.9。

表 5.7　被动土压力系数 $K_{p\gamma}$（$\beta=0$，$\alpha=70°$）

$\varphi/(°)$	$\delta/(°)$	$b=0$		$b=0.25$		$b=0.5$		$b=0.75$		$b=1$	
		$\mu_\sigma=0$	$\mu_\sigma=-\sin\varphi_0$	$\mu_\sigma=0$	$\mu_\sigma=-\sin\varphi_0$	$\mu_\sigma=0$	$\mu_\sigma=-\sin\varphi_0$	$\mu_\sigma=0$	$\mu_\sigma=-\sin\varphi_0$	$\mu_\sigma=0$	$\mu_\sigma=-\sin\varphi_0$
10	0	1.38	1.38	1.42	1.43	1.45	1.46	1.47	1.49	1.49	1.51
	5	1.46	1.46	1.5	1.51	1.53	1.55	1.56	1.58	1.58	1.6
	10	1.54	1.54	1.58	1.59	1.62	1.64	1.65	1.67	1.67	1.7
20	0	1.83	1.83	1.91	1.94	1.97	2.04	2.03	2.12	2.07	2.2
	10	2.11	2.11	2.21	2.25	2.29	2.37	2.36	2.48	2.41	2.57
	20	2.43	2.43	2.58	2.63	2.69	2.8	2.78	2.94	2.86	3.07
30	0	2.51	2.51	2.67	2.77	2.81	3.02	2.92	3.25	3.02	3.47
	15	3.26	3.26	3.49	3.63	3.68	3.98	3.85	4.3	3.98	4.6
	30	4.38	4.38	4.79	5.03	5.12	5.61	5.39	6.14	5.61	6.63

续表

$\varphi/(°)$	$\delta/(°)$	$b=0$		$b=0.25$		$b=0.5$		$b=0.75$		$b=1$	
		$\mu_\sigma=0$	$\mu_\sigma=-\sin\varphi_0$	$\mu_\sigma=0$	$\mu_\sigma=-\sin\varphi_0$	$\mu_\sigma=0$	$\mu_\sigma=-\sin\varphi_0$	$\mu_\sigma=0$	$\mu_\sigma=-\sin\varphi_0$	$\mu_\sigma=0$	$\mu_\sigma=-\sin\varphi_0$
40	0	3.85	3.85	4.26	4.59	4.61	5.38	4.91	6.22	5.18	7.09
	20	5.71	5.71	6.32	6.81	6.83	7.94	7.27	9.11	7.65	10.32
	40	9.87	9.87	11.19	12.26	12.31	14.81	13.29	17.33	14.16	20.02

表5.8 被动土压力系数 $K_{p\gamma}$ ($\beta=0$, $\alpha=90°$)

$\varphi/(°)$	$\delta/(°)$	$b=0$		$b=0.25$		$b=0.5$		$b=0.75$		$b=1$	
		$\mu_\sigma=0$	$\mu_\sigma=-\sin\varphi_0$	$\mu_\sigma=0$	$\mu_\sigma=-\sin\varphi_0$	$\mu_\sigma=0$	$\mu_\sigma=-\sin\varphi_0$	$\mu_\sigma=0$	$\mu_\sigma=-\sin\varphi_0$	$\mu_\sigma=0$	$\mu_\sigma=-\sin\varphi_0$
10	0	1.43	1.43	1.48	1.49	1.52	1.54	1.56	1.58	1.58	1.62
	5	1.56	1.56	1.62	1.63	1.67	1.69	1.7	1.74	1.74	1.79
	10	1.68	1.68	1.75	1.76	1.8	1.83	1.85	1.89	1.88	1.94
20	0	2.11	2.11	2.25	2.3	2.36	2.47	2.45	2.61	2.52	2.75
	10	2.6	2.6	2.78	2.86	2.93	3.08	3.05	3.28	3.16	2.46
	20	3.14	3.14	3.4	3.5	3.61	3.82	3.79	4.11	3.93	4.36
30	0	3.22	3.22	3.67	3.89	3.95	4.41	4.2	4.95	4.41	5.48
	15	4.82	4.82	5.33	5.64	5.76	6.44	6.12	7.22	6.44	7.97
	30	7.18	7.18	8.14	8.73	8.94	10.26	9.64	11.82	10.26	13.33
40	0	6.42	6.42	7.52	8.47	8.51	10.87	9.4	14.6	10.22	23.74
	20	10.75	10.75	12.56	14.2	14.27	18,78	15.88	26.33	17.46	44.5
	40	34	34	46.84	61.51	62.22	124.2	80.44	345.97	102.33	—

表5.9 被动土压力系数 $K_{p\gamma}$ ($\beta=0$, $\alpha=110°$)

$\varphi/(°)$	$\delta/(°)$	$b=0$		$b=0.25$		$b=0.5$		$b=0.75$		$b=1$	
		$\mu_\sigma=0$	$\mu_\sigma=-\sin\varphi_0$	$\mu_\sigma=0$	$\mu_\sigma=-\sin\varphi_0$	$\mu_\sigma=0$	$\mu_\sigma=-\sin\varphi_0$	$\mu_\sigma=0$	$\mu_\sigma=-\sin\varphi_0$	$\mu_\sigma=0$	$\mu_\sigma=-\sin\varphi_0$
10	0	1.75	1.75	1.84	1.85	1.91	1.94	1.96	2.01	2.01	2.08
	5	1.96	1.96	2.06	2.08	2.14	2.18	2.21	2.27	2.26	2.34
	10	2.14	2.14	2.26	2.25	2.36	2.34	2.44	2.42	2.51	2.48
20	0	3.01	3.01	3.28	3.39	3.5	3.74	3.7	4.06	3.86	4.36
	10	3.91	3.91	4.3	4.45	4.62	4.95	4.89	5.4	5.12	5.81
	20	5.14	5.14	5.72	5.97	6.23	6.75	6.66	7.49	7.03	8.18
30	0	5.76	5.76	6.6	7.14	7.35	8.61	8.01	10.23	8.61	12.26
	15	9.27	9.27	310.8	11.88	12.28	14.87	13.61	18.49	14.87	23.11
	30	25.02	25.02	34.01	41.49	44.74	72.76	57.46	148.46	72.76	498.6

续表

$\varphi/(°)$	$\delta/(°)$	$b=0$		$b=0.25$		$b=0.5$		$b=0.75$		$b=1$	
		$\mu_\sigma=0$	$\mu_\sigma=-\sin\varphi_0$	$\mu_\sigma=0$	$\mu_\sigma=-\sin\varphi_0$	$\mu_\sigma=0$	$\mu_\sigma=-\sin\varphi_0$	$\mu_\sigma=0$	$\mu_\sigma=-\sin\varphi_0$	$\mu_\sigma=0$	$\mu_\sigma=-\sin\varphi_0$
40	0	18.46	18.46	71.44	—	—	—	—	—	—	—
	20	58.36	58.36	266.43	—	—	—	—	—	—	—
	40	—	—	—	—	—	—	—	—	—	—

表 5.10　主动土压力系数 $K_{a\gamma}$（$\beta=0$，$\alpha=70°$）

$\varphi/(°)$	$\delta/(°)$	$b=0$		$b=0.25$		$b=0.5$		$b=0.75$		$b=1$	
		$\mu_\sigma=0$	$\mu_\sigma=-\sin\varphi_0$	$\mu_\sigma=0$	$\mu_\sigma=-\sin\varphi_0$	$\mu_\sigma=0$	$\mu_\sigma=-\sin\varphi_0$	$\mu_\sigma=0$	$\mu_\sigma=-\sin\varphi_0$	$\mu_\sigma=0$	$\mu_\sigma=-\sin\varphi_0$
10	0	0.818	0.818	0.8	0.795	0.784	0.777	0.773	0.763	0.763	0.751
	5	0.796	0.796	0.778	0.774	0.764	0.757	0.753	0.744	0.744	0.733
	10	0.787	0.787	0.767	0.764	0.753	0.747	0.742	0.733	0.733	0.722
20	0	0.627	0.627	0.602	0.593	830.5	0.567	0.57	0.546	0.558	0.53
	10	0.608	0.608	0.585	0.576	0.568	0.553	0.555	0.534	0.545	0.518
	20	0.612	0.612	0.589	0.58	0.572	0.557	0.559	0.538	0.549	0.523
30	0	0.472	0.472	0.448	0.435	0.431	0.408	0.418	0.386	0.408	0.369
	15	0.467	0.467	0.445	0.433	0.429	0.407	0.417	0.387	0.407	0.371
	30	0.497	0.497	0.474	0.462	0.458	0.437	0.446	0.417	0.437	0.401
40	0	—	—	—	—	—	—	—	—	—	—
	20	—	—	—	—	—	—	—	—	—	—
	40	—	—	—	—	—	—	—	—	—	—

表 5.11　主动土压力系数 $K_{a\gamma}$（$\beta=0$，$\alpha=90°$）

$\varphi/(°)$	$\delta/(°)$	$b=0$		$b=0.25$		$b=0.5$		$b=0.75$		$b=1$	
		$\mu_\sigma=0$	$\mu_\sigma=-\sin\varphi_0$	$\mu_\sigma=0$	$\mu_\sigma=-\sin\varphi_0$	$\mu_\sigma=0$	$\mu_\sigma=-\sin\varphi_0$	$\mu_\sigma=0$	$\mu_\sigma=-\sin\varphi_0$	$\mu_\sigma=0$	$\mu_\sigma=-\sin\varphi_0$
10	0	0.695	0.695	0.672	0.668	0.655	0.648	0.642	0.631	0.632	0.618
	5	0.66	0.66	0.639	0.635	0.623	0.615	0.61	0.6	0.6	0.587
	10	0.643	0.643	0.621	0.617	0.604	0.597	0.592	0.581	0.582	0.569
20	0	0.482	0.482	0.455	0.446	0.437	0.419	0.422	0.399	0.411	0.382
	10	0.445	0.445	0.421	0.412	0.404	0.388	0.391	0.37	0.381	0.355
	20	0.434	0.434	0.41	0.402	0.393	0.378	0.381	0.36	0.371	0.345
30	0	0.326	0.326	0.304	0.292	0.288	0.266	0.276	0.247	0.266	0.232
	15	0.299	0.299	0.279	0.269	0.265	0.246	0.254	0.229	0.246	0.216
	30	0.302	0.302	0.282	0.271	0.267	0.249	0.257	0.232	0.249	0.218

$\varphi/(°)$	$\delta/(°)$	$b=0$		$b=0.25$		$b=0.5$		$b=0.75$		$b=1$	
		$\mu_\sigma=0$	$\mu_\sigma=-\sin\varphi_0$	$\mu_\sigma=0$	$\mu_\sigma=-\sin\varphi_0$	$\mu_\sigma=0$	$\mu_\sigma=-\sin\varphi_0$	$\mu_\sigma=0$	$\mu_\sigma=-\sin\varphi_0$	$\mu_\sigma=0$	$\mu_\sigma=-\sin\varphi_0$
40	0	0.212	0.212	0.195	0.475	0.363	0.163	0.174	0.468	0.21	0.661
	20	0.197	0.197	0.182	0.505	0.386	0.153	0.163	0.485	0.22	—
	40	0.212	0.212	0.196	0.619	0.473	0.169	0.177	0.576	0.265	—

表 5.12　主动土压力系数 $K_{a\gamma}$（$\beta=0$，$\alpha=110°$）

$\varphi/(°)$	$\delta/(°)$	$b=0$		$b=0.25$		$b=0.5$		$b=0.75$		$b=1$	
		$\mu_\sigma=0$	$\mu_\sigma=-\sin\varphi_0$	$\mu_\sigma=0$	$\mu_\sigma=-\sin\varphi_0$	$\mu_\sigma=0$	$\mu_\sigma=-\sin\varphi_0$	$\mu_\sigma=0$	$\mu_\sigma=-\sin\varphi_0$	$\mu_\sigma=0$	$\mu_\sigma=-\sin\varphi_0$
10	0	0.639	0.639	0.61	0.604	0.588	0.578	0.571	0.557	0.518	0.54
	5	0.598	0.598	0.571	0.565	0.55	0.541	0.534	0.522	0.522	0.506
	10	0.573	0.573	0.546	0.541	0.526	0.517	0.511	0.498	0.499	0.483
20	0	0.379	0.379	0.349	0.339	0.328	0.31	0.313	0.288	0.301	0.27
	10	0.339	0.339	0.314	0.304	0.295	0.279	0.281	0.259	0.271	0.244
	20	0.322	0.322	0.297	0.288	0.279	0.264	0.266	0.245	0.256	0.231
30	0	0.214	0.214	0.191	0.18	0.176	0.156	0.165	0.139	0.156	0.126
	15	0.188	0.188	0.169	0.159	0.155	0.139	0.146	0.124	0.139	0.112
	30	0.181	0.181	0.163	0.153	0.15	0.134	0.141	0.12	0.134	0.109
40	0	0.109	0.109	0.095	0.085	0.085	0.07	0.078	0.059	0.073	0.05
	20	0.096	0.096	0.083	0.075	0.075	0.062	0.069	0.052	0.065	0.045
	40	0.097	0.097	0.085	0.077	0.077	0.063	0.071	0.053	0.066	0.046

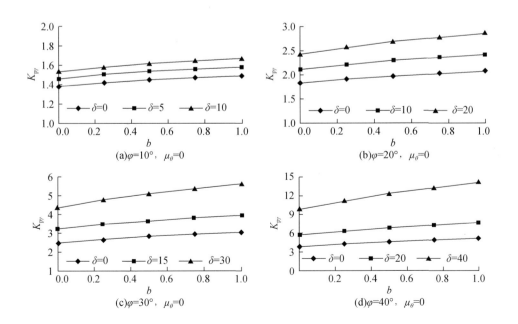

(a)$\varphi=10°$，$\mu_\theta=0$　　　　　　(b)$\varphi=20°$，$\mu_\theta=0$

(c)$\varphi=30°$，$\mu_\theta=0$　　　　　　(d)$\varphi=40°$，$\mu_\theta=0$

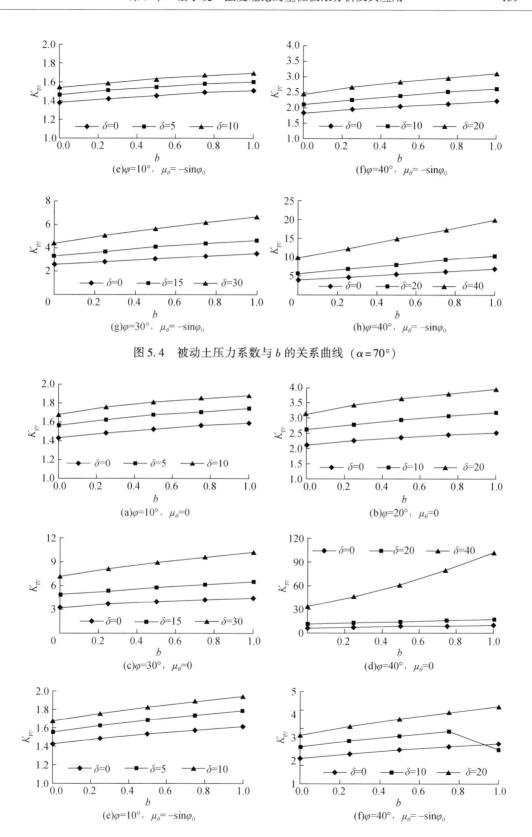

(e)$\varphi=10°$,　$\mu_\theta=-\sin\varphi_0$

(f)$\varphi=40°$,　$\mu_\theta=-\sin\varphi_0$

(g)$\varphi=30°$,　$\mu_\theta=-\sin\varphi_0$

(h)$\varphi=40°$,　$\mu_\theta=-\sin\varphi_0$

图 5.4　被动土压力系数与 b 的关系曲线 ($\alpha=70°$)

(a)$\varphi=10°$,　$\mu_\theta=0$

(b)$\varphi=20°$,　$\mu_\theta=0$

(c)$\varphi=30°$,　$\mu_\theta=0$

(d)$\varphi=40°$,　$\mu_\theta=0$

(e)$\varphi=10°$,　$\mu_\theta=-\sin\varphi_0$

(f)$\varphi=40°$,　$\mu_\theta=-\sin\varphi_0$

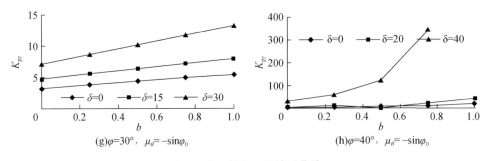

(g)$\varphi=30°$，$\mu_\theta=-\sin\varphi_0$

(h)$\varphi=40°$，$\mu_\theta=-\sin\varphi_0$

图 5.5　被动土压力系数与 b 的关系曲线（$\alpha=90°$）

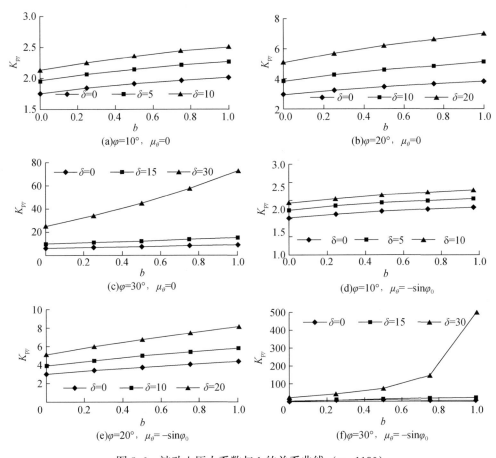

(a)$\varphi=10°$，$\mu_\theta=0$

(b)$\varphi=20°$，$\mu_\theta=0$

(c)$\varphi=30°$，$\mu_\theta=0$

(d)$\varphi=10°$，$\mu_\theta=-\sin\varphi_0$

(e)$\varphi=20°$，$\mu_\theta=-\sin\varphi_0$

(f)$\varphi=30°$，$\mu_\theta=-\sin\varphi_0$

图 5.6　被动土压力系数与 b 的关系曲线（$\alpha=110°$）

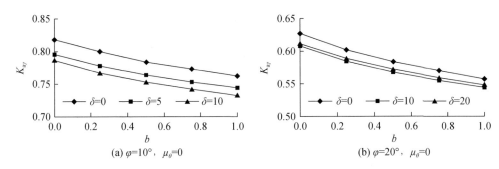

(a) $\varphi=10°$，$\mu_\theta=0$

(b) $\varphi=20°$，$\mu_\theta=0$

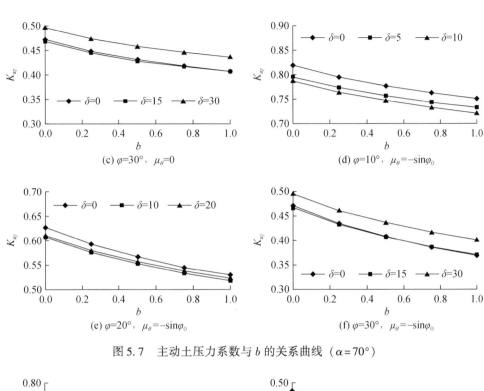

(c) $\varphi=30°$，$\mu_\theta=0$

(d) $\varphi=10°$，$\mu_\theta=-\sin\varphi_0$

(e) $\varphi=20°$，$\mu_\theta=-\sin\varphi_0$

(f) $\varphi=30°$，$\mu_\theta=-\sin\varphi_0$

图 5.7　主动土压力系数与 b 的关系曲线（$\alpha=70°$）

(a) $\varphi=10°$，$\mu_\theta=0$

(b) $\varphi=20°$，$\mu_\theta=0$

(c) $\varphi=30°$，$\mu_\theta=0$

(d) $\varphi=40°$，$\mu_\theta=0$

(e) $\varphi=10°$，$\mu_\theta=-\sin\varphi_0$

(f) $\varphi=40°$，$\mu_\theta=-\sin\varphi_0$

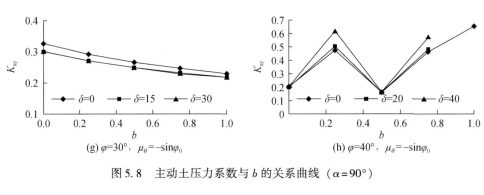

图 5.8　主动土压力系数与 b 的关系曲线（$\alpha = 90°$）

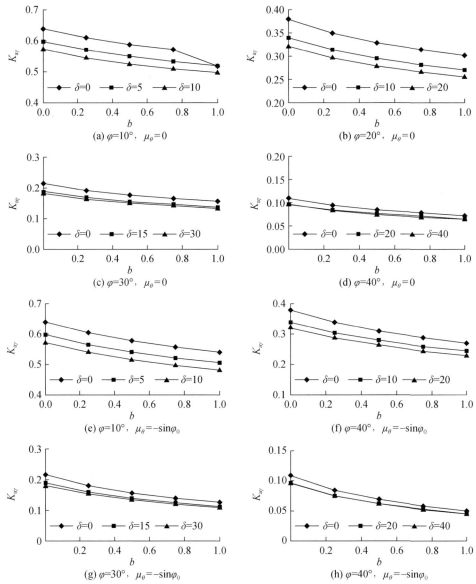

图 5.9　主动土压力系数与 b 的关系曲线（$\alpha = 110°$）

主要参考文献

陈惠发 . 1995. 极限分析与土体塑性 . 北京：人民交通出版社 .

陈震 . 1987. 散体极限平衡理论基础 . 北京：人民交通出版社 .

陈祖煜 . 2002. 土力学经典问题的极限分析上、下限解 . 岩土工程学报，24（1）：1 ~ 11.

范文 . 2003. 岩土工程结构强度理论研究 . 西安：西安交通大学博士学位论文 .

王仁等 . 1998. 塑性力学基础 . 北京：科学出版社 .

张学言 . 1993. 岩土塑性力学 . 北京：人民交通出版社.

Abdul-Hamid S. 1999. Upper-Bound solutions for brearing capacity of foundations. Journal of Geotechnical and Geo-environmental Engineering, 125（1）：59 ~ 68.

Chen W F. 1972. Limit Analysis and Soil Plasticity. Amsterdam：Elsevier.

Chen W F, Scawthorn C R. 1970. Limit analysis and limit equilibrium solutions in soil mechanics. Soil and Foundations, 10（3）：13 ~ 49.

Davis E H. 1968. Theories of Plasticity and the Failure of Soil Masses. Soil Mechanics-Selected Topics, In：Lee I K（ed.）. Chapter 6. New York：American Elsevier, 341 ~ 380.

Finn W D L. 1967. Applications of limit plasticity in mechanics. Journal of the Soil Mechanics and Foundations Division, ASCE, 93（5）：101 ~ 102.

Peck R B. 1969. Deep Excavations and Tunneling in Soft Ground. State-of-the-Art Report, 1：225 ~ 290.

Rosenfarb J L, Chen W F. 1973. Limit analysis splutions of earth pressure problems. Soils and Foundations, Tokyo, 13（4）：45 ~ 60.

Terzaghi K, Peck R B, Mesri G. 1967. Soil Mechanics in Engineering Practice. New York：John Wiley and Sons, Inc.

Tschebotarioff G P. 1973. Foundations, Retaining and Earth Structures. New York：McGraw-Hill Book Company.

第6章 考虑岩土类材料软化及剪胀性的轴对称问题的统一解

6.1 引 言

岩土工程中许多问题的研究都涉及岩土类材料的变形性状问题,如弹性、脆性、理想弹塑性、黏塑性及应变软化等。其中,应变软化是大多数岩土类材料常见的性质,它是指在应力达到强度极限后,随变形的继续增加,其强度值迅速或缓慢地降低到一个较低的水平,直到一个较低的残余值为止。它是一种由于变形而导致材料损伤而引起材料性能劣化的表现,这种变形进一步发展导致局部化变形现象的产生,在工程结构体内形成一种剪切带,引起结构体的破坏。由于应变软化的力学机理十分复杂,许多学者从不同方面对其进行了卓有成效的研究,究其研究模型基本上可分为两类:细观力学模型和宏观唯象模型。在国内,沈珠江等对土的应变软化进行了大量的研究,把软化现象按产生的机理归结为减压软化、剪胀软化和损伤三类。郭瑞平、李广信等根据密砂的三轴试验结果,建立反映土的应变软化的弹塑性模型。岩石应变软化材料的弹脆塑性本构模型由 Dems 和 Mroz 于 1985 年提出。

一般情况下,破裂的岩土体仍具有一定的残余承载力,残余承载力的研究与变形的全过程有关。在岩土工程中,常用的是考虑拉压性能不同的本构模型。这些方法大多采用莫尔-库仑强度理论来分析问题。本章采用考虑材料中间主应力效应的统一强度理论来分析洞室围岩压力及应力场问题,以及工程上常见的扩孔问题。

20 世纪初发展起来的以 Haim、Rankin 和 Иник 为代表的古典压力理论认为,作用在支护结构上的压力是其上覆岩层的重量 γ_H。但随着人们认识水平的提高,发现古典压力理论与实际情况出入较大,于是以 Terzaghi 和普氏坍落拱理论为代表提出了坍落拱理论,这些理论主要适用于松散地层和破碎岩体,得出的为松动压力,但对于形变压力的计算出入较大。

关于圆形巷道的围岩变形及围岩压力的弹塑性分析方法首先是由 Fenner 于 1938 年提出的,后来 Kastner(1951,1971)又作了重要修正。这一计算方法目前在国内外被广泛地应用。

Fenner 和 Kastner 推导出来的公式都是基于理想的弹塑性介质,这与实际的一些岩土类材料的应力-应变性状不符,特别是软岩或破碎岩体,围绕这一问题,相继出现了一些考虑围岩应变软化的计算方法(Wilson,1980;Ogawa and Lo,1987;袁文伯、陈进,1986;付国彬,1995;马念杰、张益,1996;Jiang et al.,2001)。

扩孔理论的研究已经有不少成果,其研究的成果是分析孔中挤土效应和多种土工测试的理论基础，如沉桩效应等。对于一些岩土类材料受力达峰值后，具有明显的软化现象，表现为弹性–塑性软化–塑性流动或弹脆塑性的特征，同时在受力过程中，产生剪胀现象，传统的 Vesic（1972）扩孔理论就显得不足。

王晓鸿等（1999）运用莫尔–库仑强度理论推导了扩孔理论的解析解，且其结果是建立在孔周围已形成三个区域的基础上。蒋明镜和沈珠江（1995a，1995b，1996a，1996b，1997）在扩孔理论方面作了深入细致的工作，运用统一强度理论，考虑材料剪胀及软化的问题，给出了逐步求解方法，来获得该问题的解，但未能给出该问题明确的解析解答及孔周岩土所处状态的判别式。

6.2　理论分析模型

6.2.1　岩土材料模型

根据试验，一些岩土材料（特别是软岩、破碎岩体、松散岩土）的应力–应变关系以及 ε_3-ε_1 曲线如图 6.1 所示。本构关系可表达为

$$\sigma_1 = \begin{cases} E\varepsilon_1 & (\varepsilon_1 \leqslant \varepsilon_m) \\ (1+\bar{E})(N\sigma_3+\sigma_{cq})-E'\varepsilon_1 & (\varepsilon_m \leqslant \varepsilon_1 \leqslant \varepsilon_n) \\ \sigma_{qr0}+N_r\sigma_3 & (\varepsilon_n \leqslant \varepsilon_1) \end{cases} \tag{6.1}$$

式中，$\varepsilon_m = \dfrac{\sigma_{q\,0}+N\sigma_3}{E}$；$N = \dfrac{1+\sin\varphi_{\mathrm{UST}}}{1-\sin\varphi_{\mathrm{UST}}}$；$N_r = \dfrac{1+\sin\varphi_{\mathrm{UST}\text{-}r}}{1-\sin\varphi_{\mathrm{UST}\text{-}r}}$；$\varepsilon_n = \beta\varepsilon_{10}^{\mathrm{e}}+\dfrac{N\sigma_3}{E}$，$\beta = 1 + \dfrac{\int \mathrm{d}\varepsilon_1^f}{\varepsilon_1^{\mathrm{e}}}$；$\bar{E} = E'/E$；$E'$ 为软化模量；β 为脆性模量；h、f 为塑性泊松比；σ_{qr0} 为单轴残余强度；σ_{q0} 为单轴极限抗压强度；σ_{qr} 为残余强度；σ_q 为峰值强度；ε_1^f 为瞬时主应变；$\varepsilon_1^{\mathrm{e}}$ 为弹性主应变。

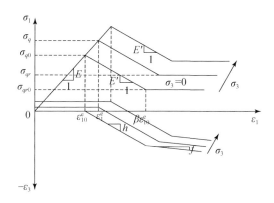

图 6.1　材料模型

6.2.2　受力模型

材料屈服时，存在多个屈服面。首先考虑弹性向塑性软化转化的初始屈服面，其对应

的力学参数为 C_{UST}、φ_{UST}、σ_q 等；其次考虑塑性软化向塑性残余转化的屈服面，其对应的力学参数为 $C_{\mathrm{UST}\text{-}r}$、$\varphi_{\mathrm{UST}\text{-}r}$、$\sigma_{q\text{-}r}$。受力状态如图6.2所示，初始地应力为 σ_0，洞室内压力为 p_0，当 p_0 或 σ_0 达到某一定值时，周围岩土体进入塑性状态，洞周围形成三个区，即弹性区、塑性软化区和塑性残余区。

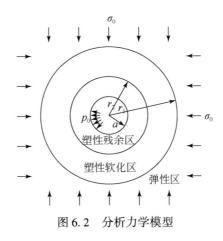

图6.2　分析力学模型

6.3　洞室围岩弹塑性分析的统一解

洞室一般情况下有 $\sigma_\theta > \sigma_r$，当为轴对称问题时，令 $\sigma_\theta = \sigma_1$，$\sigma_z = \sigma_2$，$\sigma_r = \sigma_3$，这时有：$\sigma_2 \leqslant \dfrac{\sigma_1 + \sigma_3}{2} + \dfrac{\sigma_1 - \sigma_3}{2}\sin\varphi_0$，经判定得到统一强度理论在本问题中的表达式：

$$\frac{\sigma_\theta - \sigma_r}{2} = \frac{2(1+b)\sin\varphi_0}{2(1+b)+mb(\sin\varphi_0-1)}\frac{\sigma_\theta+\sigma_r}{2} + \frac{2(1+b)c_0\cos\varphi_0}{2(1+b)+mb(\sin\varphi_0-1)} \tag{6.2}$$

令 $\sin\varphi_{\mathrm{UST}} = \dfrac{2(1+b)\sin\varphi_0}{2(1+b)+mb(\sin\varphi_0-1)}$，

$$C_{\mathrm{UST}} = \frac{2(1+b)c_0\cos\varphi_0}{2(1+b)+mb(\sin\varphi_0-1)}\frac{1}{\cos\varphi_{\mathrm{UST}}}$$

则

$$\frac{\sigma_\theta - \sigma_r}{2} = \frac{\sigma_\theta + \sigma_r}{2}\sin\varphi_{\mathrm{UST}} + C_{\mathrm{UST}}\cos\varphi_{\mathrm{UST}} \tag{6.3}$$

式中，C_{UST} 和 φ_{UST} 分别为统一内聚力和内摩擦角。

6.3.1　弹塑性分析

1. 弹性区分析

当洞为圆形，根据平衡方程、几何方程、胡克定律及屈服条件 $\sigma_\theta = N\sigma_r + \sigma_q$，可求得弹性区的应力场为

$$\sigma_r = \sigma_0 \left[1 - \left(\frac{r_1}{r} \right)^2 \right] + \sigma_{r_1} \left(\frac{r_1}{r} \right)^2 \tag{6.4}$$

$$\sigma_\theta = \sigma_0 \left[1 + \left(\frac{r_1}{r} \right)^2 \right] - \sigma_{r_1} \left(\frac{r_1}{r} \right)^2 \tag{6.5}$$

$$\varepsilon_r = \frac{1+\mu}{E} \cdot \left(\frac{r_1}{r} \right)^2 (\sigma_{r_1} - \sigma_0) \tag{6.6}$$

$$\varepsilon_\theta = -\frac{1+\mu}{E} \cdot \left(\frac{r_1}{r} \right)^2 (\sigma_{r_1} - \sigma_0) \tag{6.7}$$

$$u = \frac{(1+\mu)r_1}{E} \cdot \left(\frac{r_1}{r} \right) (\sigma_{r_1} - \sigma_0) = A \frac{r_1^2}{r} \tag{6.8}$$

式中，$\sigma_{r_1} = \dfrac{2\sigma_0 - \sigma_q}{N+1}$；$\sigma_q = \dfrac{2C_{\text{UST}}\cos\varphi_{\text{UST}}}{1-\sin\varphi_{\text{UST}}} = \sigma_{q0} + N\sigma_3$。

在弹性区和塑性软化区交界处，由几何方程可得该处极限弹性应变为

$$\varepsilon_r^e = -\varepsilon_\theta^e = A \tag{6.9}$$

2. 塑性软化区分析

该区内有 $\varepsilon_r = \varepsilon_r^e + \varepsilon_r^p$，$\varepsilon_\theta = \varepsilon_\theta^e + \varepsilon_\theta^p$，流动法则为

$$h\varepsilon_1^p + \varepsilon_3^p = 0 \tag{6.10}$$

式中，ε_θ^e 为环向弹性应变；ε_θ^p 为环向塑性应变。

根据几何方程及边界条件 $u\,|\,_{r=r_1} = Ar_1$，可得软化区位移解为

$$u = \frac{(h-1)Ar}{(h+1)} + \frac{2Ar_1}{h+1} \cdot \left(\frac{r_1}{r} \right)^h \tag{6.11}$$

令 $\sigma_{cq} = \sigma_q - E'\varepsilon_\theta^p$，

式中，$E' = \dfrac{-(\sigma_{q0} - \sigma_{qr0})}{(\beta-1)A} = \dfrac{-(\sigma_q - \sigma_{qr})}{(\beta-1)A}$。

软化区内屈服条件：$\sigma_\theta = N\sigma_r + \sigma_{cq}$。

当 $r = r_2$ 时，$\sigma_{cq} = \sigma_{qr}$，$\sigma_{qr} = \dfrac{2\varphi_{\text{UST-}r}\cos\varphi_{\text{UST-}r}}{1-\sin\varphi_{\text{UST-}r}} = \sigma_{qr0} + N_r\sigma_3$，则有

$$\sigma_{cq} = \sigma_q + \frac{2AE'}{1+h} \left[\left(\frac{r_1}{r} \right)^{h+1} - 1 \right] \tag{6.12}$$

于是，可得两塑性区的半径之比为

$$t = \frac{r_2}{r_1} = \left[\frac{2}{(h+1)\beta + 1 - h} \right]^{\frac{1}{h+1}} \tag{6.13}$$

根据平衡方程、屈服条件 $\sigma_\theta = N\sigma_r + \sigma_{cq}$、边界条件 $\sigma_r\,|\,_{r=r_1} = \dfrac{2\sigma_0 - \sigma_q}{N+1}$，则有

$$\sigma_r = \frac{\sigma_q}{1-N} - \frac{2AE'}{1+h} \left[\frac{1}{h+N} \left(\frac{r_1}{r} \right)^{h+1} + \frac{1}{1-N} \right]$$

$$+ \frac{2}{1-N} \left[\frac{AE'}{h+N} + \frac{(1-N)\sigma_0 - \sigma_q}{1+N} \right] \left(\frac{r_1}{r} \right)^{1-N} \tag{6.14}$$

$$\sigma_\theta = N\sigma_r + \sigma_{cq} = N\sigma_r + \sigma_q + \frac{2E'A}{h+1} \left[\left(\frac{r_1}{r} \right)^{h+1} - 1 \right] \tag{6.15}$$

3. 塑性残余区分析

该区内有 $\varepsilon_r = \varepsilon_r \mid_{r=r_2} + \varepsilon_r^{p'}$，$\varepsilon_\theta = \varepsilon_\theta \mid_{r=r_2} + \varepsilon_\theta^{p'}$，流动法则为

$$f\varepsilon_\theta^{p'} + \varepsilon_r^{p'} = 0 \tag{6.16}$$

根据几何方程和边界条件 $\varepsilon_\theta \mid_{r=r_2} = \beta\varepsilon_\theta^e = -\beta A$，可得位移解为

$$u = \frac{[\beta A(f-h) - A(1-h)]r}{f+1} + \frac{[\beta A(1+h) + A(1-h)]r_2}{f+1}\left(\frac{r_2}{r}\right)^f \tag{6.17}$$

根据平衡方程、屈服条件 $\sigma_\theta = N_r\sigma_r + \sigma_{qr}$、边界条件 $\sigma_r \mid_{r=a} = p_0$，可得

$$\sigma_r = \frac{\sigma_{qr}}{1-N_r} + p_0\left(\frac{a}{r}\right)^{1-N_r} - \frac{\sigma_{qr}}{1-N_r}\left(\frac{a}{r}\right)^{1-N_r}$$

$$= \frac{\sigma_{qr}}{1-N_r} + \left(p_0 - \frac{\sigma_{qr}}{1-N_r}\right)\left(\frac{a}{r}\right)^{1-N_r} \tag{6.18}$$

$$\sigma_\theta = N_r\sigma_r + \sigma_{qr} \tag{6.19}$$

6.3.2 围岩塑性软化区及残余区范围的确定

1. 围岩塑性残余区半径解析分析

在 $r=r_2$ 处，径向应力连续，从而有

$$\frac{\sigma_q}{1-N} - \frac{2AE'}{1+h}\left[\frac{1}{h+N}t^{h-1} + \frac{1}{1-N}\right] + \frac{2}{1-N}\left[\frac{AE'}{h+N} + \frac{(1-N)}{1+N}\frac{\sigma_0 - \sigma_q}{1+N}\right]t^{N-1}$$

$$= B = \left(p_0 - \frac{\sigma_{qr}}{1-N_r}\right)\left(\frac{a}{r_2}\right)^{1-N_r} + \frac{\sigma_{qr}}{1-N_r} \tag{6.20}$$

式中，B 由式（6.20）定义。由式（6.20）可解得塑性区半径为

$$r_2 = a\left[\frac{\left(B - \frac{\sigma_{qr}}{1-N_r}\right)}{\left(P_0 - \frac{\sigma_{qr}}{1-N_r}\right)}\right]^{\frac{1}{N_r-1}} \qquad \left(r_1 = \frac{r_2}{t}\right) \tag{6.21}$$

2. 围岩塑性残余区半径数值分析

根据体积平衡条件，有

$$(a^2 - a_i^2)\pi = \pi[r_1^2 - (r_1 - u_{r_1})^2] + \Delta_1 + \Delta_2 \tag{6.22}$$

式中，u_{r_1} 为 $r=r_1$ 处的径向位移；a_i 为洞原半径；Δ_1、Δ_2 分别为软化区和流动区的体积变形。由软化区的位移解可得

$$\Delta_1 = 2\pi\int_{r_2}^{r_1}(\varepsilon_1 + \varepsilon_2)r\mathrm{d}r = -2\pi\int_{r_2}^{r_1}\left(\frac{\mathrm{d}u}{\mathrm{d}r} + \frac{u}{r}\right)r\mathrm{d}r = Lr_1^2\pi \tag{6.23}$$

式中，$L = 2A[(1-h)(1-t^2) - 2(1-t^{1-h})]/(h+1)$。

由流动区的位移可得

$$\Delta_2 = 2\pi\int_\alpha^{r_2}(\varepsilon_r + \varepsilon_\theta)r\mathrm{d}r = -2\pi\int_{r_2}^{r_1}\left(\frac{\mathrm{d}u}{\mathrm{d}r} + \frac{u}{r}\right)r\mathrm{d}r$$

$$= \left\{ S\left[1 - (t/r_2)^2 \right] - T\left[1 - \left(\frac{t}{r_2} \right)^{1-f} \right] \right\} r_2^2 \pi \tag{6.24}$$

式中，$S = \dfrac{2A\left[(1-h) - \beta(f-h) \right]}{(f+1)}$；$T = \dfrac{2A\left[\beta(1+h) + (1-h) \right]}{(f+1)}$。

将式（6.23）和式（6.24）代入式（6.22）得

$$a^2 - a_i^2 = r_1^2 - (r_1 - u_{r_1})^2 + Lr_1^2 + \left\{ S\left[1 - \left(\frac{t}{r_2} \right)^2 \right] - T\left[1 - \left(\frac{t}{r_2} \right)^{1-f} \right] \right\} r_2^2$$

得到：

$$\left(\frac{a}{r_2} \right)^2 - \left(\frac{a_i}{r_2} \right)^2 = t^{-2} - (1-A)^2 t^{-2} + Lt^{-2} + S\left[1 - \left(\frac{a}{r_2} \right)^2 \right] - T\left[1 - \left(\frac{a}{r_2} \right)^{1-f} \right]$$

即

$$(1+S)\left(\frac{a}{r_2} \right)^2 - \left(\frac{a_i}{r_2} \right)^2 - T\left(\frac{a}{r_2} \right)^{1-f} = t^{-2}\left[A(2-A) + L \right] + S - T \tag{6.25}$$

由式（6.25）采用迭代法可解出 r_2。

3. 围岩状态判定

（1）若围岩刚好处于塑性软化区完成，仍没有产生塑性残余区的临界状态时，这时的塑性软化区半径 $r_c = \dfrac{a}{t}$。由式（6.14）及边界条件 $r_2 = a$，$\sigma_r = p_0$，$\sigma_{cq} = \sigma_{qr}$ 得到

$$p_0 = \frac{2}{1-N}\left[\frac{AE'}{h+N} + \frac{(1-N)\sigma_0 - \sigma_q}{1+N} \right]\left(\frac{r_c}{a} \right)^{1-N} + \frac{\sigma_q(1+h) - 2AE'}{(1-N)(h+N)} - \frac{\sigma_{qr}}{h+N} \tag{6.26}$$

解式（6.26）可得

$$r_c = a\left\{ \frac{\dfrac{2}{1-N}\left[\dfrac{AE'}{h+N} + \dfrac{(1-N)\sigma_0 - \sigma_q}{1+N} \right]}{p_0 - \dfrac{\sigma_q(1+h) - 2AE'}{(1-N)(h+N)} + \dfrac{\sigma_{qr}}{h+N}} \right\}^{\frac{1}{N-1}} \tag{6.27}$$

（2）当 $r_c < \dfrac{a}{t}$ 时，围岩未出现塑性残余区，由式（6.14）及 $r = a$，$\sigma_r\big|_{r=a} = p_0$，可得方程：

$$p_0 = \frac{\sigma_q}{1-N} - \frac{2AE'}{1+h}\left[\frac{1}{h+N}\left(\frac{r_1}{a} \right)^{h+1} + \frac{1}{1-N} \right] + \frac{2}{1-N}\left[\frac{AE'}{h+N} + \frac{(1-N)\sigma_0 - \sigma_q}{1+N} \right]\left(\frac{r_1}{a} \right)^{1-N} \tag{6.28}$$

由式（6.28）经迭代计算可求出 r_1，即塑性软化区半径。

（3）当 $r_c > \dfrac{a}{t}$ 时，围岩出现塑性残余区，可根据式（6.21）、式（6.22）和式（6.25）求出 r_1 与 r_2。

6.3.3　理论解答的广泛意义

以上分析是建立在应用较广的三线性弹塑性软化模型基础上的，其解答具有广泛性，现有相同力学模型的解答均为其特例。

1. Kastner 解答（理想弹塑性材料）

由式（6.28）令 $h=1$，$E'=0$，$b=0$，可得塑性区半径：

$$r_1 = a\left[\frac{\frac{2}{1+N}\left(\sigma_0+\frac{\sigma_q}{1+N}\right)}{p_0+\frac{\sigma_q}{N+1}}\right]^{\frac{1}{N-1}} \tag{6.29}$$

由式（6.11）取 $r=a$，$h=1$，$b=0$，把式（6.29）代入得洞壁相对位移：

$$u = \frac{1+\mu}{E}\left(\frac{2\sigma_0-\sigma_q}{N+1}-\sigma_0\right)a \tag{6.30}$$

或用 C_{UST}、φ_{UST} 表示为

$$u = \frac{\alpha}{2G}(\sigma_0+C_{\mathrm{UST}}\cot\varphi_{\mathrm{UST}})\sin\varphi_{\mathrm{UST}}\left[\frac{\sigma_0+C_{\mathrm{UST}}\cot\varphi_{\mathrm{UST}}}{p_0+C_{\mathrm{UST}}\cot\varphi_{\mathrm{UST}}}(1-\sin\varphi_{\mathrm{UST}})\right]^{\frac{1-\sin\varphi_{\mathrm{UST}}}{\sin\varphi_{\mathrm{UST}}}} \tag{6.31}$$

2. Airey 解答

当 $E'\to\infty$ 时，$\beta\to1$，$t\to1$，$N_r=N$，$h=f=1$ 此时由式（6.20）和式（6.21）得塑性残余区半径：

$$r_2 = \alpha\left(\frac{\frac{2\sigma_0}{N+1}-\frac{\sigma_{qr}}{1-N_r}-\frac{\sigma_q}{N+1}}{p_0-\frac{\sigma_{qr}}{1-N_r}}\right)^{\frac{1}{N_r-1}} \tag{6.32}$$

令 $b=0$，$N=N_r$ 由式（6.20）和式（6.21）解出的 r_2 与 r_1 为付国彬（1995）关于破裂区半径的解答。再令 $h=f=1$，即为袁文伯和陈进（1986）的解答。

6.3.4 计算讨论

本节采用袁文伯和陈进（1986）的计算实例。$\sigma_0=6.527\mathrm{MPa}$，$\sigma_{q0}=4.158\mathrm{MPa}$，$\sigma_{qr0}=0.49\mathrm{MPa}$，$E=E'=1381\mathrm{MPa}$，$\mu=0.22$，$\varphi=\varphi_r=30°$，$a=125\mathrm{cm}$。

1）围岩临界状态时的塑性软化区半径

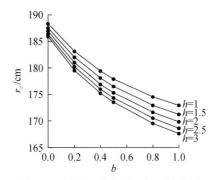

图 6.3　不同 h 对应的 r_c 与 b 的关系

根据已知材料特性，计算不同剪胀特性与不同材料模型在围岩处于临界状态时的塑性软化区半径的大小，结果如图 6.3 所示。

由图 6.3 可见，当 h 一定时，随着 b 的增大 r_c 减小；当 b 一定时，随着 h 的增大 r_c 逐渐减小，这说明随着剪胀性增高，临界状态塑性区半径减小。

2）不同软化程度分析

理论分析表明材料的应变软化特性对围岩力学

性态有很大影响。由图 6.4 可见，此时 E' 随 β 的变化而变化，随材料的软化程度增高，围岩内的应力升高区将由洞壁向外扩展。说明围岩的承载能力将逐渐丧失，塑性区域不断扩大。

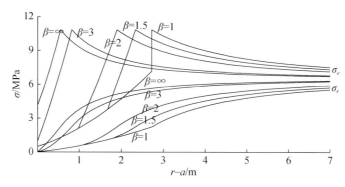

图 6.4　软化程度对围岩内应力的影响

3）不同剪胀特性分析

（1）当 $p_0=0$，即无支护条件下塑性残余区半径及洞壁位移 u 与剪胀性的关系，如图 6.5 和图 6.6 所示。可见，当无支护时随着剪胀性增高，塑性残余区半径增大，但增加量较小，洞壁位移量增大较明显。

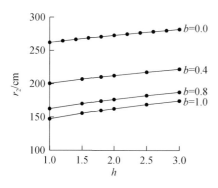

图 6.5　剪胀对塑性残余区半径的影响

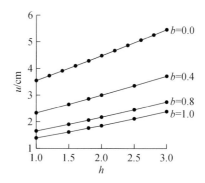

图 6.6　剪胀对洞壁位移的影响

（2）当有支护且洞壁允许位移 $u=2\text{cm}$ 时，剪胀与塑性残余区半径及支护压力的关系，如图 6.7 和图 6.8 所示。可见，洞壁允许位移量为一定值时，随着剪胀性的增大，只需要半径越来越小的塑性区就能达到给定的位移量，但支护压力逐渐增大。

4）不同强度模型的影响

（1）当有支护且洞壁位移 $u=2\text{cm}$ 时，令 $f=1$，不同强度模型对塑性残余区半径与支护压力影响，如图 6.9 和图 6.10 所示。可见，当允许位移量一定时，随着 b 的增大，塑性残余区半径减小，支护压力也减小，且数值解与解析解接近。

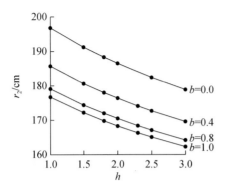

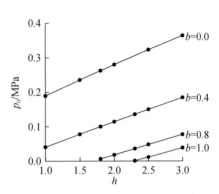

图 6.7　剪胀对塑性残余区半径的影响　　　　图 6.8　剪胀对支护压力的影响

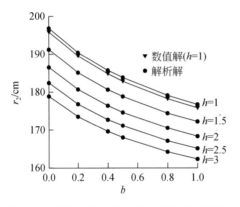

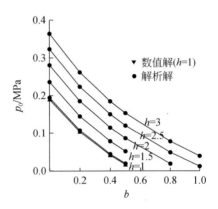

图 6.9　不同 b 值对塑性残余区半径的影响　　　图 6.10　不同 b 值对支护压力的影响

（2）当 $p_0=0$，即无支护条件下，令 $f=1$，塑性残余区半径及洞壁位移 u 与 b 值的关系，如图 6.11 和图 6.12 所示。可见，当 $p_0=0$ 时，随着 b 的增大，塑性残余区半径减小，洞壁位移减小。

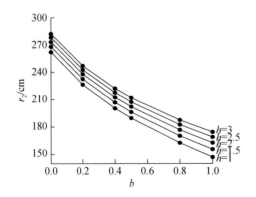

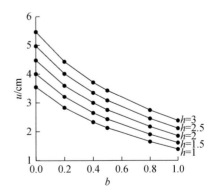

图 6.11　不同 b 值对塑性残余区半径的影响　　　图 6.12　不同 b 值对洞壁位移 u 的影响

（3）当 $p_0=0$，即无支护条件下，令 $h=f=1$，$\beta=2$ 时，不同强度模型对软化特性的影响，如图 6.13 所示。可见，当无支护时，随着 b 的减小，围岩内的应力升高区域逐渐由洞壁向外扩展，这说明塑性区域不断扩大。

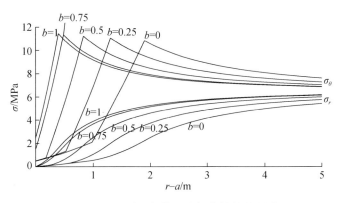

图 6.13 不同强度模型对软化特性的影响

6.4 扩孔问题的统一解

对于柱形孔，当 $\sigma_0 < p_0$ 时，有 $\sigma_r > \sigma_\theta$，令 $\sigma_r = \sigma_1$，$\sigma_z = \sigma_2$，$\sigma_\theta = \sigma_3$，这时有：$\sigma_2 \leqslant \dfrac{\sigma_1 + \sigma_3}{2} + \dfrac{\sigma_1 - \sigma_3}{2} \sin\varphi_0$，得到统一强度理论在本问题中的表达式：

$$\frac{\sigma_r - \sigma_\theta}{2} = \frac{2(1+b)\sin\varphi_0}{2(1+b) + mb(\sin\varphi_0 - 1)}\frac{\sigma_r + \sigma_\theta}{2} + \frac{2(1+b)c_0\cos\varphi_0}{2(1+b) + mb(\sin\varphi_0 - 1)} \tag{6.33}$$

令 $\sin\varphi_{\text{UST}} = \dfrac{2(1+b)\sin\varphi_0}{2(1+b) + mb(\sin\varphi_0 - 1)}$，$C_{\text{UST}} = \dfrac{2(1+b)c_0\cos\varphi_0}{2(1+b) + mb(\sin\varphi_0 - 1)}\dfrac{1}{\cos\varphi_{\text{UST}}}$，

则

$$\frac{\sigma_r - \sigma_\theta}{2} = \frac{\sigma_r + \sigma_\theta}{2}\sin\varphi_{\text{UST}} + C_{\text{UST}}\cos\varphi_{\text{UST}} \tag{6.34}$$

式中，C_{UST} 和 φ_{UST} 分别为统一内聚力和内摩擦角。

6.4.1 扩孔的弹塑性分析

1. 弹性区分析

根据平衡方程、几何方程、胡克定律及屈服条件 $\sigma_r = N\sigma_\theta + \sigma_q$，可求得弹性区的应力场、应变场及位移场为［同式（6.4）~式（6.8）］

$$\sigma_r = \sigma_0\left[1 - \left(\frac{r_1}{r}\right)^2\right] + \sigma_{r_1}\left(\frac{r_1}{r}\right)^2$$

$$\sigma_\theta = \sigma_0\left[1 + \left(\frac{r_1}{r}\right)^2\right] - \sigma_{r_1}\left(\frac{r_1}{r}\right)^2$$

$$\varepsilon_r = \frac{1+\mu}{E}\cdot\left(\frac{r_1}{r}\right)^2(\sigma_{r_1} - \sigma_0)$$

$$\varepsilon_\theta = -\frac{1+\mu}{E} \cdot \left(\frac{r_1}{r}\right)^2 (\sigma_{r_1} - \sigma_0)$$

$$u = \frac{(1+\mu)r_1}{E} \cdot \left(\frac{r_1}{r}\right)(\sigma_{r_1} - \sigma_0) = A\frac{r_1^2}{r}$$

式中，$\sigma_{r_1} = \dfrac{2N\sigma_0 + \sigma_q}{N+1}$；$\sigma_q = \dfrac{2C_{UST}\cos\varphi_{UST}}{1 - \sin\varphi_{UST}} = \sigma_{q0} + N\sigma_3$。

在弹性区和塑性软化区交界处，由几何方程可得该处极限弹性应变为

$$\varepsilon_r^e = -\varepsilon_\theta^e = A$$

2. 塑性软化区分析

区内有 $\varepsilon_r = \varepsilon_r^e + \varepsilon_r^p$，$\varepsilon_\theta = \varepsilon_\theta^e + \varepsilon_\theta^p$，$h\varepsilon_r^p + \varepsilon_\theta^p = 0$。

根据几何方程及边界条件 $u\big|_{r=r_1} = Ar_1$，解得塑性软化区位移解为

$$u = \frac{Ar(1-h)}{h+1} + Ar_1\left(\frac{r_1}{r}\right)^{\frac{1}{h}} \cdot \frac{2h}{1+h} \tag{6.35}$$

令 $\sigma_{cq} = \sigma_q - E'\varepsilon_\theta^p$，

式中，$E' = \dfrac{\sigma_q - \sigma_{qr}}{(\beta-1)A} = \dfrac{\sigma_{q0} - \sigma_{qr0}}{(\beta-1)A}$。

当 $r = r_2$ 时，$\sigma_{cq} = \sigma_{qr}$，$\sigma_{qr} = \dfrac{2C_{UST-r}\cos\varphi_{UST-r}}{1 - \sin\varphi_{UST-r}} = \sigma_{qr0} + N_r\sigma_3$，则有

$$\sigma_{cq} = \sigma_q - E'\varepsilon_r^p = \sigma_q + \frac{2E'A}{h+1}\left[1 - \left(\frac{r_1}{r}\right)^{1+\frac{1}{h}}\right] \tag{6.36}$$

塑性流动区与塑性软化区的半径之比为

$$t = \frac{r_2}{r_1} = \left[\frac{2}{(h+1)\beta - h + 1}\right]^{\frac{1}{1+\frac{1}{h}}} \tag{6.37}$$

根据平衡方程、屈服条件 $\sigma_r = N\sigma_\theta + \sigma_{cq}$ 及边界条件 $\sigma_r\big|_{r=r_1} = \dfrac{2N\sigma_0 + \sigma_q}{N+1}$，可得

$$\sigma_r = \frac{2N}{N+1}\left[\sigma_0 + \frac{\sigma_q}{N-1} + \frac{(N+1)\ AE'}{(N-1)\ (h+N)}\right]\left(\frac{r_1}{r}\right)^{1-\frac{1}{N}} - \frac{N[\ (h+1)\sigma_q + 2AE'\ ]}{(N-1)(h+N)} + \frac{h\sigma_{cq}}{h+N} \tag{6.38}$$

将式（6.36）代入式（6.38）得

$$\sigma_r = \frac{2N}{N+1}\left[\sigma_0 + \frac{\sigma_q}{N-1} + \frac{(N+1)\ AE'}{(N-1)\ (h+N)}\right]\left(\frac{r_1}{r}\right)^{1-\frac{1}{N}} - \frac{2hE'A}{(h+1)(h+N)}\left(\frac{r_1}{r}\right)^{1+\frac{1}{h}} - \frac{(h+1)\sigma_q + 2E'A}{(h+1)(N-1)} \tag{6.39}$$

$$\sigma_\theta = \frac{1}{N}\left\{\sigma_r - \sigma_q + \frac{2E'A}{h+1}\left[\left(\frac{r_1}{r}\right)^{1+\frac{1}{h}} - 1\right]\right\} \tag{6.40}$$

3. 塑性流动区分析

该区内有 $\varepsilon_r = \varepsilon_r\big|_{r=r_2} + \varepsilon_r^{p'}$，$\varepsilon_\theta = \varepsilon_\theta\big|_{r=r_2} + \varepsilon_\theta^{p'}$，流动法则为

$$f\varepsilon_r^{p'}+\varepsilon_\theta^{p'}=0$$

根据几何方程和边界条件 $\varepsilon_r\mid_{r=r_2}=\beta A$，可得位移解为

$$u=-\frac{(f-h)\beta+h-1}{f+1}Ar+fA\frac{\beta\ (h+1)-h+1}{f+1}r_2\cdot\left(\frac{r_2}{r}\right)^{\frac{1}{f}} \tag{6.41}$$

根据平衡方程、屈服条件 $\sigma_r=N_r\sigma_\theta+\sigma_{qr}$ 及边界条件 $\sigma_r\mid_{r=a}=p_0$，解得应力场为

$$\sigma_r=\frac{\sigma_{qr}}{1-N_r}+\left(\frac{a}{r}\right)^{\frac{(N_r-1)}{N_r}}\left(p_0+\frac{\sigma_{qr}}{N_r-1}\right) \tag{6.42}$$

$$\sigma_\theta=\frac{1}{N_r}(\sigma_r-\sigma_{qr}) \tag{6.43}$$

4. 孔周岩土体塑性软化区及流动区范围的确定

孔周岩土体塑性流动区半径解析分析，在 $r=r_2$ 处，径向应力连续，则有

$$\frac{2N}{N+1}\left[\sigma_0+\frac{\sigma_q}{N-1}+\frac{(N+1)AE'}{(N-1)(h+N)}\right]t^{-\left(1-\frac{1}{N}\right)}-\frac{N[\ (h+1)\sigma_q+2AE'\ ]}{(N-1)(h+N)}+\frac{h\sigma_{qr}}{h+N}$$

$$=B=\left(p_0+\frac{\sigma_{qr}}{N_r-1}\right)\left(\frac{a}{r_2}\right)^{1-\frac{1}{N_r}}-\frac{\sigma_{qr}}{N_r-1} \tag{6.44}$$

式中，B 由式（6.44）定义。由式（6.44）可解得塑性区半径为

$$r_2=a\left[\frac{\left(B+\dfrac{\sigma_{qr}}{N_r-1}\right)}{\left(p_0+\dfrac{\sigma_{qrr}}{N_r-1}\right)}\right]^{\frac{-1}{1-\frac{1}{N_r}}}\left(r_1=\frac{r_2}{t}\right) \tag{6.45}$$

6.4.2　孔周岩土体塑性流动区半径数值分析

根据体积平衡条件，有

$$(a^2-a_i^2)\pi=\pi[\ r_1^2-(r_1-u_{r_1})^2\ ]+\Delta_1+\Delta_2 \tag{6.46}$$

式中，u_{r_1} 为 $r=r_1$ 处的径向位移；a_i 为孔原半径；Δ_1、Δ_2 分别为软化区和流动区的体积变形。由软化区的位移解可得

$$\Delta_1=2\pi\int_{r_2}^{r_1}(\varepsilon_r+\varepsilon_\theta)r\mathrm{d}r=2\pi\int_{r_2}^{r_1}\left(\frac{\mathrm{d}u}{\mathrm{d}r}+\frac{u}{r}\right)r\mathrm{d}r=Lr_1^2\pi \tag{6.47}$$

式中，$L=\dfrac{2A\{(h-1)(1-t^2)-2h\ [1-t^{1-\frac{1}{h}}]\}}{(h+1)}$。

由流动区的位移解可得

$$\Delta_2=2\pi\int_a^{r_2}(\varepsilon_r+\varepsilon_\theta)r\mathrm{d}r=2\pi\int_a^{r_2}\left(-\frac{\mathrm{d}u}{\mathrm{d}r}-\frac{u}{r}\right)r\mathrm{d}r=\pi\left\{S\left[1-\left(\frac{a}{r_2}\right)^2\right]-T[1-t^{1-\frac{1}{f}}]\right\}r_2^2 \tag{6.48}$$

式中，$S=\dfrac{2A[\ (f-h)\beta+h-1\ ]}{(f+1)}$；$T=\dfrac{2A[\ (h+1)\beta-h+1\ ]f}{(f+1)}$。

代入体积平衡条件方程式，则有

$$(1+S)\left(\frac{a}{r_2}\right)^2-\left(\frac{a_i}{r_2}\right)^2-T\left(\frac{a}{r_2}\right)^{1-\frac{1}{f}}=t^{-2}\left[A(2-A)+L\right]+S-T \tag{6.49}$$

由式（6.49）采用迭代法可解出 r_2。

6.4.3 孔周岩土体状态判定

（1）当孔周岩土体处于即将出现塑性软化区的临界状态时，扩孔压力由下式求得，此时 $r=r_1=a$，有

$$p_{01}=\frac{2N\sigma_0+\sigma_q}{N+1} \tag{6.50}$$

（2）当孔周岩土体处于即将出现塑性流动区的临界状态，此时 $r=r_2=a$，由式（6.37）和式（6.38）得

$$p_{02}=\frac{2N}{N+1}\left[\sigma_0+\frac{\sigma_q}{N-1}+\frac{(N+1)AE'}{(N-1)(h+N)}\right]t^{-\left(1-\frac{1}{N}\right)}-\frac{N\left[(h+1)\sigma_q+2AE'\right]}{(N-1)(h+N)}+\frac{h\sigma_{qr}}{h+N} \tag{6.51}$$

式中，t 由式（6.37）求得。由于此时只涉及弹性和塑性软化状态，因此 p_{02} 仅与 h 有关，与 f 无关。

（3）当 $\sigma_0<p_0<p_{01}$ 时，孔周岩土体均处于弹性状态。

（4）当 $p_{01}\leqslant p_0\leqslant p_{02}$ 时，孔周岩土体出现塑性软化区，由式（6.39）及 $r=a$，$\sigma_r\mid_{r=a}=p_0$，可得方程：

$$p_0=\frac{2N}{N+1}\left[\sigma_0+\frac{\sigma_q}{N-1}+\frac{(N+1)AE'}{(N-1)(h+N)}\right]\left(\frac{r_1}{a}\right)^{1-\frac{1}{N}}-\frac{2hE'A}{(h+1)(h+N)}\left(\frac{r_1}{a}\right)^{1+\frac{1}{h}}-\frac{(h+1)\sigma_q+2E'A}{(h+1)(N-1)} \tag{6.52}$$

（5）当 $p_0\geqslant p_{02}$ 时，孔周出现了塑性流动区、塑性软化区及弹性区。

由以上分析可知，当给定柱形孔扩孔前和扩孔后半径，即孔壁的位移 u 时，可求出 r_1、r_2 与最大扩孔压力；当给定扩孔压力，可求得 r_1、r_2 与孔壁位移 u。

6.4.4 计算讨论

为了对比研究，本书采用蒋明镜和沈珠江（1997）中的算例：$E=1.04\times10^5\text{kPa}$，$\mu=0.3$，$\sigma_0=0$，$a=1.0\text{m}$，$c=c_r=40\text{kPa}$，$\varphi=32°$，$\varphi_r=28°$。

1. 孔周岩土体处于临界状态时的扩孔压力讨论

1）当孔周岩土体处于即将出现塑性软化区的临界状态时

由于此时只涉及弹性状态，因此 p_{01} 与 h、f 无关，且与 β 无关。p_{01} 由式（6.50）确定，计算结果如图 6.14 所示。由图可见，临界扩孔压力 p_{01} 随 b 的增大而逐渐增大。

2）当孔周岩土体处于即将出现塑性流动区的临界状态时

（1）剪胀对临界扩孔压力 p_{02} 的影响。由图 6.15 可见，当给定软化模型时，临界扩孔

压力 p_{02} 随剪胀性的增大而增大；由图 6.16 可见，塑性软化区半径也随剪胀性的增大而增大。

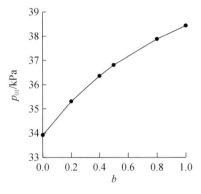

图 6.14　　p_{01} 与 b 的关系曲线

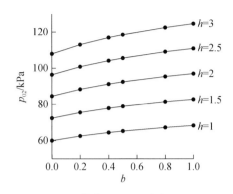

图 6.15　　剪胀对 p_{02} 的影响（$\beta=2$）

（2）软化对临界扩孔压力 p_{02} 的影响。由图 6.17 可见，随着软化程度的减小，即 β 的增大，临界扩孔压力 p_{02} 增大。当 $\beta\rightarrow1$ 时，材料为弹脆塑性，此时 r_1 与 r_2 重合，即无塑性软化区产生，则 $p_{012}=p_{02}$，在图 6.16 中对应的是 $\beta=1.0$，$r_1=1.0$m 的一点。

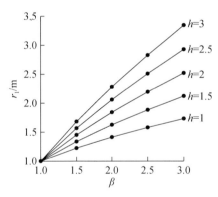

图 6.16　　剪胀及软化对塑性软化区半径的影响

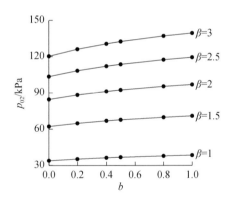

图 6.17　　软化程度对 p_{02} 的影响（$h=2$）

（3）不同强度模型对临界扩孔压力 p_{02} 的影响。由图 6.15 及图 6.17 可见，在一定剪胀及软化程度下，随 b 的增大临界扩孔压力 p_{02} 也增大，而 r_1 不随 b 值变化，这可由式（6.37）看出，说明考虑强度模型影响时材料强度随 b 值而升高，但塑性流动区范围不随其变化。

2. 当取扩孔压力 $p_0=388.8$kPa 时，对孔周岩土体状态的讨论

1）剪胀性对孔周岩土体状态的影响

（1）剪胀性对应力场的影响。图 6.18 为 $b=0$，$\beta=2$，$f=h=1$ 时求得的应力场，此时的临界扩孔压力 $p_{02}=59.93$kPa，因此孔周岩土体内产生了塑性流动区。经计算，f 与 h 的变化对应力场影响不大（基本重合），因此其他 f 与 h 取值时的应力图未绘出，结果与蒋明镜和沈珠江（1997）接近。

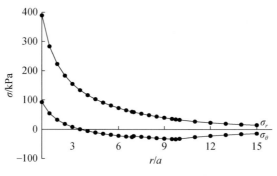

图 6.18　应力分布图

（2）剪胀性对位移场的影响。图 6.19 为不同剪胀程度下的位移场，由图可知随剪胀程度的增大孔周岩土体位移场有减小的趋势，但随离开洞半径倍数的增大，位移场趋于平缓并重合为一条曲线，换句话说，剪胀性对远离洞壁处的位移场影响不大，结果与蒋明镜和沈珠江（1997）的结果接近。

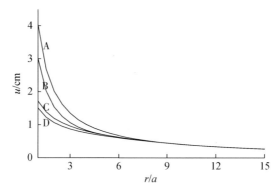

图 6.19　剪胀性对位移场的影响（$\beta=2$，$b=0$）

A.$f=h=1.0$；B.$f=1.0$，$h=2.0$；C.$f=h=2.0$；D.$f=2.0$，$h=3.0$

（3）剪胀性对塑性流动区半径的影响。由图 6.20 可见，扩孔压力一定时，f 的取值对塑性流动区半径无影响，而 h 增大 r_2 减小，说明塑性软化区的剪胀程度越高（h 越大），孔周岩土体的塑性流动区范围越小。

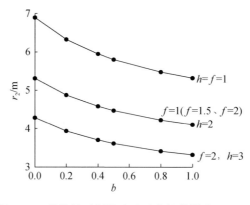

图 6.20　剪胀性对塑性流动区半径的影响（$\beta=2$）

（4）剪胀性对洞壁位移的影响。根据图 6.21 可知，孔周岩土体的剪胀程度越高（f、h 越大），洞壁位移越小。

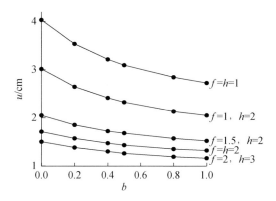

图 6.21　剪胀性对孔壁位移的影响（$\beta=2$）

（5）软化性对孔周岩土体状态的影响。由图 6.22 与图 6.23 可知软化程度对该问题在已知条件下求得的应力场与位移场影响不大。原因在于本书给出的例子中塑性流动区与弹性区的力学参数相近。

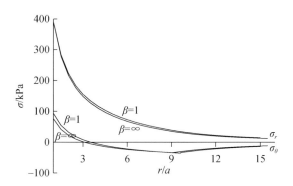

图 6.22　软化程度对应力场的影响（$h=f=2$，$b=0$）

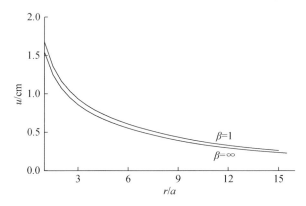

图 6.23　软化程度对位移场的影响（$h=f=2$，$b=0$）

如果流动区的力学参数与弹性区相差甚远，则除孔壁处的径向应力无变化外，切向应力、塑性流动区半径及孔壁位移均随软化程度的减小（β 增大）而减小。由 6.1 节的讨论及图 6.17 可知，其原因在于随软化程度的减小，孔周岩土体达到第二种临界状态所需的扩孔压力越大；若扩孔压力一定，在某一个小 β 时，三个区都存在，但对于一个大 β 时，可能就只存在两个区，不出现塑性流动区。

图 6.24 为软化对孔壁位移的影响，孔壁位移基本上分三种情况：第一段随着 β 的增大（软化程度减小），由弹脆塑性向弹塑性软化转化，洞壁位移增加；第二段当 β 增大到一定值后，洞壁位移开始减小；第三段随 β 的增大，洞壁位移基本不再变化，此时相当于理想弹塑性（$E'=0$）的情况。故软化模量小于一定值时，分析此类问题可用理想弹塑性模型求解。

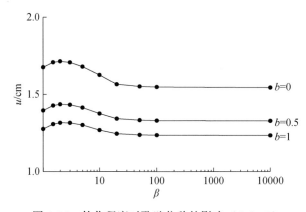

图 6.24　软化程度对孔壁位移的影响（$f=h=2$）

图 6.25 反映出随着软化程度的减小（β 增大），塑性流动区半径减小。

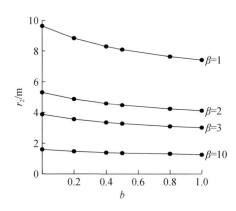

图 6.25　软化程度对塑性流动区半径的影响（$f=h=2$）

2）不同强度模型对孔周岩土体状态的影响

图 6.26、图 6.27 及图 6.21 反映出 b 对应力场、位移场及孔壁位移影响不是太大，图 6.20 反映出 b 对塑性流动区半径的影响相对明显。但总体反映出在考虑 b 值时，对孔

周岩土体状态的影响是积极的。

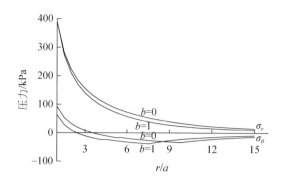

图 6.26　强度模型对应力场的影响（$h=f=2$，$\beta=2$）

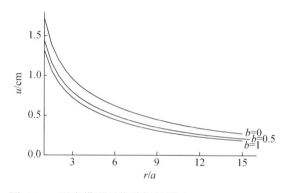

图 6.27　强度模型对位移场的影响（$h=f=2$，$\beta=2$）

3. 在已知孔壁位移（$u=2$cm）的情况下，对孔周岩土体状态的讨论

1）剪胀性的影响

由图 6.28 可知，随孔周岩土体剪胀性的增大，所需扩孔压力越大。由图 6.29 可知，若 h 一定则随 f 的增大塑性流动区范围增大；若 f 一定则随 h 的增大，塑性流动区范围缩小。

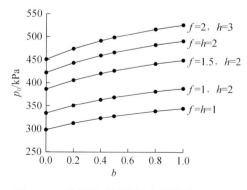

图 6.28　剪胀性对扩孔压力的影响（$\beta=2$）

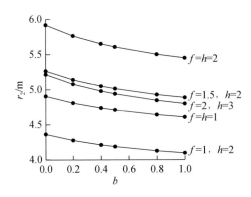

图 6.29　剪胀性对塑性流动区半径的影响（$\beta=2$）

2）不同软化程度的影响

由图 6.30 可见，随着 β 的增大（软化程度减小），由弹脆塑性向弹塑性转化，扩孔压力减小，当到一定程度后，随 β 的增大，扩孔压力基本不变，此时相对于理想弹塑性。由图 6.31 可见，随 β 的增大，塑性流动区半径减小。

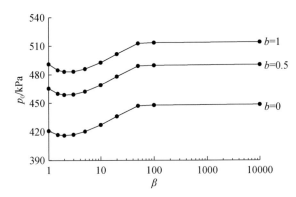

图 6.30　软化对扩孔压力的影响（$f=h=2$）

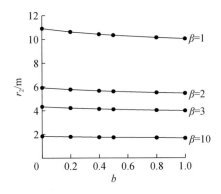

图 6.31　软化对塑性流动区半径的影响（$f=h=2$）

3）不同强度模型的影响

由图 6.28 ~ 图 6.31 可知，当在一定的剪胀性与软化程度下，随着 b 的增大，所需扩孔压力也增大，塑性流动区半径减小，但影响不大。

图 6.32 给出了在一定的剪胀性与软化程度下，孔壁位移 u、扩孔压力 p_0 与 b 值三者之间的关系。

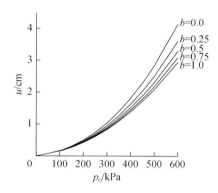

图 6.32　扩孔压力与孔壁位移的关系（$h = f = 2$，$\beta = 2$）

主要参考文献

范文. 2003. 岩土工程结构强度理论研究. 西安：西安交通大学博士学位论文.

付国彬. 1995. 巷道围岩破裂范围与位移的新研究. 煤炭学报，20（3）：304 ~ 310.

蒋明镜，沈珠江. 1995a. 考虑材料软化特性的球形孔扩张问题. 黄山：第三届华东地区岩土力学与工程学术会议论文集. 武汉：武汉理工大学出版社，228 ~ 235.

蒋明镜，沈珠江. 1995b. 考虑材料应变软化的柱形孔扩张问题. 岩土工程学报，17（4）：10 ~ 19.

蒋明镜，沈珠江. 1996a. 考虑剪胀的弹脆塑性软化柱形孔扩张问题. 河海大学学报，24（4）：65 ~ 72.

蒋明镜，沈珠江. 1996b. 岩土类软化材料的柱形孔扩张统一解问题. 岩土力学，17（1）：1 ~ 8.

蒋明镜，沈珠江. 1997. 考虑剪胀的线性软化柱形孔扩张问题. 岩石力学与工程学报，16（6）：550 ~ 557.

罗晓辉，何立红. 1998. 土体应软化特性的桩孔张弹塑性解析. 武汉城市建设学院院报，15（1）：16 ~ 20.

马念杰，张益东. 1996. 圆形巷道围岩变形压力新解法. 岩石力学与工程学报，15（1）：84 ~ 89.

沈珠江. 2000. 理论土力学. 北京：中国水利水电出版社.

王晓鸿，王家来，梁发云. 1999. 应变软化岩土材料内扩孔问题解析解. 工程力学，16（5）：71 ~ 76.

袁文伯，陈进. 1986. 软化岩层中巷道的塑性区与破碎区分析. 煤炭学报，（3）：77 ~ 85.

张季如. 1994. 砂性土内球形孔扩张的能量平衡分析及其应用. 土木工程学报，27（4）：37 ~ 44.

Bažant Z, Prat P. 1988. Microplane model for brittle-plastic material：I . Theory. Journal of Engineering Mechanics，114（10）：1672 ~ 1688.

Buyukozturk O, Tseng T. 1984. Concrete in biaxial cyclic compression. Journal of Structural Engineering，110（3）：461 ~ 476.

Jiang Y J, Yoneda H, Tanabashi Y. 2001. Theoretical estimation of loosening pressure on tunnels in soft rocks. Tunnelling and Underground Space Technology，16（2）：99 ~ 105.

Kastner H. 1951. Osterreich Bauzeitschrift. Journal of Engineering Geology，10（11）：15 ~ 17.

Kastner H. 1971. Statik des Tunnel- und Stollenbaues, auf der Grundlage Geomechanischer Erkenntnisse. Berlin: Springer.

OgawaT, Lo K Y. 1987. Effects of dilatancy and yield criteria on displacements around tunnelss. Canadian Geotechnical Journal, 24 (1): 100 ~ 113.

Vesic A S. 1972. Expansion of cavities in infinite sail mass. Asce-JSMFD, 98 (3): 265 ~ 290.

Wilson A H. 1980. A method of estimating the closure and strength of lining required in drivages surrounded by a yield zone. International Journal of Rock Mechanics and Mining Sciences and Geomechanics Abstracts, 17 (6): 349 ~ 355.

第7章 双剪统一弹塑性本构模型的建立及有限元分析

7.1 引　言

弹塑性是被研究得较为透彻的材料非线性行为。采用屈服面、塑性势和流动定律所得的弹塑性力学模型建立起来的有限单元法已经在岩土工程领域获得了广泛的应用（Owen and Hinton，1989；江见鲸，1994；朱伯芳，1998；俞茂宏，2000；Belytschko et al.，2002；谢康和、周健，2002）。

描述超过线弹性范围材料行为的塑性理论由三个重要概念组成。首先是屈服准则，用它来判断一个给定的应力状态是在弹性范围还是发生了塑性流动；其次是流动法则，描述塑性应变张量增量与当前应力状态的关系，并以此形成弹塑性本构关系表达式；最后是强化条件，确定随着变形的发展屈服准则的变化。

本章基于统一强度理论，建立双剪统一形式的弹塑性本构关系，可以适合于多种工程材料的弹塑性分析。

7.2 弹性本构关系

力学量（应力、应力速率等）和运动学量（应变、应变速率等）之间的关系式称为本构关系或本构方程。线弹性体的本构方程是：应力分量和应变分量之间存在线性关系，称为广义胡克定律。在结构分析中，对于各向异性材料，弹性本构关系可表示为

$$\sigma_{ij} = C_{ijkl}\varepsilon_{kl} \tag{7.1}$$

式中，C_{ijkl} 为一个四阶张量，称为弹性张量。根据应力张量的对称性 $\sigma_{ij} = \sigma_{ji}$、应变张量的对称性 $\varepsilon_{kl} = \varepsilon_{lk}$ 以及弹性张量 C 对双指标 ij 和 kl 也是对称的，即 $C_{ijkl} = C_{klij}$。于是，对于最一般的各向异性弹性材料，独立的弹性常数共有 21 个。对于一些特殊情况，如具有一个弹性对称面的材料，独立的弹性常数有 13 个；正交各向异性材料独立的弹性常数有 9 个；横观各向同性材料独立的弹性常数有 5 个；完全各向同性材料，独立的弹性常数只有两个。

在岩土工程应用中，一般把材料视为横观各向同性和完全各向同性来处理。各向同性弹性常数张量可写为

$$C_{ijkl} = \frac{E}{1+\mu}\left(\delta_{ik}\delta_{il} + \frac{\mu}{1-2\mu}\delta_{ij}\delta_{kl}\right) \tag{7.2}$$

式中，E 为杨氏模量；μ 为泊松比；δ_{ij} 为 Kroneeker 符号，其定义为

$$\delta_{ij} = \begin{cases} 1 & i = j \\ 0 & i \neq j \end{cases} \tag{7.3}$$

弹性本构关系可表示为增量形式：

$$d\varepsilon_{ij} = M_{ijkl}d\sigma_{kl} \tag{7.4}$$

$$d\sigma_{ij} = C_{ijkl}d\varepsilon_{kl} \tag{7.5}$$

7.3　屈　服　条　件

屈服条件是判断材料处于弹性阶段还是处于塑性阶段的准则。在应力空间中，将屈服应力点连接起来就形成一个区分弹性区和塑性区的分界面，这个分界面称为屈服面，而描述这个屈服面的数学表达式称为屈服函数或屈服条件。

7.4　强化条件及加卸载准则

在单向受力时，当材料中应力超过初始屈服点而进入塑性状态后卸载，此后再加载，应力–应变关系仍为弹性，直至卸载前所达到的最高应力点，材料才再次进入塑性状态。这个应力点是材料在经历了塑性变形后的新屈服点，称为强化点。同样，当材料在复杂应力状态下进入塑性后卸载，然后再加载，其屈服条件有所变化。当应力分量满足某一关系时，材料将重新进入塑性状态而产生新的塑性变形，这种现象就是强化。材料在初始屈服以后再进入塑性状态时，应力分量间所必须满足的函数关系，称为强化条件或后继屈服条件。

由于强化规律比较复杂，人们根据实验结果建立了多种强化模型。最常用的有等向强化模型、随动强化模型和混合强化模型，其中等向强化条件可表示为

$$F(\sigma_{ij}) - K(\varepsilon^p) = 0 \tag{7.6}$$

式中，$K(\varepsilon^p)$为有效塑性应变ε^p的函数。

等向强化模型的数学表述简单，后继屈服面与加载路径无关，计算方便，因而是目前应用最广泛的一种硬化模型。随动强化模型的加载曲面可表示为

$$F(\sigma_{ij} - \alpha_{ij}) - K = 0 \tag{7.7}$$

式中，α_{ij}为移动张量，它与塑性变形有关。

混合强化模型是把等向强化模型和随动强化模型加以组合，得到混合强化模型，加载曲面可表示为

$$F(\sigma_{ij} - \alpha_{ij}) - K(\varepsilon^p) = 0 \tag{7.8}$$

式中，α_{ij}为屈服面中心的移动；K为硬化参数，是有效塑性应变ε^p的函数。

材料达到屈服状态以后，加载和卸载时的应力–应变规律不同。单向应力状态下，只有一个应力分量，由这个应力分量的增加或减小，就可判断是加载还是卸载。对于复杂应力状态，6个应力分量（即使化为主应力，也有3个应力）中，各分量可增可减，为了判断是加载还是卸载，需要一个判断准则。

7.4.1　理想弹塑性材料加载和卸载准则

$$F(\sigma_{ij}) < 0 \quad 弹性状态$$

$$F(\sigma_{ij}) = 0 \quad \begin{cases} \mathrm{d}F = \dfrac{\partial F}{\partial \sigma_{ij}}\mathrm{d}\sigma_{ij} = 0 \quad 加载 \\[3mm] \mathrm{d}F = \dfrac{\partial F}{\partial \sigma_{ij}}\mathrm{d}\sigma_{ij} < 0 \quad 卸载 \end{cases} \tag{7.9}$$

7.4.2　强化材料的加载和卸载

强化材料的加载和卸载准则可表示为

$$F = 0 \quad \frac{\partial F}{\partial \sigma_{ij}}\mathrm{d}\sigma_{ij} > 0 \quad 加载$$

$$F = 0 \quad \frac{\partial F}{\partial \sigma_{ij}}\mathrm{d}\sigma_{ij} = 0 \quad 中性变载 \tag{7.10}$$

$$F = 0 \quad \frac{\partial F}{\partial \sigma_{ij}}\mathrm{d}\sigma_{ij} < 0 \quad 卸载$$

7.4.3　软化材料的加载和卸载

较好的方法是在应变空间表示屈服条件，包括后继屈服面，即

$$\varphi(\varepsilon_{ij},\ H) = 0 \tag{7.11}$$

则加、卸载准则可表示为

$$\begin{cases} \dfrac{\partial \varphi}{\partial \varepsilon_{ij}}\mathrm{d}\varepsilon_{ij} > 0 \quad 加载 \\[3mm] \varphi = 0 \quad \dfrac{\partial \varphi}{\partial \varepsilon_{ij}}\mathrm{d}\varepsilon_{ij} = 0 \quad 中性变载 \\[3mm] \dfrac{\partial \varphi}{\partial \varepsilon_{ij}}\mathrm{d}\varepsilon_{ij} < 0 \quad 卸载 \end{cases} \tag{7.12}$$

对于岩土类材料，后继屈服条件可用其残余强度参数表示，如残余内聚力和残余内摩擦角。

7.5　流　动　法　则

对弹塑性材料达到屈服条件后，其变形可分为弹性变形与塑性变形两部分。弹性变形的大小是与应力状态有关的，易于确定。如何确定塑性变形的增量，这是困难的问题。为此 Mises 类比了弹性应变增量可以用弹性位势函数对应力微分来表达，提出了塑性位势理论，其数学表达式为

$$\mathrm{d}\varepsilon_{ij}^{\mathrm{p}} = \mathrm{d}\lambda\,\frac{\partial Q}{\partial \sigma_{ij}} \tag{7.13}$$

式中，Q 为塑性位势函数；$\mathrm{d}\lambda$ 为一个非负的比例系数。式（7.13）是不能确定塑性变形的大小的，但却可以确定塑性变形的方向，故叫流动法则，由于它表示塑性变形方向与塑性等势面正交，所以又叫正交法则。

若塑性势面 $Q = 0$ 与屈服面 $F = 0$ 取为相同时称为相关的流动法则。若 $Q \neq F$，则称为

非相关的流动法则。

7.6　双剪统一弹塑性本构矩阵

一般来说，材料进入塑性以后，应力与应变之间不存在一一对应关系，只能建立应力增量与应变增量之间的关系。这种用增量形式表示的材料本构关系，称为增量理论或流动理论。

对于弹塑性材料，任一点的应变增量 $\{d\varepsilon\}$ 由弹性应变增量 $\{d\varepsilon^e\}$ 和塑性应变增量 $\{d\varepsilon^p\}$ 两部分组成，即

$$\{d\varepsilon\} = \{d\varepsilon^e\} + \{d\varepsilon^p\} \tag{7.14}$$

弹性应变增量可通过广义胡克定律求得：

$$\{d\varepsilon^e\} = [D]^{-1}\{d\sigma\}$$

根据塑性位势理论，塑性流动方向与塑性位势函数 Q 的梯度方向一致，即

$$\{d\varepsilon^p\} = d\lambda\left\{\frac{\partial Q}{\partial\sigma}\right\} \tag{7.15}$$

因此式（7.14）可改写为

$$\{d\varepsilon\} = [D]^{-1}\{d\sigma\} + d\lambda\left\{\frac{\partial Q}{\partial\sigma}\right\} \tag{7.16}$$

硬化屈服：

$$F(\sigma_{ij}, k) = F(\sigma_{ij}) - K(k) \tag{7.17}$$

根据全微分法则得到：

$$dF = \left\{\frac{\partial F}{\partial\sigma}\right\}^T\{d\sigma\} + \frac{\partial F}{\partial k}dk = 0 = \frac{\partial F}{\partial\sigma_1}d\sigma_1 + \frac{\partial F}{\partial\sigma_2}d\sigma_2 + \cdots + \frac{\partial F}{\partial k}dk \tag{7.18}$$

引入参数：

$$A = -\frac{1}{d\lambda}\frac{\partial F}{\partial k}dk \tag{7.19}$$

$$\left\{\frac{\partial F}{\partial\sigma}\right\}^T\{d\sigma\} - Ad\lambda = 0 \tag{7.20}$$

在 $\left\{\frac{\partial F}{\partial\sigma}\right\}^T[D]$ 前乘式（7.16），并利用式（7.20）消去 $d\sigma$，得到：

$$\left\{\frac{\partial F}{\partial\sigma}\right\}^T[D]\{d\varepsilon\} = \left\{\frac{\partial F}{\partial\sigma}\right\}^T[D]\cdot[D]^{-1}\frac{Ad\lambda}{\left\{\frac{\partial F}{\partial\sigma}\right\}^T} + \left\{\frac{\partial F}{\partial\sigma}\right\}^T[D]\cdot d\lambda\left\{\frac{\partial Q}{\partial\sigma}\right\}$$

$$= Ad\lambda + \left\{\frac{\partial F}{\partial\sigma}\right\}^T[D]\left\{\frac{\partial Q}{\partial\sigma}\right\}d\lambda \tag{7.21}$$

由式（7.21）求得 $d\lambda$ 如下：

$$d\lambda = \frac{\left\{\frac{\partial F}{\partial\sigma}\right\}^T[D]\{d\varepsilon\}}{A + \left\{\frac{\partial F}{\partial\sigma}\right\}^T[D]\left\{\frac{\partial Q}{\partial\sigma}\right\}} \tag{7.22}$$

把 $\mathrm{d}\lambda$ 代入式（7.16）得

$$\{\mathrm{d}\sigma\} = [D]\{\mathrm{d}\varepsilon\} - \frac{[D]\left\{\dfrac{\partial Q}{\partial\sigma}\right\}\left\{\dfrac{\partial F}{\partial\sigma}\right\}^{\mathrm{T}}[D]}{A + \left\{\dfrac{\partial F}{\partial\sigma}\right\}^{\mathrm{T}}[D]\left\{\dfrac{\partial Q}{\partial\sigma}\right\}}\{\mathrm{d}\varepsilon\} = \left[\,[D] - [D]_{\mathrm{p}}\,\right]\{\mathrm{d}\varepsilon\} = [D]_{\mathrm{ep}}\{\mathrm{d}\varepsilon\}$$

$$(7.23)$$

式中弹塑性应力应变增量的刚度矩阵为

$$[D]_{\mathrm{ep}} = [D] - \frac{[D]\left\{\dfrac{\partial Q}{\partial\sigma}\right\}\left\{\dfrac{\partial F}{\partial\sigma}\right\}^{\mathrm{T}}[D]}{A + \left\{\dfrac{\partial F}{\partial\sigma}\right\}^{\mathrm{T}}[D]\left\{\dfrac{\partial Q}{\partial\sigma}\right\}} \qquad (7.24)$$

对于硬化材料，k 等于产生塑性变形过程中所做的塑性功，即

$$\mathrm{d}k = \sigma_x d\varepsilon_x^{\mathrm{p}} + \sigma_y d\varepsilon_y^{\mathrm{p}} + \cdots = \{\sigma\}^{\mathrm{T}}\{\mathrm{d}\varepsilon^{\mathrm{p}}\} = \{\sigma\}^{\mathrm{T}}\mathrm{d}\lambda\left\{\dfrac{\partial Q}{\partial\sigma}\right\} \qquad (7.25)$$

再代入式（7.19），得到：

$$A = -\frac{1}{\mathrm{d}\lambda}\frac{\partial F}{\partial k}\mathrm{d}k = -\frac{\partial F}{\partial k}\{\sigma\}^{\mathrm{T}}\left\{\dfrac{\partial Q}{\partial\sigma}\right\} \qquad (7.26)$$

对于理想弹塑性体，$A = 0$。

参数 A 可由单向应力–应变曲线的局部斜率求得，并可按式（7.26）及图7.1从实验确定。

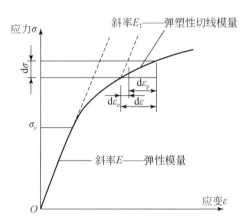

图7.1　单向受力的弹塑性硬化曲线

由式（7.21）~式（7.26）可知，只要屈服函数 $F(\sigma_{ij}, k) = 0$ 和 $Q(\sigma_{ij}, k) = 0$ 的显式是已知的，就可求出参数 A，并求出塑性增量应力–应变矩阵，从而得到增量弹塑性刚度矩阵。

由塑性力学可知，在 Drucker 公式成立的条件下，$Q = F$，这时的流动法则称为相关联的流动法则。只有在这种情况下，$[D]_{\mathrm{ep}}$ 才是对称的。在一般情况下，$Q \neq F$，$[D]_{\mathrm{ep}}$ 是不对称的。

在单轴试验中，有效应力–有效塑性应变关系为

$$\sigma_i = H(\varepsilon_i) \qquad (7.27)$$

微分得到：

$$\mathrm{d}\sigma_i = H'\mathrm{d}\varepsilon_i \tag{7.28}$$

式中，H' 为单轴应力-塑性应变曲线在 σ_i 点的斜率。

通常单轴材料试验 σ-ε 曲线中，横坐标 ε 包括弹性应变和塑性应变，如图 7.1 所示，故应按式 (7.29) 计算 H'：

$$H'(\varepsilon_i) = \frac{\mathrm{d}\sigma}{\mathrm{d}\varepsilon^{\mathrm{p}}} = \frac{\mathrm{d}\sigma}{\mathrm{d}\varepsilon - \mathrm{d}\varepsilon^{\mathrm{e}}} = \frac{1}{\dfrac{\mathrm{d}\varepsilon}{\mathrm{d}\sigma} - \dfrac{\mathrm{d}\varepsilon^{\mathrm{e}}}{\mathrm{d}\sigma}} \tag{7.29}$$

从而

$$H' = \frac{E_{\mathrm{T}}}{1 - \dfrac{E_{\mathrm{T}}}{E}} \tag{7.30}$$

式中，$E_{\mathrm{T}} = \dfrac{\mathrm{d}\sigma}{\mathrm{d}\varepsilon}$ 为弹塑性切线模量；$E = \dfrac{\mathrm{d}\sigma}{\mathrm{d}\varepsilon^{\mathrm{e}}}$ 为弹性模量。

由式 (7.8) 可知，考虑应变发展过程，有效应变的长度按式 (7.31) 计算：

$$\varepsilon_i = \int \mathrm{d}\varepsilon_i = \int \frac{\mathrm{d}\sigma_i}{H'} \tag{7.31}$$

假定材料服从相关联流动法则：

$$Q = F, \quad A = -\frac{H'}{\bar{\sigma}}\{\sigma\}^{\mathrm{T}}\left\{\frac{\partial F}{\partial \sigma}\right\} = -\frac{H'}{\bar{\sigma}}\left\{\frac{\partial F}{\partial \sigma}\right\}^{\mathrm{T}}\{\sigma\}$$

由于 F 是一次均匀函数，根据 Euler 定理，有

$$\left\{\frac{\partial F}{\partial \sigma}\right\}^{\mathrm{T}}\{\sigma\} = F = \bar{\sigma} \tag{7.32}$$

得

$$A = -H' \tag{7.33}$$

本章采用 $Q = F$ 的相关联流动准则。下面讨论基于统一强度理论的 $\left\{\dfrac{\partial F}{\partial \sigma}\right\}$ 的表达式。

对于三维问题：

$$\{\sigma\} = [\sigma_x, \ \sigma_y, \ \sigma_z, \ \tau_{xy}, \ \tau_{yz}, \ \tau_{zx}] \tag{7.34}$$

$$\left\{\frac{\partial F}{\partial \sigma}\right\} = \left[\frac{\partial F}{\partial \sigma_x}, \ \frac{\partial F}{\partial \sigma_y}, \ \frac{\partial F}{\partial \sigma_z}, \ \frac{\partial F}{\partial \tau_{xy}}, \ \frac{\partial F}{\partial \tau_{yz}}, \ \frac{\partial F}{\partial \tau_{zx}}\right] \tag{7.35}$$

通常加载函数 F 用 I_1、J_2、J_3 等表示为 $F(I_1, J_2, J_3)$，因此

$$\left\{\frac{\partial F}{\partial \sigma}\right\} = \frac{\partial F}{\partial I_1}\left\{\frac{\partial I_1}{\partial \sigma}\right\} + \frac{\partial F}{\partial \sqrt{J_2}}\left\{\frac{\partial \sqrt{J_2}}{\partial \sigma}\right\} + \frac{\partial F}{\partial \sqrt{J_3}}\left\{\frac{\partial \sqrt{J_3}}{\partial \sigma}\right\} \tag{7.36}$$

因统一强度理论为两个判别式，故定义 $\{a\} = \left\{\dfrac{\partial F}{\partial \sigma}\right\}$ 或 $\{a\} = \left\{\dfrac{\partial F'}{\partial \sigma}\right\}$，称为统一强度理论的流动矢量，即

$$\{a\} = \left\{\frac{\partial F}{\partial \sigma}\right\} = \frac{\partial F}{\partial I_1} \cdot \frac{\partial I_1}{\partial \sigma} + \frac{\partial F}{\partial \sqrt{J_2}} \cdot \frac{\partial \sqrt{J_2}}{\partial \sigma} + \frac{\partial F}{\partial \sqrt{J_3}} \cdot \frac{\partial \sqrt{J_3}}{\partial \sigma} = C_1\{a_1\} + C_2\{a_2\} + C_3\{a_3\} \tag{7.37}$$

其中，

$$C_1 = \frac{\partial F}{\partial I_1} = \frac{1}{3}(1 - \alpha)$$

$$C_2 = \frac{\partial F}{\partial \sqrt{J_2}} + \frac{\cot 3\theta}{\sqrt{J_2}} \frac{\partial F}{\partial \theta} = \left(1 + \frac{\alpha}{2}\right)\frac{2}{\sqrt{3}}\cos\theta + \frac{\alpha(1 - b)}{1 + b}\sin\theta$$

$$+ \cot 3\theta \left[\frac{\alpha(1 - b)}{1 + b}\cos\theta - \left(1 + \frac{\alpha}{2}\right)\frac{2}{\sqrt{3}}\sin\theta \right]$$

$$C_3 = \frac{-\sqrt{3}}{2\sin 3\theta \sqrt{J_2^3}} \frac{\partial F}{\partial \theta} = \frac{\sqrt{3}}{2 J_2 \sin 3\theta}\left[\left(1 + \frac{\alpha}{2}\right)\frac{2}{\sqrt{3}}\sin\theta - \frac{\alpha(1 - b)}{1 + b}\cos\theta \right]$$

$$\{a_1\}^{\mathrm{T}} = \left\{\frac{\partial I_1}{\partial \theta}\right\}^{\mathrm{T}} = [1, \ 1, \ 1, \ 0, \ 0, \ 0]$$

$$\{a_2\}^{\mathrm{T}} = \left\{\frac{\partial \sqrt{J_2}}{\partial \sigma}\right\}^{\mathrm{T}} = \frac{1}{2\sqrt{J_2}}[S_x, \ S_y, \ S_z, \ 2\tau_{xy}, \ 2\tau_{yz}, \ 2\tau_{zx}]$$

$$\{a_3\}^{\mathrm{T}} = \left\{\frac{\partial J_3}{\partial \sigma}\right\}^{\mathrm{T}} = \{a'_3\}^{\mathrm{T}} + \frac{1}{3}J_2\{1, \ 1, \ 1, \ 0, \ 0, \ 0\}$$

$$\{a'_3\}^{\mathrm{T}} = \{(S_y S_z - \tau_{yz}^2), \ (S_x S_z - \tau_{xy}^2), \ (S_x S_y - \tau_{xy}^2), \ 2(\tau_{yz}\tau_{xz} - S_z\tau_{xy}), \ 2(\tau_{xz}\tau_{xy} - S_x\tau_{yz}),$$
$$2(\tau_{xy}\tau_{yz} - S_y\tau_{xz})\}$$

同理，通过定义流动矢量 $\{a\} = \frac{\partial F'}{\partial \{\sigma\}}$，$C'_1$，$C'_2$ 和 C'_3 可表示为

$$C'_1 = \frac{\partial F'}{\partial I} = \frac{1}{3}(1 - \alpha)$$

$$C'_2 = \frac{\partial F'}{\partial \sqrt{J_2}} + \frac{\cot 3\theta}{\sqrt{J_2}} \frac{\partial F'}{\partial \theta}$$

$$= \left(\frac{2 - b}{1 + b} + \alpha\right)\frac{\cos\theta}{\sqrt{3}} + \left(\alpha + \frac{b}{1 + b}\right)\sin\theta + \cot 3\theta \left[\left(\frac{b}{1 + b} + \alpha\right)\cos\theta - \left(\frac{2 - b}{1 + b} + \alpha\right)\frac{\sin\theta}{\sqrt{3}}\right]$$

$$(7.38)$$

$$C'_3 = -\frac{\sqrt{3}}{2\sqrt{J_2^3}} \frac{\partial F'}{\partial \theta} = \frac{\sqrt{3}}{2 J_2 \sin 3\theta}\left[\left(\frac{2 - b}{1 + b} + \alpha\right)\frac{\sin\theta}{\sqrt{3}} - \left(\frac{b}{1 + b} + \alpha\right)\cos\theta\right]$$

从上述讨论可以看出，通过引入常数 C_i 和 $C'_i (i = 1, \ 2, \ 3)$，双剪统一强度理论就应用到了流动矢量 $\{a\}$ 和相应弹塑性刚度矩阵 $[D]_{\mathrm{ep}}$ 的计算中。

7.7　双剪统一弹塑性本构模型中的奇异点的处理

由于双剪统一弹塑性本构模型中的屈服函数是分段的，在角点存在塑性流动奇异性，为此俞茂宏（2000）采用以下不同的处理方法。

（1）对于在 $\theta = \theta_b$ 点产生的奇异点，采用矢量平均的办法。在奇异点 $\theta = \theta_b$ 分别解出 C_i 和 C'_i，取两者的平均值作为奇异点 $\theta = \theta_b$ 处的流动矢量常数，即

当 $\theta = \theta_b = \arctan \frac{\sqrt{3}}{1 + 2\alpha}$ 时

$$C_i^{Q_b} = \frac{1}{2}(C_i + C'_i) \quad (i = 1,\ 2,\ 3) \tag{7.39}$$

这种方法的物理意义是在奇异点 $\theta = \theta_b$ 处的流动矢量为在该点由 F 和 F' 确定的流动矢量的矢量平均。

（2）对于在点 $\theta = 0°$ 和 $\theta = 60°$ 处产生的奇异，由于加权参数 b 的选取不同，会产生两种性质的奇异现象。当 $b = 1$ 时，在 $\theta = 0°$ 和 $\theta = 60°$ 处流动矢量可以被唯一确定。因为这时的奇异性是由于数学处理上的溢出造成的。采用数学上的方法来消除这种奇异。另外，当 $0 \leqslant b < 1$ 时，在点 $\theta = 0°$ 和 $\theta = 60°$ 处产生奇异角点。这种奇异性需要用物理的方法加以消除。将 $\theta = 0°$ 和 $\theta = 60°$ 分别代入统一强度理论式，再应用 C_i 和 C'_i 的定义可得：

当 $\theta = 0°$ 和 $0 \leqslant b < 1$ 时

$$C_1^{0°} = \frac{\partial F}{\partial I_1} \qquad C_2^{0°} = \frac{\partial F}{\partial \sqrt{J_2}} \qquad C_3^{0°} = 0 \tag{7.40}$$

当 $\theta = 60°$ 和 $0 \leqslant b < 1$ 时

$$C_1^{60°} = \frac{\partial F'}{\partial I_1} \qquad C_2^{60°} = \frac{\partial F'}{\partial \sqrt{J_2}} \qquad C_3^{60°} = 0 \tag{7.41}$$

化简式（7.40）和式（7.41），可得此时奇异角点处的流动矢量系数 C_i 和 C'_i：

当 $\theta = 0°$ 和 $0 \leqslant b < 1$ 时

$$C_1^{0°} = \frac{1}{3}(1 - \alpha) \qquad C_2^{0°} = \frac{2}{\sqrt{3}}\left(1 + \frac{\alpha}{2}\right) \qquad C_3^{0°} = 0 \tag{7.42}$$

当 $\theta = 60°$ 和 $0 \leqslant b < 1$ 时

$$C_1^{60°} = \frac{1}{3}(1 - \alpha) \qquad C_2^{60°} = \frac{2}{\sqrt{3}}\left(1 + \frac{\alpha}{2}\right) \qquad C_3^{60°} = 0 \tag{7.43}$$

通过以上讨论，对于相关联流动的双剪统一弹塑性本构模型，可以完全确定在应力空间中任一点的弹塑性流动矢量 $\{a\}$ 和弹塑性刚度矩阵 $[D]_{ep}$。

7.8　实　例　分　析

下面用统一强度理论来分析计算某一公路隧道与地基受力模型，来对比 b 取不同值时的应力-应变情况。

7.8.1　隧道模型

1. 模型的概化

以某国道圆拱直墙式隧道为地质模型，隧道宽 12m，洞高 6m，拱高 2m。取计算模型 100m×100m 的大小，下端为 Y 方向约束，两侧为 X 方向约束。上端加力，不考虑重力，计算模型如图 7.2 所示。

2. 模型参数的选取

依据现场勘探，岩土参数取值见表 7.1。

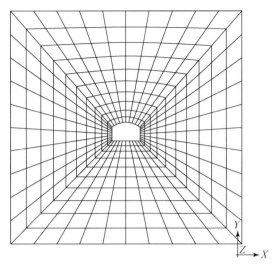

图 7.2　洞室计算模型

表 7.1　模型计算参数

抗拉强度/MPa	抗压强度/MPa	弹性模量 E/GPa	泊松比 μ	容重 γ/(kN/m³)
1.3	26	10	0.16	28.7

3. 结果分析

隧道模型计算结果最大主应力分布云图和最小主应力分布云图分别如图 7.3 和图 7.4 所示。由计算结果图 7.3 可知,当 b 取不同值时,最大主应力与最小主应力迹线分布范围不同,相应的塑性区分布范围也就不同。在同样的结构、材料及荷载下,选用不同的准则所得出的塑性区范围差别较大,但 b 为 0.5~1 时的准则,结果较为接近。采用莫尔-库仑准则($b=0$)时的塑性区分布范围较大,同一应力迹线分布范围也较大。

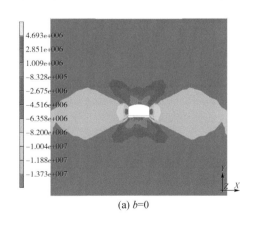

(a) $b=0$

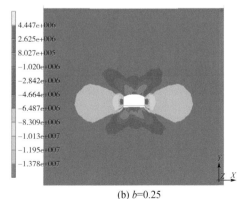

(b) $b=0.25$

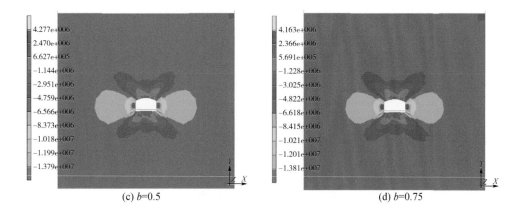

(c) $b=0.5$　　　　　　　　　　(d) $b=0.75$

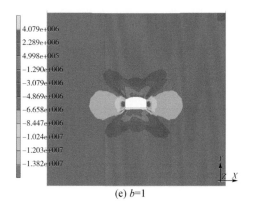

(e) $b=1$

图 7.3　隧道模型计算结果：最大主应力分布云图

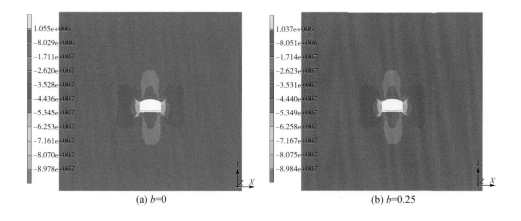

(a) $b=0$　　　　　　　　　　(b) $b=0.25$

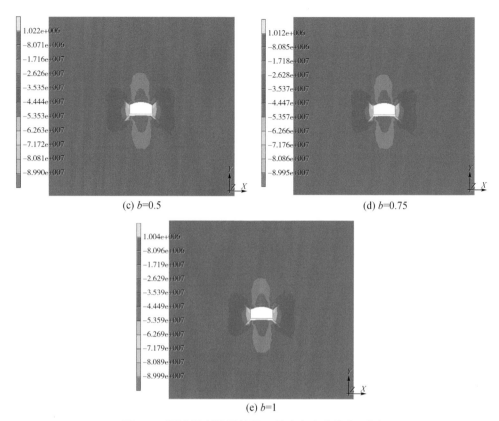

(c) b=0.5　　　　　　　　　　　　(d) b=0.75

(e) b=1

图 7.4　隧道模型计算结果：最小主应力分布云图

7.8.2　地基模型

1. 模型的概化

某基础埋深 2m，宽 2m。考虑基地压力分别为 140kPa 与 175kPa 时的塑性区分布范围与应力分布状况。

2. 模型参数的选取

依据现场勘探，岩土参数取值见表 7.2。

表 7.2　计算模型参数

内聚力 C/kPa	内摩擦角 φ/(°)	弹性模量 E/MPa	泊松比 μ	容重 γ/(kN/m³)
10	10	20	0.3	19

3. 结果分析

图 7.5、图 7.6 给出了不同荷载以及不同参数 b 时得出的地基塑性区扩展图；图 7.7～

图 7.9 给出了不同荷载以及不同参数 b 时得出的 Y 方向应力计算云图；图 7.10 ~ 图 7.12 给出了不同荷载以及不同参数 b 时得出的剪应力 τ_{xy} 计算云图；图 7.13 ~ 图 7.15 给出了不同荷载以及不同参数 b 时得出的最小主应力（代数值）计算云图。

　　由计算结果可见，在荷载相同的条件下，当 b 取不同值时，塑性区范围差别较大，随着 b 值增大，塑性区范围缩小；当 b 取不同值时，同一应力分布范围有所差别。由图 7.5、图 7.6 可见，b 的取值不同，对地基承载力有明显影响，随着 b 的增大，对地基承载力的影响是积极的。采用统一强度理论可以得出一系列分析结果，可以为工程应用提供更多的资料、参考、比较和选用。

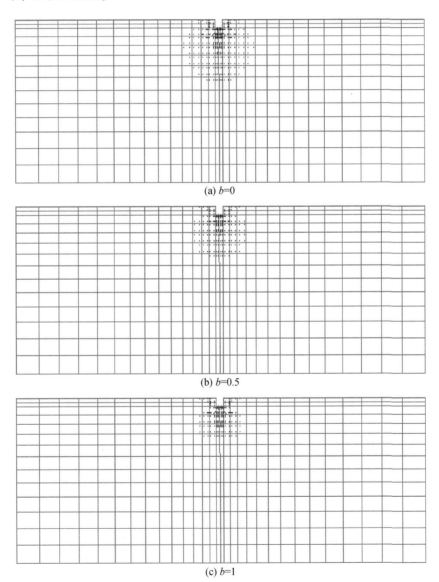

(a) b=0

(b) b=0.5

(c) b=1

图 7.5　塑性区分布范围图（P = 140kPa）

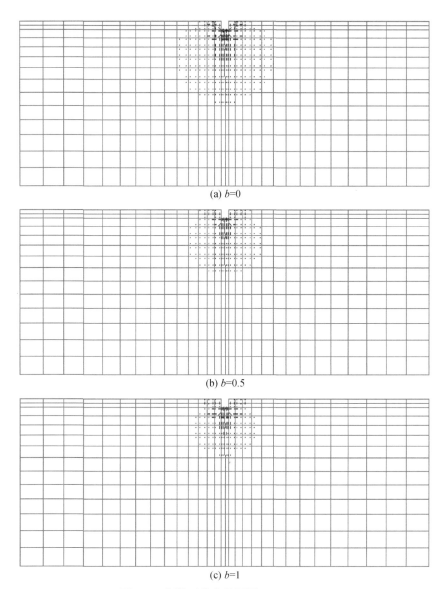

(a) $b=0$

(b) $b=0.5$

(c) $b=1$

图 7.6　塑性区分布范围图（$P=175\text{kPa}$）

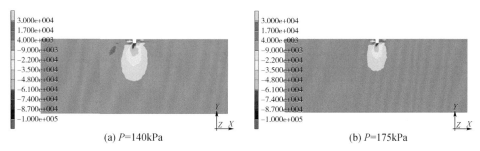

(a) $P=140\text{kPa}$　　　　　　　　　　　　　　(b) $P=175\text{kPa}$

图 7.7　Y 方向应力图（$b=0$）

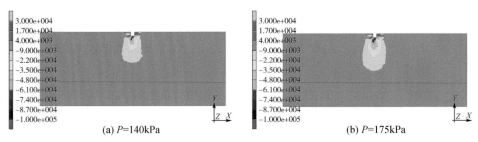

(a) P=140kPa　　　　　　　　(b) P=175kPa

图 7.8　Y 方向应力图（b=0.5）

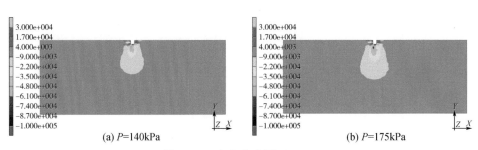

(a) P=140kPa　　　　　　　　(b) P=175kPa

图 7.9　Y 方向应力图（b=1）

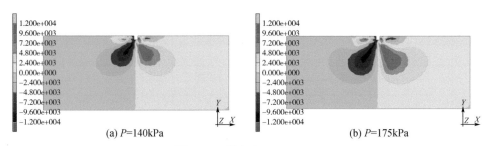

(a) P=140kPa　　　　　　　　(b) P=175kPa

图 7.10　剪应力 τ_{xy}（b=0）

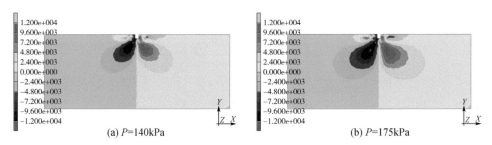

(a) P=140kPa　　　　　　　　(b) P=175kPa

图 7.11　剪应力 τ_{xy}（b=0.5）

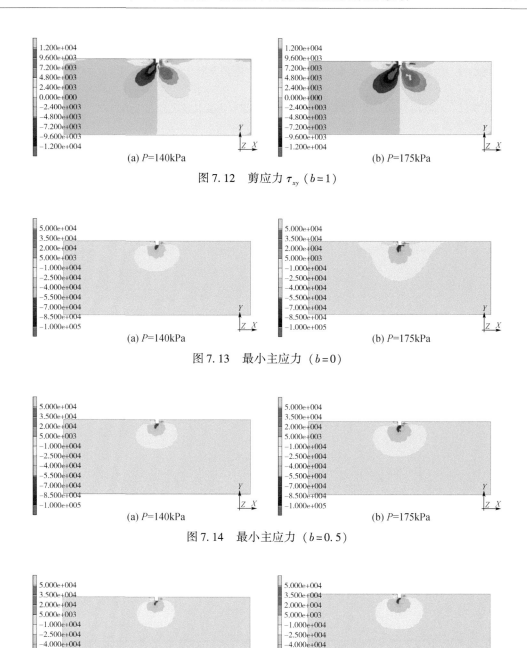

(a) $P=140$kPa　　(b) $P=175$kPa

图 7.12　剪应力 τ_{xy} ($b=1$)

(a) $P=140$kPa　　(b) $P=175$kPa

图 7.13　最小主应力 ($b=0$)

(a) $P=140$kPa　　(b) $P=175$kPa

图 7.14　最小主应力 ($b=0.5$)

(a) $P=140$kPa　　(b) $P=175$kPa

图 7.15　最小主应力 ($b=1.0$)

主要参考文献

江见鲸. 1994. 钢筋混凝土结构设计非线形有限元分析. 西安：陕西科学技术出版社.

沈珠江. 2000. 理论土力学. 北京：中国水利水电出版社.

谢康和，周健 . 2002. 岩土工程有限元分析理论与应用 . 北京：科学出版社 .

俞茂宏 . 2000. 双剪理论及其应用 . 北京：科学出版社 .

俞茂宏，杨松岩，范寿昌等 . 1997. 双剪统一弹塑性本构模型及其工程应用 . 岩土工程学报，19（6）：2～9.

郑颖人，沈珠江，龚晓南 . 2002. 岩土塑性力学原理 . 北京：中国建筑工业出版社 .

朱伯芳 . 1998. 有限单元法原理与应用（第二版）. 北京：中国水利水电出版社 .

Belytschko T，Liu W K，Moran B. 2002. 连续体和结构的非线形有限元 . 庄茁译 . 北京：清华大学出版社 .

Owen D R J，Hinton E. 1989. 塑性力学有限元：理论与应用 . 曾国平，刘忠，徐家礼译 . 北京：兵器工业出版社 .

第8章 黄土边坡变形破坏及稳定性的强度理论效应研究

在边坡工程中，边坡稳定性分析是解决边坡问题的依据，是指导工程建设的重要指标。目前对边坡稳定性分析的方法已有很多种，主要是基于极限平衡理论的瑞典圆弧法、毕肖普法（Bishop，1955）、摩根斯坦–普赖斯法（Morgenstern and Prince，1965）、沙尔玛法（Sarma，1973）、简步法（Janbu，1973）等，基于数值分析的有限单元法、边界元法、离散元法、快速拉格朗日法、块体系统不连续变形分析方法（Tells and Brebbia，1981；陈祖煜，1983，2003；Brebbia et al.，1984；王泳嘉、邢纪波，1991，1995；石根华，1993；Duncan，1996；王勖成、邵敏，1996；朱伯芳，1998）等，以及基于不确定性分析的模糊数学法、可靠度方法、系统工程分析方法、灰色系统理论方法（江伟、耿克勤，1994；李文秀，1996）等。其中，极限平衡分析法提出较早，简单实用，在工程中应用最广，影响最大。

在边坡稳定性分析中，各种稳定性分析方法对边坡安全系数的影响较小。如摩根斯坦–普赖斯法、陈祖煜修正方法、简布法以及孙君实从极限分析角度和模糊极值理论建立的方法都比较完善地处理了力的平衡关系，且考虑了任意形状的滑面，但计算结果很接近。研究表明，满足总体平衡几个条件的方法，不管作了什么样的补充假定，其计算结果都比较接近（俞茂宏等，1998），误差不超过5%，这就是说，目前的边坡稳定性评价方法对计算结果影响不大。

在边坡稳定性分析中，强度理论同样是控制工程设计的最基础理论，采用合理的强度理论和计算准则可以很好地发挥材料的强度潜能，减轻结构质量，取得较好的经济效益。但是，目前在边坡稳定性计算和治理设计中，普遍使用的是莫尔–库仑强度理论，它是以最大剪应力及其面上的正应力为材料破坏的要素。它的一大特点是只考虑了一个最大剪应力（即最大主应力和最小主应力），因此，莫尔–库仑强度理论往往被称为单剪强度理论。基于单剪强度理论的很多土力学问题得不到解决，或在理论上得不到解释，如土的中间主应力效应、平面应变试验得出的土的内摩擦角普遍大于围压三轴试验的结果、土复杂应力试验得出的极限面大于莫尔–库仑强度理论的极限面等，这也导致边坡的实际稳定性大于所计算的安全系数，造成较大的计算误差和工程上不必要的浪费。统一强度理论充分考虑了材料中主应力的效应，它可以覆盖外凸型强度准则上下限间的所有区域（Yu，1991；俞茂宏，1994），可大大发挥材料的强度潜能，在最大程度上节约工程成本。

本章通过物理模型试验及数值模拟研究黄土边坡变形破坏及稳定性的强度理论效应。基于双剪统一强度理论主应力形式的数学表达式，采用相关联的流动法则，利用 VC++编制可供 FLAC3D 调用的双剪统一强度理论动态链接库文件，研究黄土边坡稳定性的强度理论效应。根据实际黄土滑坡统计的几何参数、地质结构，确定计算及试验模型。开展黄土边坡的物理模型试验，研究荷载作用下边坡的受力、变形、破坏特征。分析不同统一强度理论参数 b 值时边坡稳定性系数的变化规律，研究边坡稳定性的统一强度理论效应。将物理模型试验和数值模拟结果进行对比分析，讨论双剪统一强度理论参数 b 值在黄土边坡稳定性计算中的取值范围及影响效应，揭示黄土边坡稳定性的强度理论效应。

8.1　黄土边坡变形破坏的物理模型试验

8.1.1　模型试验方案的设计

1. 试验模型尺寸的确定

模型试验是一种比尺试验，在比尺物理模型试验中主要存在两大问题，一是重力的补偿，二是试验材料的相似性。对于重力的补偿，可采用摩擦力、渗水力及离心力作一定补偿，而对于试验材料，主要根据材料相似性进行配制或使用原材料开展试验。在本次试验中，并未对重力进行补偿，而是采用加载的方式实现边坡的三维破坏。试验使用与原型相同的材料，仅考虑几何尺寸的相似性。

本次试验在设计模型尺寸时必须考虑边坡模型的长、宽、高和坡角四个因素，模型尺寸的长、宽、高需符合一定的比例。因此，模型的尺寸设计可以参照实际原型进行。本试验根据国内外黄土滑坡的相关文献、资料，收集整理大量黄土滑坡相关尺寸（王家鼎等，2001；殷跃平等，2004；徐张建等，2007；李同录等，2007；许领、戴福初，2008；李滨，2009），确定试验的模型尺寸。各相关尺寸的含义如图 8.1 所示，各尺寸数据见表 8.1。

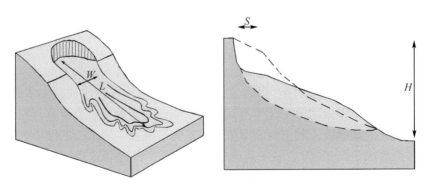

图 8.1　滑坡相关尺寸示意图

W. 宽度；*L.* 长度；*H.* 坡高；*S.* 后壁到坡肩距离

表8.1　收集滑坡相关尺寸统计表

序号	L	W	S	H	L/H	W/H	S/H	位置
1		51	8	65		0.8	0.1	泾阳南塬滑坡区（统计资料）
2	400	400	80	120	3.3	3.3	0.7	黑方台黄茨滑坡（一级台阶部分）
3	500	580	100	160	3.1	3.6	0.6	宝鸡金台卧龙寺滑坡
4	500	350	120	200	2.5	1.8	0.6	宝鸡金台金顶寺滑坡
5	500	450	150	200	2.5	2.3	0.8	宝鸡金台刘家泉滑坡
6	110	240	40	80	1.4	3.0	0.5	延安市南部卧虎山滑坡
7	1000	550	180	300	3.3	1.8	0.6	甘肃省洒勒山滑坡
8	300		50	100	3.0		0.5	陕西任家湾滑坡
9	40		15	30	1.3		0.5	甘肃西峰长庆桥滑坡
10	634		100	150	4.2		0.7	陕西宝鸡簸箕山滑坡
11	177	350	60	70	2.5	5.0	0.9	延安凤凰山滑坡
12			30	50			0.6	黑方台焦家崖头滑坡
13	375	650		150	2.5	4.3		兰州皋兰山黄土滑坡（I_1）
14	160	250		80	2.0	3.1		兰州皋兰山黄土滑坡（I_2）
15	335	325		160	2.1	2.0		兰州皋兰山黄土滑坡（I_3）
16	150	100		70	2.1	1.4		兰州皋兰山黄土滑坡（I_4）
17	500	150		185	2.7	0.8		兰州皋兰山黄土滑坡（II_1）
18	600	170		190	3.2	0.9		兰州皋兰山黄土滑坡（II_2）
19	320	125		146	2.2	0.9		兰州皋兰山黄土滑坡（III）
平均值					2.6	2.3	0.6	
中位数					2.5	2.0	0.6	

通过分别建立 L、W、S 与 H 比值的统计关系用于设计模型尺寸，W 为宽度，L 为长度，H 为坡高，S 为后壁到坡肩距离，由表8.1 可见，L/H、W/H、S/H 三组比值中前两组离散性较大，S/H 值较小，又因为统计数据中中位数具有稳健性，故采用比值的中位数作为设计模型所采用的参数。研究表明，在数值计算时，当 W/H 为 3.0 ~ 5.5 这一区间值时，边坡破坏的三维空间效应减弱，可以简化为二维模型进行计算（闫艳、朱大勇，2011）。这也可以理解为边坡发生三维破坏时其宽度与坡高的比值小于一个定值，即边坡高度一定时，其破环的宽度是有限的。综上所述，最终确定边坡模型的尺寸应满足以下关系，式（8.1）中右下角标 m 表示 Model（模型）。

$$\begin{cases} W_{\mathrm{m}} > 3H \\ L_{\mathrm{m}} > 2.5H \\ S_{\mathrm{m}} = 0.6H \end{cases} \tag{8.1}$$

局部堆载在边坡纵向上的尺寸由 S_{m} 确定，其横向上的尺寸还没有相应的统计量提供参考。因此在现阶段的试验中采用正方形堆载。

2. 试验平台及边坡模型设计

本次试验的模型箱整体采用槽钢对焊作为受力框架,框架间焊接5mm厚钢板,整体刚性很好,可承受10t以上荷载。箱体内部净空间尺寸为3m×1.6m×1.8m,内壁表面平整,空间尺寸较小,但可采用拼接的方式对其进行扩展。同时为方便试验过程中提运土料、构件、设备等工作,在框架上还需设计起重装置。

从式(8.1)可以看到,边坡模型的坡高 H 对整个模型有着控制作用,结合试验箱体的尺寸,决定在原有箱体的宽度方向上进行扩展加长,保留原有长度方向上的尺寸3m不变。在坡形设计时扣除坡体左右两侧各0.2m与箱体接触的区域,可用于试验的边坡宽度约2.6m并代入式(8.1),则可以得到:

$$\begin{cases} H < 0.87\text{m} \\ L_m > 2.18\text{m} \\ S_m \leqslant 0.52\text{m} \end{cases} \tag{8.2}$$

最后确定边坡的坡高 $H=0.85$m,则模型箱体内部的尺寸为3m×2.5m×1.8m,即打开箱体的一侧长边,并在这一侧沿宽度方向加长0.9m,使箱体内侧宽度增加到2.5m。箱体上增加支架、轨道,安装设计荷载500kg的两向电动葫芦(行走、上下)。模型框架及试验边坡模型相关尺寸如图8.2所示。

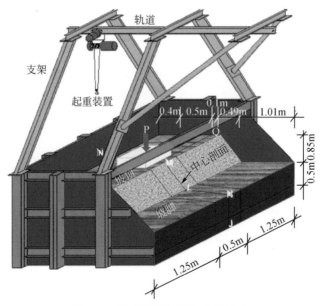

图8.2　模型框架及试验边坡尺寸

3. 试验加载设计

加载设计包括荷载大小和加载方式两部分内容。对于荷载大小,首先根据经验参数采用极限平衡法进行试算。经验参数见表8.2,采用 GeoSlope 按试验边坡模型尺寸(坡角

45°、60°）建立模型进行计算，结果如图 8.3 所示，当坡顶荷载分别为 100kPa、60kPa 时，45°、60°坡角的坡体分别进入极限平衡状态。本次试验设计最大荷载为 120kPa，按每 5kPa 或 10kPa 递增考虑。

表 8.2　重塑黄土抗剪强度参数表

层号	天然密度/(g/cm³)	干密度/(g/cm³)	含水量/%	φ/(°)	C/kPa
①	1.60	1.33	20	23	15
②	1.80	1.50	20	30	35

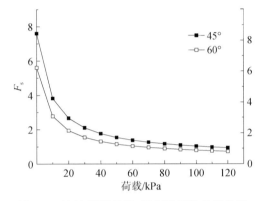

图 8.3　边坡模型荷载–稳定性系数关系曲线

对于加载方式，常采用的主要有堆载、杠杆、机械千斤顶、油压千斤顶等几种方式。后两种所需的系统较为复杂，投入太高，杠杆方法技术复杂程度一般，但由于本次试验场地仍未能长期固定，故也未能采用。因此，在现阶段模型试验中仍采用传统的堆载方式进行试验。

堆载使用钢筋混凝土块作为重物，块体尺寸为 700mm×700mm×100mm，在块体中部设计有凹槽，留有钢筋挂钩便于起吊。单个块体质量约 125kg，使 500mm×500mm 的刚性压头，单个块体能在土体表面产生 5kPa 的应力。

4. 位移测量

坡体位移场的测量包括两个方面：坡体表面测量与坡体内部测量。对于坡体内部位移场的观测目前还不成熟，在实际边坡（滑坡）中可埋设深部位移传感器，这种方法的使用前提是：①明确待测区域；②待测区域不受传感器尺寸影响，适用于现场试验、足尺模型试验及大比尺模型试验，对于小比尺模型试验适用性较差。因此，本次模型试验未对坡体内部位移场进行监测。

对坡面位移的测量比较容易实现，可采用百分表、位移计、全站仪及影像测量等多种方案。其中，百分表、位移计均只能对固定点进行记录且为接触式测量，能够布设的数量有限；全站仪可实现非接触式测量，可实现对被测点进行空间位置的准确测量，进行三维定位，但其只能逐点进行测量工作，在边坡进入破坏阶段时无法实现对坡面位移场的测量。

近年来，随着数字影像记录技术得到长足的发展，数字方式采集图像的速度、分辨率都达到了较高的水平。数字格式记录的图像文件能够方便地利用计算机进行处理，同时可通过处理结果（如位移场的速度变化率）以适应的速度记录数据，提高采集的效率以及对存储空间有效利用。影像测量为非接触式测量，对边坡的变形破环不会造成影响，可实现全区域、全过程的高效测量，且自动化、智能化水平高，相比其他测量方法有极大优越性。因此，本次试验优先采用此种方案用于监测坡面位移场，并试图寻找一种能够测试影像测量效果，同时能够基本满足试验效果的较为廉价的影像测量方案。

1）坡顶压头位移监测

由于试验采用堆载方案，将预制钢筋混凝土块置于刚性压头上，利用刚性压头对坡体施压。考虑到刚性压头可能会发生倾斜，用单个位移传感器无法确定其形态特征，故采用三只位移传感器测量其三个角点的位移。同时，为确定温度对位移传感器的影响，单独设置 1 只位移传感器，用于观测温度等引起的零点波动。

具体设置方式为：通过角钢将被测点外延接近模型框架侧壁，与固定于侧壁的位移传感器通过万向接头连接，如图 8.4 所示。考虑到边坡发生变形破坏将产生较大的位移量，且可能出现一端下沉一端上翘的情况，结合一般强度试验（对土）的终止条件为应变量 $10\% \sim 20\%$，本次坡高 850mm，预计其变形量可达 $85 \sim 170$mm，为保证有足够的量测长度，选用的位移传感器量程应大于 300mm。

(a)刚性压头　　　　　　　　(b)位移传感器连接细部照片

图 8.4　位移传感器连接图

传感器采用西安新敏电子科技有限公司生产的 WYL 拉杆位移传感器（量程 0 ~ 300mm），数据采集器使用该公司生产的 8 通道采集设备 USB2.0-8-12AD，其中通道数为 8 路，分辨率为 12AD，采样时间最小 50ms/次，精度为 0.1%。

2）坡面位移监测

坡面位移监测采用 PIV（Particle Image Velocimetry）粒子图像测速法进行。早在 2001 年英国剑桥大学 White 和 Take 在其学术报告中，较为详细地论述了 PIV 技术在岩土体监测中的应用, 在 White (2002) 的博士论文中进行了具体的应用研究并编制了相应的 GeoPIV 软件。现在国际上已经有了大量的 PIV 应用实例, 很多专业型的公司将 PIV 技术专业化, 如丹麦的 Dantec Dynamics A/S 公司、德国的 Lavision 公司都有非常成熟的 2D-PIV、3D-PIV 系统, 其系统的硬件模块与软件模块均已非常成熟。国内 PIV 技术发展相对较慢, 大多是基于 GeoPIV 软件进行的新的工作。

其技术原理是: 用位置不变的摄影设备, 在不同时刻 t_1 与 t_2 对同一区域进行拍摄, 将两张照片均栅格化, 然后通过寻找两张照片中相同的栅格, 并用栅格移动的量按照一定比例尺计算实际物体移动的量。精确分析的前提是高分辨率的影像、图像文件, 高效准确的程序算法。PIV 技术应用于边坡变形监测主要的技术问题在于被测量场的空间受到限制, 如需要进行大面积的高精度测量, 必然需要大尺寸高分辨率的影像, 这必然导致硬件投入的巨大增加, 同时对程序算法设计所用的计算机硬件提出极高的要求。

在本次模型试验中, 为验证 PIV 技术的可行性以及开源 PIV 程序 (OpenPIV) 的实用性。图像获取采用高清数码摄像头, 可拍摄 1920×1080 像素的彩色图片, 配合图像采集控制软件 Timershot, 最高可达 1 张/s 进行拍摄。

整个技术实现流程如图 8.5 所示。

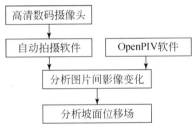

图 8.5　PIV 技术实现流程图

5. 坡体内部应力场的测量

结合试验的目的, 模型试验中需测定边坡土体中的应力场。依据式 (8.1) 中可见, 模型的宽度、长度均较大, 且采用局部加载方案, 故边坡中部区域将产生较为复杂的应力场。由于一点的应力状态有 9 个分量, 其中 σ_x、σ_y、σ_z、τ_{xy}、τ_{yz}、τ_{zx} 6 个应力分量是独立的, 所以要确定一点的应力状态, 至少要独立地测出上述 6 个分量。其中, 3 个正应力的量测相对简单, 可采用布设相互正交的压力传感器直接测量, 但对于土体中剪应力的测量并没有相对传感器。

1) 正应力测量

对坡体中的一个点需测量三个正应力, 量测可采用压力传感器如图 8.6 (a) 所示。其原理是利用应变片组成桥式电路, 并将其粘贴于传感器测压面板内侧并对桥式电路供电, 当传感器测压面板发生变形时, 粘贴于内侧的应变片随之发生变形, 自身电阻改变, 整个桥式电路中信号端电压将发生明显变化, 从而将测压面板的变形转换为电压信号。在此基础上, 通过标定建立电压信号与压力之间的对应关系, 便可以用于压力值测量。实际测量时，可将 3 个压力传感器按两两垂直的关系埋入坡体中，相互间距保持在 5cm 左右，可视为测量一点的正应力。

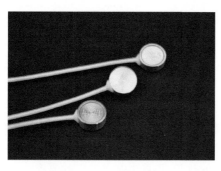
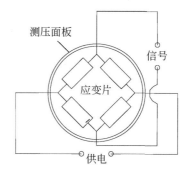

(a)压力传感器实物（四川金码科技有限公司提供）　　　　(b)压力传感器电路图

图 8.6　压力传感器照片

2）剪应力测量

对于土体中剪应力的测量，目前尚无对应的传感器。在结构模型试验中，通常在结构表面粘贴相互垂直的两个应变片，再利用被测材料的力学参数反算剪应力。但对于土体而言，其剪切变形量较大甚至出现直接错断分离的情况，无法将结构模型试验中的办法直接使用。有学者将应变花粘贴于高弹性立方块上，先对弹性立方块的弹性参数进行测量，将其埋入土体后利用弹性立方块与土体之间的变形协调性，间接测量土体中的三向应变值并反算出应力值，取得了较好的效果。在这一思想的启发下，通过将应变片粘贴于中间介质上，利用中间介质与土体之间的变形协调性测量土体中的剪应变，并利用中间介质的变形参数反算剪应力的大小，但中间介质的选择较为困难。

在力学分析中一般采用六面体作为分析的基本单元，有的也可以采用四面体、八面体、十二面体等，用不同单元体来描述一点的应力状态，所用的应力参数数量是不同的，但一点的应力状态是客观不变的，因此不管用何种单元体描述一点的应力状态，最终都可以通过力的合成分解再转换为唯一的三向主应力状态。设想忽略多面体（八面体以上）上各面的剪应力只考虑正应力，仅利用正应力来合成一点的应力状态，可采用的单元体可以是八面体、十二面体甚至是更为复杂的形状。本次模型试验中，应力传感器及位移传感器的埋设位置及测量内容如图 8.7 所示。

6. 边坡的形成

1）试验材料

试验所用黄土取自西安市建工路一处建筑工地（109°0′46″E，34°13′32″N），取土深度为 7～10m，为粉质黏土、稍湿，并在室内进行了土工常规实验，实验结果见表 8.3，并进行了粒度分析试验，粒度曲线如图 8.8 所示。

P
2#
1#
3#
0.5m
0.5m
0.1m
0.25m
0.15m
0.45m
0.25m
0.5m
E
F
D
C
B
A
0.4m
0.3m
0.3m
60°
0.3m
1.5m
z
x
y
监测σ_{xx}，σ_{yy}和σ_{zz}
监测σ_{zz}
监测σ_{xx}和σ_{yy}
监测disp-z

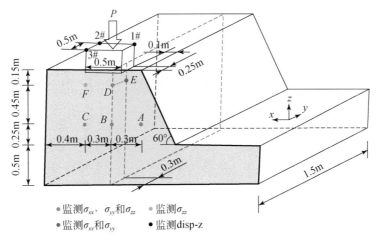

图 8.7　应力传感器及位移传感器的埋设位置及测量内容图

表 8.3　室内常规实验结果一览表

类别	含水率/%	干密度/(g/cm³)	孔隙比	饱和度/%	液限/%	塑限/%	液限指数	塑性指数	C/kPa	φ/(°)
原状土	22.9	1.38	0.96	64.7	31.9	24.2	-0.17	7.7	25	28.6
重塑土	19.5	1.40	0.93	56.7	31.9	24.2	-0.61	7.7	16	25.9

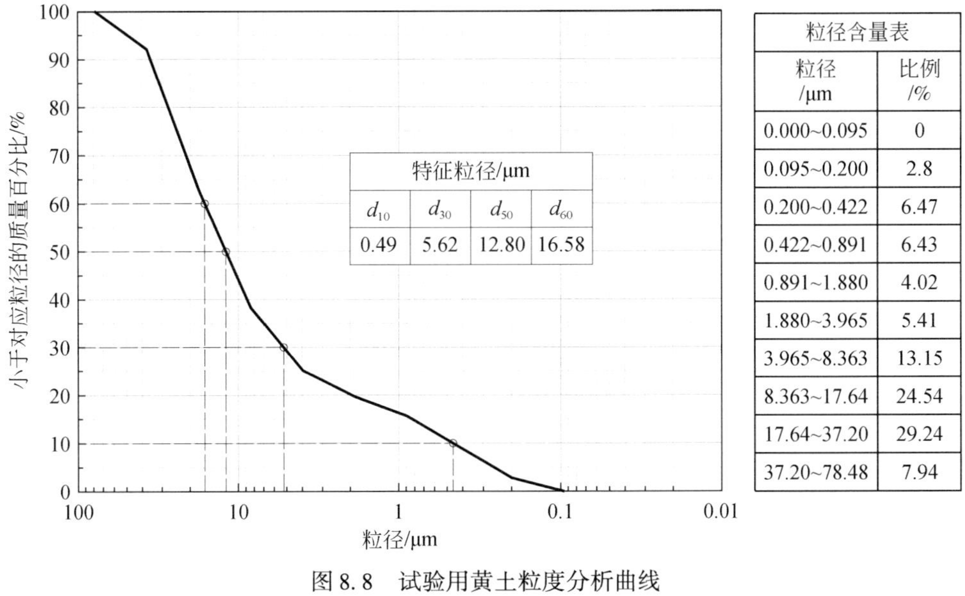

小于对应粒径的质量百分比/%
粒径/μm
100
90
80
70
60
50
40
30
20
10
0
100
10
1
0.1
0.01
特征粒径/μm
d_{10} d_{30} d_{50} d_{60}
0.49 5.62 12.80 16.58
粒径含量表
粒径/μm 比例/%
0.000~0.095 0
0.095~0.200 2.8
0.200~0.422 6.47
0.422~0.891 6.43
0.891~1.880 4.02
1.880~3.965 5.41
3.965~8.363 13.15
8.363~17.64 24.54
17.64~37.20 29.24
37.20~78.48 7.94

图 8.8　试验用黄土粒度分析曲线

不均匀系数：$C_\mathrm{u} = \dfrac{d_{60}}{d_{10}} = 33.84$

曲率系数：$C_\mathrm{c} = \dfrac{d_{30}^2}{d_{60} \times d_{10}} = 3.89$

在模型试验填筑黄土边坡前，对黄土进行过筛处理，将黄土中夹杂的干土块、碎石及杂物排除，并翻倒土堆，使其水分均匀。

2) 填土方案

填土采用阶梯形分层填筑的方案，共分为3级，10层，除第4层为5cm厚，第5层为10cm厚以外，余下各层厚度均为15cm，如图8.9所示。为确保各层的水平，试验前利用水准仪在箱体内侧标记出一水平面，并以该面为基准面，在箱体内侧按上述分层尺寸标记填土界线如图8.9所示，实际实验如图8.10所示。

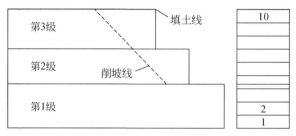

图 8.9　填土分层示意图

此外，在填土前需对土实测含水量，并利用实测含水量计算填筑各层所需土的质量（表8.4），并按填土界线分层填筑，填完一层再填下一层之前，应对其表面打毛，打毛厚度5cm左右，才能进行下一层填筑。填完第一级后将第二级挡土板安装好，再进行第二级各层的填筑。

表8.4　各层填土质量计算表

分级	层号	厚度/m	宽度/m	长度/m	体积/m³	含水率/%	干密度/(kg/m³)	湿密度/(kg/m³)	湿土质量/kg
第一级	1	0.15	2.5	3	1.125	19.5	1400	1673	1882
	2	0.15	2.5	3	1.125	19.5	1400	1673	1882
	3	0.15	2.5	3	1.125	19.5	1400	1673	1882
	4	0.05	2.5	3	0.375	19.5	1400	1673	627
第二级	5	0.1	2.1	3	0.63	19.5	1400	1673	1054
	6	0.15	2.1	3	0.945	19.5	1400	1673	1581
	7	0.15	2.1	3	0.945	19.5	1400	1673	1581
第三级	8	0.15	1.6	3	0.72	19.5	1400	1673	1205
	9	0.15	1.6	3	0.72	19.5	1400	1673	1205
	10	0.15	1.6	3	0.72	19.5	1400	1673	1205

图 8.10　箱体内侧填土分层界线

3) 填土过程

（1）筛土：由于本试验所用黄土来自野外，其中夹杂着大颗粒土块等可能影响试验结果的成分，因此，在试验填土之前，需要对土样过筛。由于在野外取回的土，天然含水率较高，会影响土过筛量。筛土时，用的是孔洞大小为 1.5cm×1.5cm 的铁丝网。过筛之后，土料的含水率变化在 2% 左右，对计算填土质量有一定影响。因此，在实际填土过程中，可以适当减少部分填土量。

（2）填土：本次填土前，实测含水量为 24%，按干密度 1.4g/cm³，代入表 8.4 重新计算，再按各层用土量逐层填筑。

第一步：将过筛的试验土样，装入铁斗并用电子称称重，再通过运输系统装入模型框。

第二步：每次土样卸下以后，将土样轻轻刮均匀，防止最后出现密度严重不均匀；当单层土样达到计算重量以后，先将土样用水平尺整平，此时土样高度一般超过分层界限，用脚将虚土踩实，便于后期夯实。

第三步：将踩实后的土层粗略整平，用夯锤夯击土层，夯击至此填土层上部界限出露。

第四步：夯击过后，再次用水平尺等工具将土面整平，用脚将整平过后的虚土踩实，此时，基本可以看见所填土层与上一个分层界线的下边缘，此层填土结束。

第五步：将夯实的土层用洋镐刨毛 5cm 左右，目的是让此填土层与下一填土层有效结合。将压实的土层刨毛后，用水平尺将需要铺洒石灰粉的区域抹平整，再均匀地洒上一层薄石灰粉即可。

第六步：埋设土压力盒。将土压力盒埋置在潜在滑动面的周围。在埋设过程中应注意在压力盒附近预留一定长度数据线，防止边坡破坏时带动土压力盒移动而使得数据线被拉断，如图 8.11（a）所示。

第七步：重新开始"第一步"，填下一层土。

(a)土压力盒埋设　　　　　　　　　(b)添加标志层

图 8.11　第三次试验填土照片

（3）削坡：在填筑完成后，按削坡线自上而下削坡，同时将挡土板自上而下拆除，第一级挡土板不拆。削坡完成后在坡面用两种颜色的图钉按 10cm 的间距按入坡面，作为影像测量时的标记点，如图 8.12 所示。

图 8.12　填土、削坡、标记过程

4）设备安装与调试

（1）摄像头安装与调试：将摄像头置于坡体正前方约 3m 位置处并与计算机连接，调试摄像头直至其拍出的照片能够较为清楚地反映坡面的情况时为止，并将拍照模式设置成每 2min 拍一次。

本试验采用的是 CML-1L-16 型应变力综合测试仪，将其安装在土压力盒与计算机之间，对土压力盒所采集数据收集整理，并传至计算机。需要注意的是 CML-1L-16 型应变力综合测试仪使用前需要开机 45min 左右，使其稳定之后再开始测试，以免影响采集数据的有效性；另外，将没有埋进坡体中的土压力盒竖向放入没有用完的土料里面，使它与坡体里面的 15 个压力盒所处环境相同，从而起空白对照的作用。

（2）承压装置的安装：将承压板、角钢和矩形钢管如图 8.13 所示安装好，并在坡顶放上木板分散压力，防止人员在坡顶行走时对坡体造成影响。

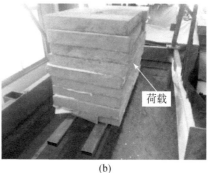

(a)　　　　　　　　　　　　　(b)

图 8.13　试验堆载实物照片

8.1.2　边坡加载变形破坏特征分析

1. 边坡加载至变形破坏的过程

为了防止短时间内快速加载导致边坡快速破坏而无法有效观察破坏过程，在 2013 年 5 月 9 日 16 时 30 分完成边坡的构筑和设备的安装调试工作，静置一天后，于 2013 年 5 月 10 日 10 时 42 分开始进行试验。

本次试验在前期以 10kPa 为增量加载，后期以 5kPa 为增量加载，每一级荷载作用下等到变形基本稳定后再进行下一级加载。不同时间边坡的变形特征见表 8.5 和图 8.14。

表 8.5　试验过程特征表

时间	试验现象	照片	备注
2013 年 5 月 10 日 10 时 41 分	坡面有许多干裂形成的细小裂纹	图 8.14（a）	气温上升，坡面水分蒸发
2013 年 5 月 10 日 10 时 42 分	承压板有明显下沉，坡面无明显裂缝和可见隆起	图 8.14（b）	加荷至 10kPa
2013 年 5 月 11 日 22 时 25 分	承压板无明显下沉，坡面由于水分蒸发严重，裂缝大面积发育；承压板前方坡面出现两条疑似荷载引起的裂缝，重点观察	图 8.14（c）	加荷至 20kPa；气温进一步回升
2013 年 5 月 12 日 08 点 33 分	无	图 8.14（d）	开始单块加载，加荷至 25kPa
2013 年 5 月 12 日 10 时 45 分	荷载出现明显倾斜，坡面上两条重点观察的裂缝长度增加	图 8.14（e）	加荷至 30kPa
2013 年 5 月 12 日 22 时 44 分	承压板未出现明显沉降、裂缝或隆起，两条重点观察裂缝进一步伸长	图 8.14（f）	纵向放置两根矩形钢管，并加荷至 35kPa；摄像头位置变化

续表

时间	试验现象	照片	备注
2013 年 5 月 13 日 08 时 14 分	坡面出现两条较为明显的贯通裂缝，自承压板底部处向坡脚延伸，距离坡脚越近两条裂缝的间距越大；堆载倾斜	图 8.14（g）	加荷至 40kPa
2013 年 5 月 13 日 13 时 35 分	荷载有明显沉降，并且向右后方加剧倾斜；坡面已有裂缝进一步贯通，且数量增加；坡体表面未发现明显隆起现象	图 8.14（h）	加荷至 45kPa
2013 年 5 月 13 日 19 时 27 分	荷载倾斜严重，有倒塌或滑落的危险；坡面上出现两条由坡顶贯通至坡脚的裂缝，并且进一步裂开；坡面开始能够观察到轻微隆起；一号传感器已经与坡顶接触	图 8.14（i）	加荷至 50kPa
2013 年 5 月 14 日 11 时 28 分	荷载继续倾斜，第四次加载后加上的两根纵向矩形截面钢已经与模型后壁接触，使得已加荷载整体不再向后方倾斜，使沉降受到限制；坡面上的两条贯通裂缝已经非常明显，并且坡面隆起比较容易观察	图 8.14（j）	用铁链一端与两纵向矩形钢管连接，一端固定于框架，放置滑落；加荷至 55kPa
2013 年 5 月 14 日 14 时 54 分	荷载向坡面倾斜；裂缝快速张大，坡面迅速隆起，随即坡面破坏，荷载整体向前倾倒，试验结束	图 8.14（k）	将荷载全部卸下，调整坡顶土至水平，重新加载至 65kPa
2013 年 5 月 14 日 15 时 00 分	坡面完全破坏，荷载部分坠落	图 8.14（l）	实验结束

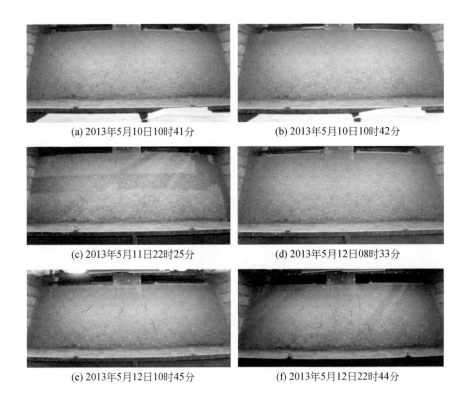

(a) 2013年5月10日10时41分　　　　　　(b) 2013年5月10日10时42分

(c) 2013年5月11日22时25分　　　　　　(d) 2013年5月12日08时33分

(e) 2013年5月12日10时45分　　　　　　(f) 2013年5月12日22时44分

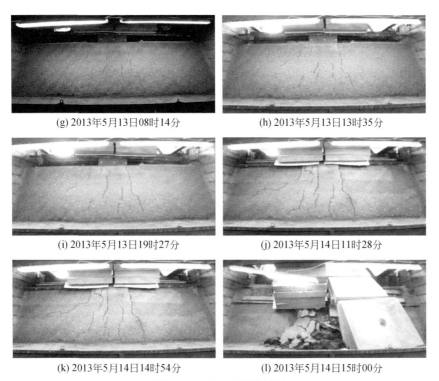

(g) 2013年5月13日08时14分　　　　　　　　(h) 2013年5月13日13时35分

(i) 2013年5月13日19时27分　　　　　　　　(j) 2013年5月14日11时28分

(k) 2013年5月14日14时54分　　　　　　　　(l) 2013年5月14日15时00分

图 8.14　试验过程特征图

图 8.15 给出了刚性压头不同角点的竖向位移曲线，其中"1#"、"2#"、"3#"位移传感器的位置如图 8.7 所示，分别测量刚性压头东北角、东南角、西北角的移变化量，向下移动为正。刚性压头中心点的位移变化量，是利用几何关系，将三个角点的位移变化量平均得到的。

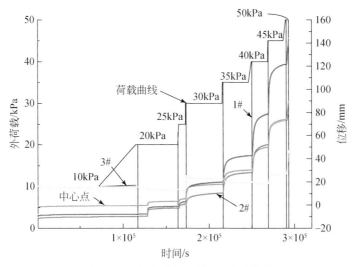

图 8.15　坡顶刚性压头加载位移曲线

　　由图 8.15 可见,在加载过程中当每一级荷载施加于刚性压头后,压头都有不同程度的倾斜,且倾斜程度越来越严重,故在加载到 50kPa 后将堆载重物全部卸下,将压头垫平后再重新逐级加载至边坡破坏,再加载曲线如图 8.16 所示。

　　利用几何关系,假设三个位移传感器只发生竖直向运动,忽略其前后、左右方向上的变化,可绘制出加载过程中整个刚性压头形态的变化特征,由于边坡模型的坡向正对南方,借用地层层面产转这一概念,对刚性压头平面的形态进行表示,如图 8.17 所示,从曲线特征可以看到,在试验开始时,压头顶面的倾角很小,但已向北偏西方向倾斜,后一直保持这一状态直至试验进行到 40h 时,加载 25kPa 级荷载时,发生向北偏转至正北方向,然后基本稳定在北偏东 22° 左右,但倾角发生显著增加,从 0° 左右显著增加至 7° 左右。

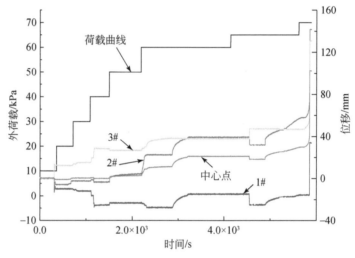

图 8.16　重新加载位移曲线

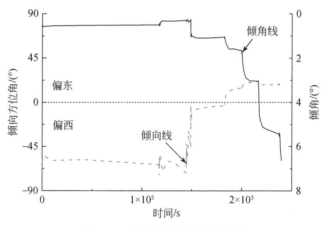

图 8.17　压头顶面形态特征曲线

　　从这一变化可以发现,局部堆载主要的问题是容易发生倾斜,而且倾斜一旦出现,就难以控制。从图 8.16 中 "1#" 位移传感器读数一直为负值，即表现为上翘就可以发现，刚性平台的东北角一直处于较高的位置，整体不再是水平的，而且刚性压头一旦发生倾斜，往往会对边坡产生一水平方向的力，如图 8.18 所示，而水平方向分力对边坡稳定性的影响极大，这对模型试验的影响是非常明显的。

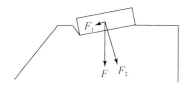

图 8.18　压头倾斜示意图

2. 坡面变形特征分析

图 8.19 给出了各加载阶段坡面形态照片，当坡顶加载到 30kPa 时，坡面出现微小裂缝，随着荷载的增加，坡面变形逐渐增加，坡面裂缝的数量及长度均逐渐增加。

(a) 10kPa加载时坡面形态(2013年5月11日06时43分)

(b) 30kPa加载时坡面形态(2013年5月12日10时29分)

(c) 40kPa加载时坡面形态(2013年5月13日08时10分)

(d) 55kPa加载时坡面形态(2013年5月14日11时27分)

图8.19　各加载阶段坡面形态照片

对边坡破坏阶段最后10s左右进行处理，拍摄照片记录最小间隔1s，如图8.20所示。选取图中红框范围作为分析区，采用PIV采集系统进行影像处理，分析加载作用下边坡坡面的位移变化特征。其中，后处理采用Roi Gurka、Alex Liberzon、Denis Lepchev基于MATLAB软件开发的Spatial Analysis Toolbox工具进行图像处理。由图8.20（a）到（b）再到（c）两个阶段，分析区内位移场的变化特点如图8.21～图8.24所示。

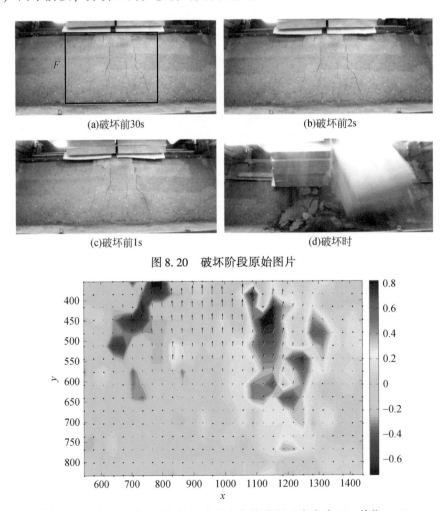

图8.21　图8.20（a）到（b）水平方向位移量（向右为正，单位mm）

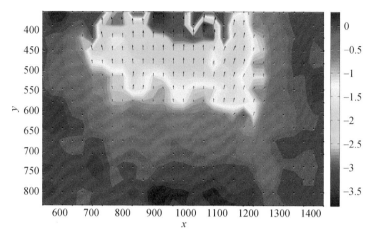

图 8.22　图 8.20（a）到（b）竖直方向位移量（向上为正，单位 mm）

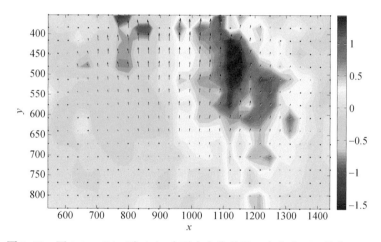

图 8.23　图 8.20（b）到（c）水平方向位移量（向右为正，单位 mm）

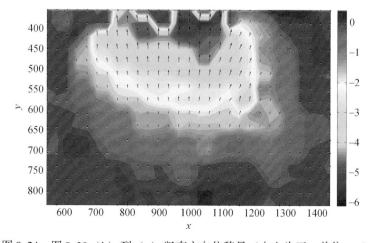

图 8.24　图 8.20（b）到（c）竖直方向位移量（向上为正，单位 mm）

图 8.21～图 8.23 分别表示分析区内位移场的变化，可能是摄影镜头放置位置偏低的原因，边坡在发生变形时本应向下移动的坡面表现为向上运动。仔细观察试验过程照片图 8.20 中（a）～（c），发现边坡中部土体顶部向外突出，未发生局部破碎的情况，即表现为一种整体转动的运动形式。分析两张水平方向的位移云图可以发现，边坡在变形破坏时中部发生鼓胀的现象十分明显，两张水平方向位移的图片上在中线两侧都有变形集中区域；从位移量变化角度及中部竖直方向的活动性来看，整个分析区中上部的变化是巨大的，1s 内位移量达到 6mm。

3. 坡体内部变形特征分析

坡体内部变形破坏特征如图 8.25 所示，边坡土体除沿 F1 发生滑动破坏外，在边坡内部已出现贯通的 F2 滑面，以及后部未贯通的 F3 裂缝。F1 是主要破裂面，F1 以上的土体产生大位移滑动，完全破坏。F1 和 F2 之间土体剪切变形剧烈，羽状剪切裂缝发育。在 F2 和 F3 之间，土体破碎，剪切变形显著，微裂纹极其发育。

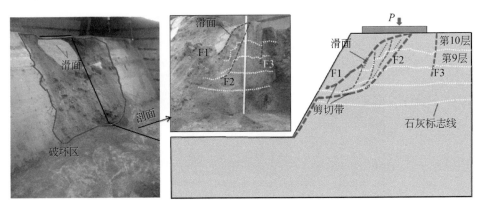

图 8.25　坡体内部变形破坏

8.1.3　坡体内部应力场特征

本次试验中对坡体内应力水平进行了测量，其中传感器的布置如图 8.7 所示，A、B、C、D 测量 σ_{xx}、σ_{yy}、σ_{zz} 三个方向的正应力，E 测量 σ_{xx}、σ_{yy} 两个方向的正应力，F 只测量 σ_z 方向的正应力，各阶段荷载见表 8.6。图 8.26 给出了各测点 Y 方向正应力变化曲线。图 8.27 给出了不同阶段边坡中心剖面 σ_{yy} 实测应力云图，云图根据实测值插值计算获得。根据变化曲线及云图可得到以下几个方面的认识。

表 8.6　荷载阶段说明表

阶段	S1	S2	S3	S4	S5	S6
荷载	0kPa（填土）	10kPa	20kPa	25kPa	30kPa	35kPa
阶段	S7	S8	S9	S10	S11	
荷载	40kPa	45kPa	50kPa	55kPa	0～70kPa	

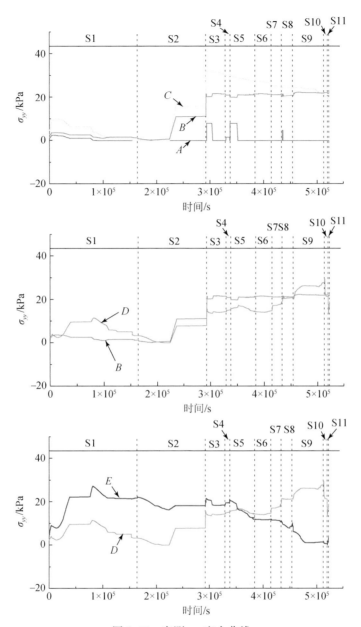

图 8.26　实测 σ_{yy} 应力曲线

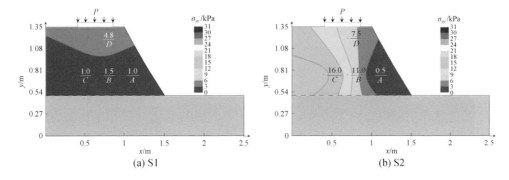

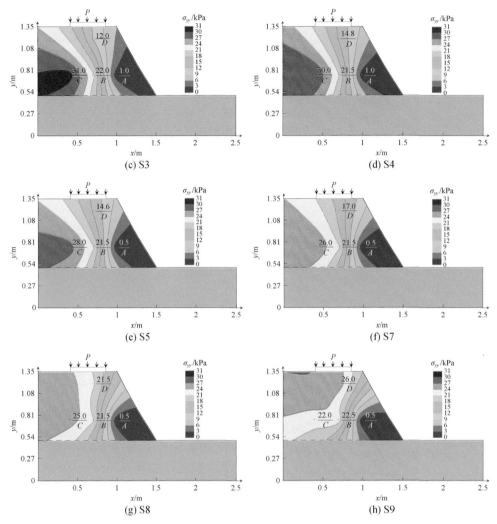

图 8.27　不同阶段边坡中心剖面 σ_{yy} 应力云图

（1）A 没有直接位于压头下方，整个过程中压力变化不大，几乎没有改变。

（2）位于压头影响区内的 B、C、D、E 在开始阶段几乎没有变化，从边坡中心剖面 σ_{yy} 应力云图 S2 中期开始，有一个明显的抬升，变为 20kPa。

（3）随着荷载增加，除 A 外各传感器应力值均有不同程度提高，其中 C 在 S3（20kPa）开始时升值最高约 30kPa，后逐步回落，说明在坡体中下部左右方向上的应力水平比较大，而其他区域较小。

（4）E 在 S4（25kPa）时下降，后一直下落，应与坡体开裂有关系。

（5）从边坡中心剖面应力分布云图看，随着坡顶荷载的增加，边坡坡脚附近的 σ_{yy} 变化不大，但边坡中后部应力的大小及分布特征均有较大的变化。在 S1 阶段，边坡顶部的荷载整体较大。在 S2 阶段，坡体后部的应力较大，并向坡脚处逐渐减小。S3~S6 阶段，坡体后缘下部的应力较大，向坡脚和坡顶逐渐减小，且最大值也在逐渐减小。S7 阶段以后，较大应力范围从边坡后缘底部向坡肩处逐渐发展，最终形成 S9 阶段的对称分布。

图 8.28 给出了各测点 X 方向正应力变化曲线。图 8.29 给出了不同阶段边坡中心剖面 σ_{xx} 实测应力云图。由图可见，X 方向的应力分布较为稳定，较深位置处受影响明显较小，其中 A 从 S4 开始呈上升趋势，说明从这一级荷载开始边坡内部已经有明显的外鼓趋势。

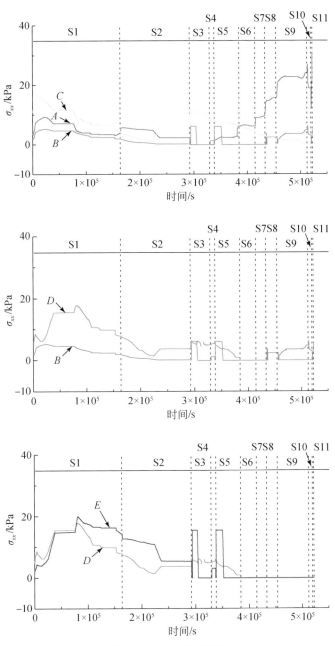

图 8.28　σ_{xx} 应力曲线

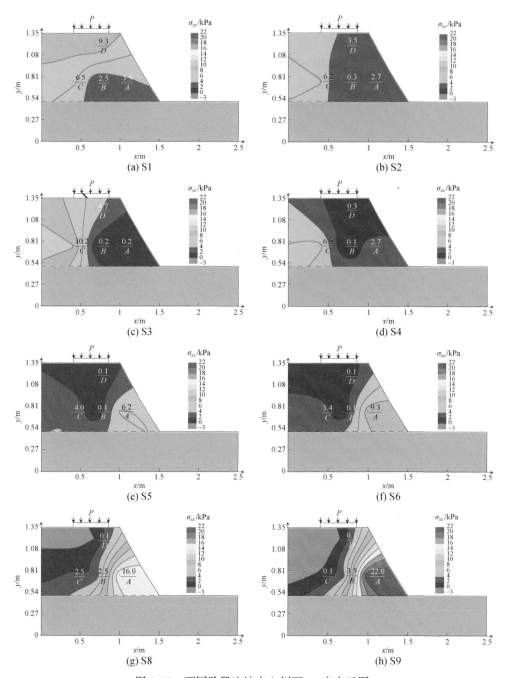

图 8.29　不同阶段边坡中心剖面 σ_{xx} 应力云图

　　B、C、D、E 都从 S4 开始明显下降，应为坡体开裂所致，说明 S4（25kPa）为比较重要的荷载水平。这一级荷载对边坡中土体有较强的压缩作用，即边坡中填土应在这样的压力下能快速压缩，图 8.15 中的刚性压头的下沉曲线也表现出了这一特点。

　　不同荷载条件下，边坡 σ_{xx} 的分布特征差异较大。在 S1 ~ S4 阶段，较大 σ_{xx} 应力从边坡后缘顶部逐渐向底部迁移，较小 σ_{xx} 应力从坡脚处逐渐向坡顶及边坡后缘发展。在 S5 阶段，边坡较大 σ_{xx} 应力从边坡后缘底部向坡脚处迁移，在边坡顶部中部出现受拉区。在 S6～S9 阶段，较大 σ_{xx} 应力在边坡坡脚处集中，且应力值越来越大，受拉区在坡顶向后缘及深部快速发展。

图 8.30 给出了各测点 Z 方向正应力变化曲线。图 8.31 给出了不同阶段边坡中心剖面 σ_{zz} 实测应力云图，由图可得到以下几个方面的认识。

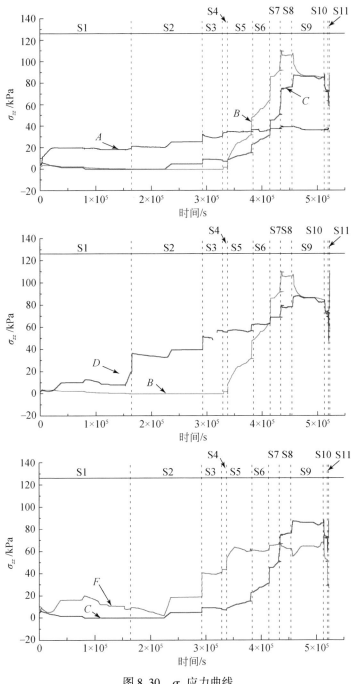

图 8.30　σ_{zz} 应力曲线

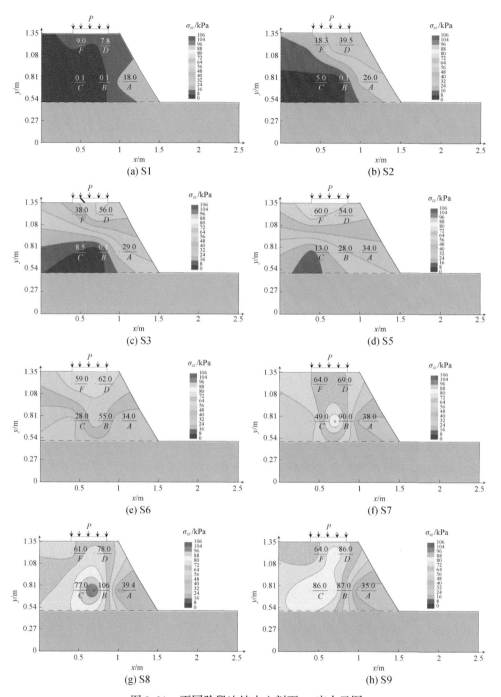

图 8.31　不同阶段边坡中心剖面 σ_{zz} 应力云图

（1）各点的应力基本随荷载的增大而增大，但增大的幅度和起始阶段有较大差异。

（2）在 S1～S4 阶段，加载对 σ_{zz} 的影响范围主要在加载板底部较近的区域，以及靠近坡面的位置，此时传感器 D、F 的数值随加载的增大而增大，传感器 B、C 的数值平稳维持在较低的状态。

（3）在 S4 以后，每级荷载的增加都会引起深部传感器 B、C 的增大，且应力增量值大于所施加荷载的值，这主要是加载导致土体中应力重分布，并引起监测点处的应力集中。

（4）在 S8 和 S9 之后，土体中的应力随着荷载的增大逐渐减小，这主要是土体屈服之后，破损扩展，应力重分布导致应力释放所致。

（5）由应力云图可见，边坡 σ_{zz} 的分布特征受加荷水平的控制。在 S1 阶段，加荷所产生的附加应力较小，荷载对边坡应力场分布特征的影响较小。在 S2 ~ S4 阶段，随着荷载的增加，加荷影响深度逐渐增大，主要影响区集中在坡面及坡肩范围，最大应力出现在加荷板附近。S5 阶段以后，坡体内附加应力从荷载板底部向下快速发展，最大应力值的位置逐渐向下移动，较大应力分布范围逐渐向坡体后缘下部扩展，在坡脚处的应力值相对较小。

8.2　统一强度理论在 FLAC3D 中的实现

8.2.1　屈服准则相关参数获取

根据第 2 章双剪统一强度理论的主应力形式式（2.103）、式（2.104），其数学表达式为

$$F = \sigma_1 - \frac{1 - \sin\varphi}{(1 + b)(1 + \sin\varphi)}(b\sigma_2 + \sigma_3) = \frac{2C_0\cos\varphi}{1 + \sin\varphi} \quad \sigma_2 \leqslant \frac{1}{2}(\sigma_1 + \sigma_3) - \frac{\sin\varphi}{2(\sigma_1 - \sigma_3)}$$

$$F' = \frac{1}{1 + b}(\sigma_1 + b\sigma_2) - \frac{1 - \sin\varphi}{1 + \sin\varphi}\sigma_3 = \frac{2C_0\cos\varphi}{1 + \sin\varphi} \quad \sigma_2 \geqslant \frac{1}{2}(\sigma_1 + \sigma_3) - \frac{\sin\varphi}{2(\sigma_1 - \sigma_3)}$$

则式（2.103）、式（2.104）可改写为式（8.3）、式（8.4）的线性形式：

$$F = \sigma_1 - \frac{1 - \sin\varphi}{(1 + b)(1 + \sin\varphi)}b\sigma_2 + \frac{1 - \sin\varphi}{(1 + b)(1 + \sin\varphi)}\sigma_3 - \frac{2C_0\cos\varphi}{1 + \sin\varphi}$$

$$\sigma_2 \leqslant \frac{1}{2}(\sigma_1 + \sigma_3) - \frac{\sin\varphi}{2(\sigma_1 - \sigma_3)} \tag{8.3}$$

$$F' = \frac{1}{1 + b}\sigma_1 + \frac{b}{1 + b}\sigma_2 - \frac{1 - \sin\varphi}{1 + \sin\varphi}\sigma_3 - \frac{2C_0\cos\varphi}{1 + \sin\varphi} \quad \sigma_2 \geqslant \frac{1}{2}(\sigma_1 + \sigma_3) - \frac{\sin\varphi}{2(\sigma_1 - \sigma_3)}$$

$$\tag{8.4}$$

将屈服函数简化表示为式（8.5）、式（8.6）的线性形式：

$$F = \mathrm{d}ua_{11}\sigma_1 + \mathrm{d}ua_{12}\sigma_2 + \mathrm{d}ua_{13}\sigma_3 + \mathrm{d}\sigma_t \quad \sigma_2 \leqslant \frac{1}{2}(\sigma_1 + \sigma_3) - \frac{\sin\varphi}{2(\sigma_1 - \sigma_3)} \tag{8.5}$$

$$F' = \mathrm{d}ua_{21}\sigma_1 + \mathrm{d}ua_{22}\sigma_2 + \mathrm{d}ua_{23}\sigma_3 + \mathrm{d}\sigma_t \quad \sigma_2 \geqslant \frac{1}{2}(\sigma_1 + \sigma_3) - \frac{\sin\varphi}{2(\sigma_1 - \sigma_3)} \tag{8.6}$$

其中，$\mathrm{d}ua_{11} = 1$，$\mathrm{d}ua_{12} = \dfrac{1 - \sin\varphi}{(1 + b)(1 + \sin\varphi)}b$，$\mathrm{d}ua_{13} = \dfrac{1 - \sin\varphi}{(1 + b)(1 + \sin\varphi)}$

$$\mathrm{d}ua_{21} = \frac{1}{1 + b}, \quad \mathrm{d}ua_{22} = \frac{b}{1 + b}, \quad \mathrm{d}ua_{23} = -\frac{1 - \sin\varphi}{1 + \sin\varphi}, \quad \mathrm{d}\sigma_t = -\frac{2C_0\cos\varphi}{1 + \sin\varphi}$$

1) 当 $\sigma_2 \leqslant \dfrac{1}{2}(\sigma_1 + \sigma_3) - \dfrac{\sin\varphi}{2(\sigma_1 - \sigma_3)}$ 时

当 $\sigma_2 \leqslant \dfrac{1}{2}(\sigma_1 + \sigma_3) - \dfrac{\sin\varphi}{2(\sigma_1 - \sigma_3)}$ 时，根据双剪统一屈服准则，则塑性位势函数可表示为式（8.7）的形式：

$$g_1^s = \mathrm{d}ua_{11}\sigma_1 + \mathrm{d}ua_{12}\sigma_2 + \mathrm{d}ua_{13}\sigma_3 \tag{8.7}$$

在塑性增量理论中，将物体在弹塑性变形阶段的应变分为两部分：弹性应变 ε_i^e 和塑性应变 ε_i^p 。应变增量 $\mathrm{d}\varepsilon_i$ 的表达式为

$$\mathrm{d}\varepsilon_i = \mathrm{d}\varepsilon_i^e + \mathrm{d}\varepsilon_i^p \tag{8.8}$$

式中，弹性应变增量 $\mathrm{d}\varepsilon_i^e$ 可以用广义胡克定律计算，塑性应变增量 $\mathrm{d}\varepsilon_i^p$ 可以用塑性位势函数对应力微分的表达式表示，则

$$\mathrm{d}\varepsilon_1^p = \mathrm{d}\lambda_{s1}\frac{\partial g_1^s}{\partial \sigma_1} = \mathrm{d}ug_{11}\lambda_{1s}$$

$$\mathrm{d}\varepsilon_2^p = \mathrm{d}\lambda_{s1}\frac{\partial g_1^s}{\partial \sigma_2} = \mathrm{d}ug_{12}\lambda_{1s} \tag{8.9}$$

$$\mathrm{d}\varepsilon_3^p = \mathrm{d}\lambda_{s1}\frac{\partial g_1^s}{\partial \sigma_3} = \mathrm{d}ug_{13}\lambda_{1s}$$

式中，$\mathrm{d}ug_{11} = \mathrm{d}ua_{11}$ ，$\mathrm{d}ug_{12} = \mathrm{d}ua_{12}$ ，$\mathrm{d}ug_{13} = \mathrm{d}ua_{13}$ 。弹性应力增量可根据胡克定律表示为式（8.10）的形式：

$$\mathrm{d}\sigma_1 = a_1\mathrm{d}\varepsilon_1^e + a_2(\mathrm{d}\varepsilon_2^e + \mathrm{d}\varepsilon_3^e)$$

$$\mathrm{d}\sigma_2 = a_1\mathrm{d}\varepsilon_2^e + a_2(\mathrm{d}\varepsilon_1^e + \mathrm{d}\varepsilon_3^e) \tag{8.10}$$

$$\mathrm{d}\sigma_3 = a_1\mathrm{d}\varepsilon_3^e + a_2(\mathrm{d}\varepsilon_1^e + \mathrm{d}\varepsilon_2^e)$$

式中，$a_1 = K + \dfrac{4}{3}G$ ；$a_2 = K - \dfrac{2}{3}G$ 。结合式（8.8）、式（8.9），则式（8.10）表示为

$$\begin{aligned}
\mathrm{d}\sigma_1 &= a_1\mathrm{d}\varepsilon_1^e + a_2(\mathrm{d}\varepsilon_2^e + \mathrm{d}\varepsilon_3^e)\\
&= a_1(\mathrm{d}\varepsilon_1 - \mathrm{d}\varepsilon_1^p) + a_2\big[(\mathrm{d}\varepsilon_2 - \mathrm{d}\varepsilon_2^p) + (\mathrm{d}\varepsilon_3 - \mathrm{d}\varepsilon_3^p)\big]\\
&= a_1\mathrm{d}\varepsilon_1 + a_2(\mathrm{d}\varepsilon_2 + \mathrm{d}\varepsilon_3) - \lambda_{1s}\big[a_1\mathrm{d}ug_{11} + a_2(\mathrm{d}ug_{12} + \mathrm{d}ug_{13})\big]\\
&= a_1\mathrm{d}\varepsilon_1 + a_2(\mathrm{d}\varepsilon_2 + \mathrm{d}\varepsilon_3) - \lambda_{1s}\mathrm{d}n_{11}\\
\mathrm{d}\sigma_2 &= a_1\mathrm{d}\varepsilon_2^e + a_2(\mathrm{d}\varepsilon_1^e + \mathrm{d}\varepsilon_3^e)\\
&= a_1(\mathrm{d}\varepsilon_2 - \mathrm{d}\varepsilon_2^p) + a_2\big[(\mathrm{d}\varepsilon_1 - \mathrm{d}\varepsilon_1^p) + (\mathrm{d}\varepsilon_3 - \mathrm{d}\varepsilon_3^p)\big]\\
&= a_1\mathrm{d}\varepsilon_2 + a_2(\mathrm{d}\varepsilon_1 + \mathrm{d}\varepsilon_3) - \lambda_{1s}\big[a_1\mathrm{d}ug_{12} + a_2(\mathrm{d}ug_{11} + \mathrm{d}ug_{13})\big]\\
&= a_1\mathrm{d}\varepsilon_1 + a_2(\mathrm{d}\varepsilon_2 + \mathrm{d}\varepsilon_3) - \lambda_{1s}\mathrm{d}n_{12}\\
\mathrm{d}\sigma_3^1 &= a_1\mathrm{d}\varepsilon_3^e + a_2(\mathrm{d}\varepsilon_1^e + \mathrm{d}\varepsilon_2^e)\\
&= a_1(\mathrm{d}\varepsilon_3 - \mathrm{d}\varepsilon_3^p) + a_2\big[(\mathrm{d}\varepsilon_1 - \mathrm{d}\varepsilon_1^p) + (\mathrm{d}\varepsilon_2 - \mathrm{d}\varepsilon_2^p)\big]\\
&= a_1\mathrm{d}\varepsilon_3 + a_2(\mathrm{d}\varepsilon_1 + \mathrm{d}\varepsilon_2) - \lambda_{1s}\big[a_1\mathrm{d}ug_{13} + a_2(\mathrm{d}ug_{11} + \mathrm{d}ug_{12})\big]\\
&= a_1\mathrm{d}\varepsilon_1 + a_2(\mathrm{d}\varepsilon_2 + \mathrm{d}\varepsilon_3) - \lambda_{1s}\mathrm{d}n_{13}
\end{aligned} \tag{8.11}$$

式中，$\mathrm{d}n_{11} = a_1\mathrm{d}ug_{11} + a_2(\mathrm{d}ug_{12} + \mathrm{d}ug_{13})$ ；$\mathrm{d}n_{12} = a_1\mathrm{d}ug_{12} + a_2(\mathrm{d}ug_{11} + \mathrm{d}ug_{13})$ ；$\mathrm{d}n_{13} = a_1\mathrm{d}ug_{13} +$

$a_2(\mathrm{d}ug_{11} + \mathrm{d}ug_{12})$。

设物体内任意点的新的应力状态为

$$\sigma_i^{\mathrm{N}} = \sigma_i^{\mathrm{O}} + \mathrm{d}\sigma_i \tag{8.12}$$

则根据式 (8.11)，有

$$\sigma_1^{\mathrm{N}} = \sigma_1^{\mathrm{I}} - \lambda_{1s}\mathrm{d}n_{11}$$
$$\sigma_2^{\mathrm{N}} = \sigma_2^{\mathrm{I}} - \lambda_{1s}\mathrm{d}n_{12}$$
$$\sigma_3^{\mathrm{N}} = \sigma_3^{\mathrm{I}} - \lambda_{1s}\mathrm{d}n_{13} \tag{8.13}$$

式中，σ_i^{I} 为用总应变计算所得的弹性应力增量，可表示为式 (8.14) 的形式：

$$\sigma_1^{\mathrm{I}} = \sigma_1^{\mathrm{O}} + a_1\mathrm{d}\varepsilon_1 + a_2(\mathrm{d}\varepsilon_2 + \mathrm{d}\varepsilon_3)$$
$$\sigma_2^{\mathrm{I}} = \sigma_2^{\mathrm{O}} + a_1\mathrm{d}\varepsilon_2 + a_2(\mathrm{d}\varepsilon_1 + \mathrm{d}\varepsilon_3)$$
$$\sigma_3^{\mathrm{I}} = \sigma_3^{\mathrm{O}} + a_1\mathrm{d}\varepsilon_3 + a_2(\mathrm{d}\varepsilon_1 + \mathrm{d}\varepsilon_2) \tag{8.14}$$

当材料屈服时，一点的新应力状态位于屈服面上，根据屈服函数式 (8.5) 有

$$F = \mathrm{d}ua_{11}\sigma_1^{\mathrm{N}} + \mathrm{d}ua_{12}\sigma_2^{\mathrm{N}} + \mathrm{d}ua_{13}\sigma_3^{\mathrm{N}} + \mathrm{d}\sigma_{\mathrm{t}} = 0$$

可得

$$\lambda_{1s} = \frac{F(\sigma_1^{\mathrm{N}}, \sigma_2^{\mathrm{N}}, \sigma_3^{\mathrm{N}})}{\mathrm{d}ua_{11}\mathrm{d}un_{11} + \mathrm{d}ua_{12}\mathrm{d}un_{12} + \mathrm{d}ua_{13}\mathrm{d}un_{13}} \tag{8.15}$$

2) 当 $\sigma_2 \geqslant \dfrac{1}{2}(\sigma_1+\sigma_3) - \dfrac{\sin\varphi}{2(\sigma_1-\sigma_3)}$ 时

当 $\sigma_2 \geqslant \dfrac{1}{2}(\sigma_1+\sigma_3) - \dfrac{\sin\varphi}{2(\sigma_1-\sigma_3)}$ 时，根据双剪统一屈服准则，则塑性位势函数可表示为式 (8.16) 的形式：

$$g_2^{\mathrm{s}} = \mathrm{d}ua_{21}\sigma_1 + \mathrm{d}ua_{22}\sigma_2 + \mathrm{d}ua_{23}\sigma_3 \tag{8.16}$$

经过如上 1) 部分的推导变换，可得

$$\lambda_{2s} = \frac{F'(\sigma_1^{\mathrm{N}}, \sigma_2^{\mathrm{N}}, \sigma_3^{\mathrm{N}})}{\mathrm{d}ua_{21}\mathrm{d}un_{21} + \mathrm{d}ua_{22}\mathrm{d}un_{22} + \mathrm{d}ua_{23}\mathrm{d}un_{23}} \tag{8.17}$$

式中，$\mathrm{d}ug_{21} = \mathrm{d}ua_{21}$；$\mathrm{d}ug_{22} = \mathrm{d}ua_{22}$；$\mathrm{d}ug_{23} = \mathrm{d}ua_{23}$；$\mathrm{d}n_{21} = a_1\mathrm{d}ug_{21} + a_2(\mathrm{d}ug_{22} + \mathrm{d}ug_{23})$；$\mathrm{d}n_{22} = a_1\mathrm{d}ug_{22} + a_2(\mathrm{d}ug_{21} + \mathrm{d}ug_{23})$；$\mathrm{d}n_{23} = a_1\mathrm{d}ug_{23} + a_2(\mathrm{d}ug_{21} + \mathrm{d}ug_{22})$。

材料的拉伸屈服函数表示为

$$f^{\mathrm{t}} = \sigma - \sigma^{\mathrm{t}} \tag{8.18}$$

式中，$\sigma = \dfrac{1}{3}(\sigma_1 + \sigma_2 + \sigma_3)$；$\sigma^{\mathrm{t}}$ 取 $\dfrac{2C_0\cos\varphi}{1 + \sin\varphi}$ 和 $\dfrac{C_0}{\tan\varphi}$ 中的较大者。

根据流动法则及相关推导，可得

$$\sigma_{ij}^{\mathrm{N}} = \sigma_{ij}^{\mathrm{I}} + (\sigma^{\mathrm{t}} - \sigma^{\mathrm{I}})\delta_{ij} \tag{8.19}$$

式中，上标 N，I 的意义同上一部分。δ_{ij} 称为 Kronechker 符号，其表达式为

$$\delta_{ij} = \begin{cases} 1 & \text{当 } i = j \\ 0 & \text{当 } i \neq j \end{cases} \tag{8.20}$$

8.2.2　统一强度理论在 FLAC3D 中的实现

根据 8.2.1 部分的相关理论及表达式，采用 Microsoft Visual Studio 2008，编制 FLAC3D

可调用的动态链接库文件。动态链接库的头文件形式如下：

```
#ifndef __CONMODEL_H
#include "conmodel.h"
#endif
class UnitedStrengthModel:public ConstitutiveModel {
public:
enum ModelNum { mnUnitedStrengthModel=409 };
EXPORT UnitedStrengthModel(bool bRegister=true);
virtual const char * Keyword(void) const { return("united-
strength");}
virtual const char * Name(void)const { return("United-Strength-Mod-
el");}
virtual const char ** Properties(void)const;
virtual const char ** States(void)const;
virtual double GetProperty(unsigned ul)const;
virtual ConstitutiveModel * Clone(void)const { return(new United-
StrengthModel());}
virtual double ConfinedModulus(void)const { return(dBulk + d4d3 *
dShear);}
virtual double ShearModulus(void)const { return(dShear);}
virtual double BulkModulus(void)const { return(dBulk);}
virtual double SafetyFactor(void)const { return(10.0);}
virtual unsigned Version(void)const { return(2);}
virtual bool SupportsHystDamp()const {return true;}
virtual void SetProperty(unsigned ul,const double & dVal);
virtual const char * Copy(const ConstitutiveModel * m);
virtual const char * Initialize(unsigned uDim,State * ps);
virtual const char * Run(unsigned uDim,State * ps);
virtual const char * SaveRestore(ModelSaveObject * mso);
virtual void HDampInit(const double dHMult);
 private:
double dBulk, dShear, dCohesion, dFriction, dDilation, dTension, dYoung,
dPoisson,dUb;
double dE1, dE2, dG2, dNPH, dCSN, dCSC, dSC11, dSC12, dSC13, dSC21,
dSC22,dSC23;
double dUa11,dUa12,dUa13,dUa21,dUa22,dUa23;
```

程序的调试通过在程序文件中加入 return（）语句实现。在 FLAC3D 中，对边坡稳定性的计算采用强度折减法。由于 FLAC3D 中稳定性系数计算模块不识别自定义模型，因此，本书采用 Fish 语言、自定义强度折减函数对边坡的稳定性进行计算。对于同一边坡模型，将基于双剪统一强度理论（$b=0$）时的计算结果与基于莫尔–库仑强度理论（FLAC3D 程序自带模型）的计算结果进行比较，同时将计算结果与极限平衡法的计算结果进行对比，满足精度的要求。

8.3 黄土边坡变形破坏及稳定性的强度理论效应

8.3.1 黄土边坡计算模型的建立

为了与物理模型试验进行对比分析，计算模型的所有几何、物理、力学参数与物理模型试验相同。模型的具体尺寸如图 8.32 所示，模型高度为 1.35m，其中坡高 0.85m，坡脚以下高度为 0.5m；模型 x 方向的底宽 2.5m，其中坡顶宽度为 1.0m，坡脚处模型顶面宽度为 1.01m，边坡坡脚 60°，边坡在 y 方向的宽度为 3.0m。计算参数按表 8.3 中的重塑土参数取值，其中变形模量 $E=7.2\text{MPa}$，泊松比 $\mu=0.32$。边坡土体按理想弹塑性材料考虑，采用双剪统一屈服准则。其中，强度理论参数 b 在 0.0 ~ 1.0 取值。固定约束边坡的底部及四个侧面的法向位移，坡面及顶面、坡脚顶面为自由面。

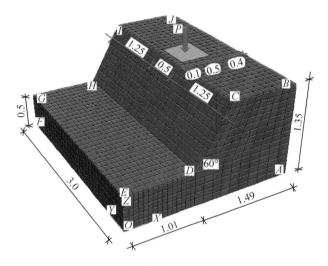

图 8.32 计算模型图（单位：m）

8.3.2 边坡变形破坏及稳定性的强度理论效应

1. 边坡变形场的强度理论效应

图 8.33 和图 8.34 分别给出了 $P=40\text{kPa}$ 和 $P=50\text{kPa}$ 荷载作用下，不同 b 值时边坡的剪应变增量云图。

根据胡克定律及弹塑性理论，边坡剪应力场的分布取决于边坡的剪切模量及剪应变增量，剪应变增量可分解为弹性增量与塑性增量两部分，可由第二偏应变张量增量不变量表示。剪应变增量 $\Delta\gamma$ 可表示为式（8.21）：

$$\Delta\gamma = 2\sqrt{\Delta J'_2} = 2\sqrt{\frac{1}{6}\left[(\Delta e_{11} - \Delta e_{22})^2 + (\Delta e_{22} - \Delta e_{33})^2 + (\Delta e_{11} - \Delta e_{33})^2\right] + \Delta e_{12}^2}$$

（8.21）

式中，$\Delta J'_2$ 为第二偏应变张量增量不变量；Δe_{ij} 为 ij 方向应变增量。

由图 8.33 和图 8.34 可见，在边坡的顶部，剪应变增量主要集中分布在加载范围内，并在加载板周缘 1~2 个网格范围由内向外衰减对称分布，加载板后部的剪应变增量值整体较大，坡肩处的值较小。在坡面上，最大值出现在坡面的中上部，从中心剖面位置的 2/3 高度处向四周衰减，其中坡顶方向的衰减速度较大，坡脚方向衰减速度最小。不同量值的剪应变增量云图呈心形分布，坡面在 Y 轴方向的应变分布范围比坡顶大。在中心剖面上，剪应变增量从加载板后缘向下发展，最大剪应变增量主要集中分布在加载板正下方距离坡顶 20~40cm 的范围内。

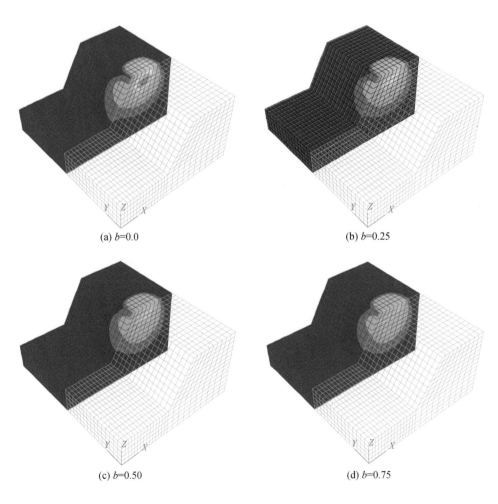

(a) $b=0.0$　　　　　　　　　　　　　(b) $b=0.25$

(c) $b=0.50$　　　　　　　　　　　　　(d) $b=0.75$

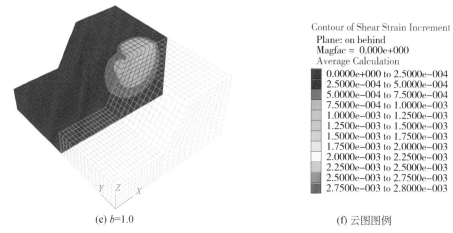

Contour of Shear Strain Increment
Plane: on behind
Magfac = 0.000e+000
Average Calculation

	0.0000e+000 to 2.5000e−004
	2.5000e−004 to 5.0000e−004
	5.0000e−004 to 7.5000e−004
	7.5000e−004 to 1.0000e−003
	1.0000e−003 to 1.2500e−003
	1.2500e−003 to 1.5000e−003
	1.5000e−003 to 1.7500e−003
	1.7500e−003 to 2.0000e−003
	2.0000e−003 to 2.2500e−003
	2.2500e−003 to 2.5000e−003
	2.5000e−003 to 2.7500e−003
	2.7500e−003 to 2.8000e−003

(e) b=1.0　　　　　　　　　　　　　　(f) 云图图例

图 8.33　P=40kPa 时，边坡的剪应变增量分布云图

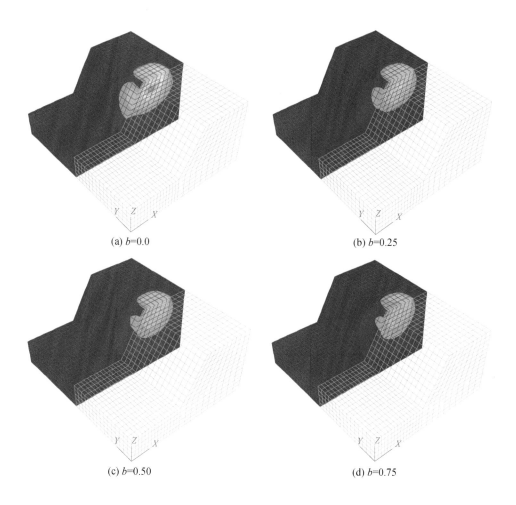

(a) b=0.0　　　　　　　　　　　　　　(b) b=0.25

(c) b=0.50　　　　　　　　　　　　　　(d) b=0.75

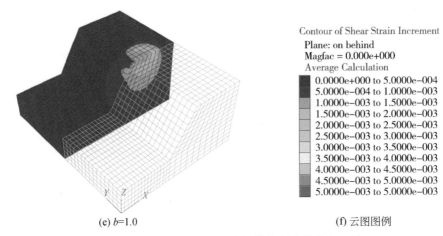

(e) b=1.0　　　　　　　　　　　(f) 云图图例

图 8.34　P=50kPa 时，边坡的剪应变增量分布云图

不同 b 值条件下，边坡剪应变增量的总体分布范围变化较小，但是，随着 b 值的增加，边坡剪应变的最大值及较大剪应变增量的分布范围减小，而较小剪应变增量的范围增大，这种变化关系随着 b 值的增大逐渐趋于稳定。图 8.35 给出了边坡的剪应变增量幅值与 b 值关系曲线。由图可见，当 b 值从 0.0 增加至 0.25 时，边坡剪应变增量幅值的变化幅度较大，随着 b 值的增大，剪应变增量值减小，但减小的幅度越来越小。

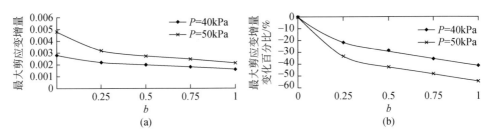

图 8.35　边坡的剪应变增量与 b 值关系曲线

图 8.36 和图 8.37 分别给出了 P=40kPa 和 P=50kPa 荷载作用下，不同 b 值时边坡的 X 向位移分布云图。由图可见，在加载板下方，坡体内产生 X 负方向的位移，其位移分布的范围和形态类似于剪应变增量。从剖面云图上看，位于承压板后部的坡体内部，X 方向的位移为正。在坡肩位置，X 向位移为正值，在承压板后部则为负值，坡体土体发生沿 Y 轴旋转变形。

由图可见，b 值对坡体位移场的分布有较大的影响。随着 b 值的增加，X 负方向最大位移值逐渐减小，负方向位移的分布范围减小，X 正方向位移分布的范围逐渐增大。图 8.38 给出了边坡的 X 向位移幅值与 b 值关系曲线。由图可见，当 b 值从 0.0 增加至 0.25 时，边坡 X 向位移的变化幅度较大，随着 b 值的增大，X 向位移减小，但减小的幅度越来越小。由此可见，统一强度理论参数 b 值在 0～0.25 区间变化时，对边坡位移场的影响较大。

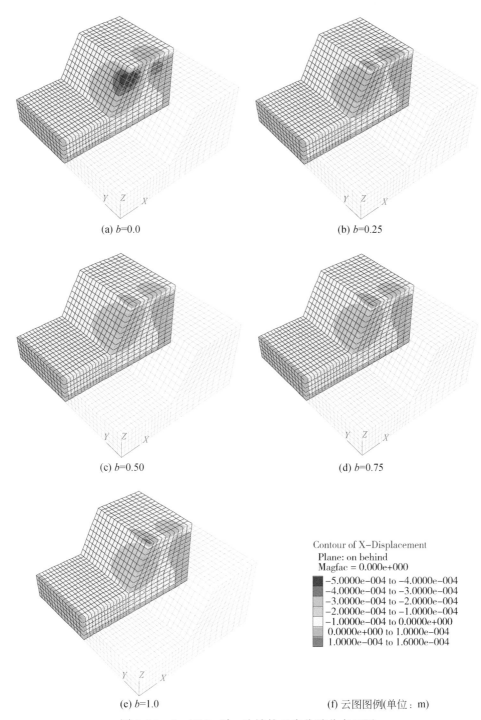

(a) b=0.0　　　　　　　　　　　　　　(b) b=0.25

(c) b=0.50　　　　　　　　　　　　　(d) b=0.75

(e) b=1.0　　　　　　　　　　　　(f) 云图图例(单位：m)

Contour of X–Displacement
Plane: on behind
Magfac = 0.000e+000

　−5.0000e−004 to −4.0000e−004
　−4.0000e−004 to −3.0000e−004
　−3.0000e−004 to −2.0000e−004
　−2.0000e−004 to −1.0000e−004
　−1.0000e−004 to 0.0000e+000
　0.0000e+000 to 1.0000e−004
　1.0000e−004 to 1.6000e−004

图 8.36　P=40kPa 时，边坡的 X 向位移分布云图

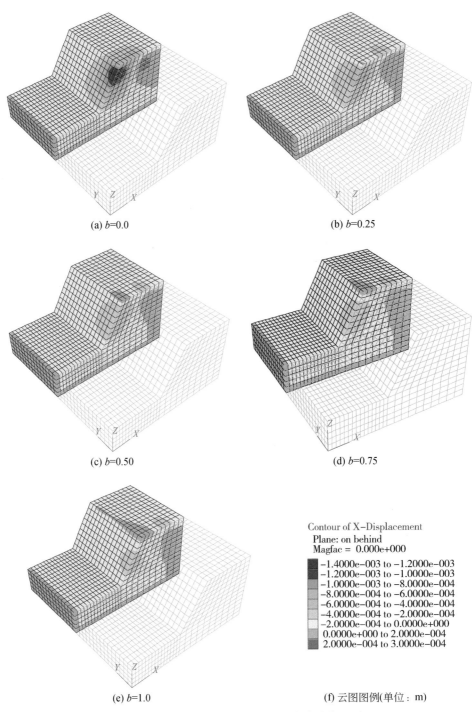

(a) b=0.0

(b) b=0.25

(c) b=0.50

(d) b=0.75

(e) b=1.0

Contour of X–Displacement
Plane: on behind
Magfac = 0.000e+000

–1.4000e–003 to –1.2000e–003
–1.2000e–003 to –1.0000e–003
–1.0000e–003 to –8.0000e–004
–8.0000e–004 to –6.0000e–004
–6.0000e–004 to –4.0000e–004
–4.0000e–004 to –2.0000e–004
–2.0000e–004 to 0.0000e+000
0.0000e+000 to 2.0000e–004
2.0000e–004 to 3.0000e–004

(f) 云图图例(单位：m)

图 8.37　P=50kPa 时，边坡 X 向位移分布云图

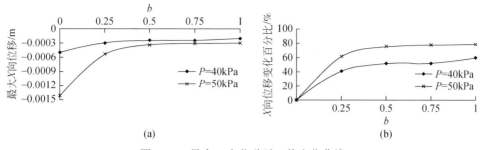

图 8.38　最大 X 向位移随 b 值变化曲线

2. 边坡应力场的强度理论效应

图 8.39 和图 8.40 分别给出了 $P=40\text{kPa}$ 和 $P=50\text{kPa}$ 荷载作用下，不同 b 值时边坡的 XZ 向应力云图。图 8.41 给出了不同 b 值时边坡 XZ 向应力幅值变化曲线。由图可见，边坡剪应力云图受到 b 值的影响较大。随着 b 值的增大，边坡正、负剪应力的分布范围、形态基本不变，但是较大剪应力的分布范围在减小。如图 8.39 中剪应力数值为 $-8\sim-6\text{kPa}$ 的分布范围，当 $b=0.0$ 时在坡面分布有较大的面积，当 $b=0.25$ 和 $b=0.5$ 时仅在边坡的坡面靠近坡脚处有少许分布，当 $b=0.75$ 和 $b=1.0$ 时在坡面没有分布。该剪应力在中心剖面

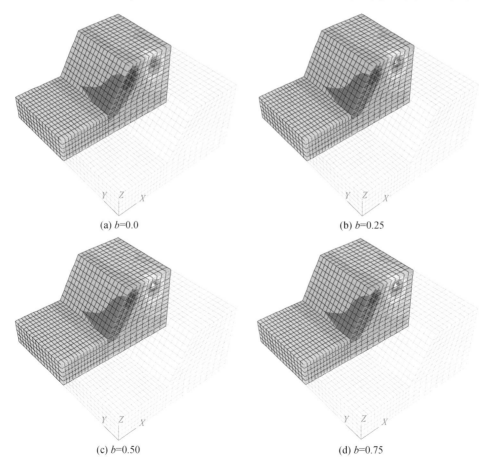

(a) b=0.0

(b) b=0.25

(c) b=0.50

(d) b=0.75

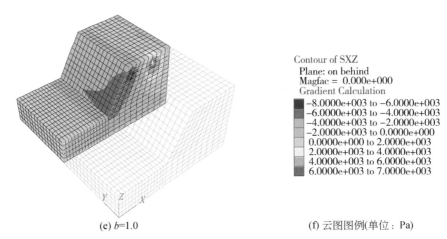

(e) $b=1.0$　　　　　　　　　　(f) 云图图例(单位：Pa)

图 8.39　$P=40\text{kPa}$ 时，边坡 XZ 向应力分布云图

上同样随着 b 值的增大而减小。随着 b 值的增大，坡体内 XZ 方向正剪应力幅值在逐渐增大，增大的幅度总体小于 6%，XZ 方向负剪应力幅值先增大后减小，变化幅度小于 4%。

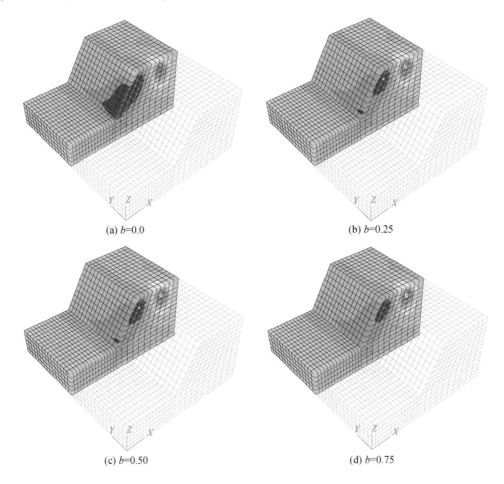

(a) $b=0.0$　　　　　　　　　　　　　　　　(b) $b=0.25$

(c) $b=0.50$　　　　　　　　　　　　　　　　(d) $b=0.75$

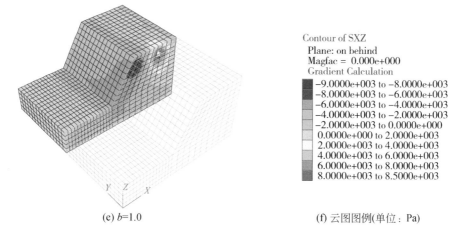

(e) $b=1.0$　　　　　　　　　　　　(f) 云图图例(单位：Pa)

图 8.40　$P=50\text{kPa}$ 时，边坡 XZ 向应力分布云图

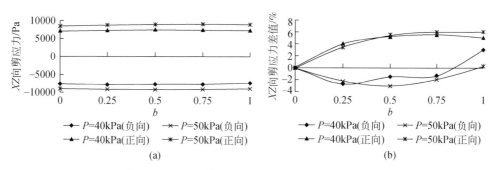

(a)　　　　　　　　　　　　　　(b)

图 8.41　不同 b 值时边坡 XZ 向应力幅值变化曲线

图 8.42 和图 8.43 分别给出了 $P=40\text{kPa}$ 和 $P=50\text{kPa}$ 荷载作用下，不同 b 值时边坡的大主应力云图。图 8.44 给出了不同 b 值时大主应力幅值变化曲线。由图可见，不同 b 值条件下，边坡大主应力的分布范围及形态基本相同。b 值仅对边坡顶面及坡肩处大主应力的分布有一定影响。随着 b 值的增大，坡顶 $0\sim10\text{kPa}$ 的分布范围逐渐减小。当 $b=0.0$ 时，

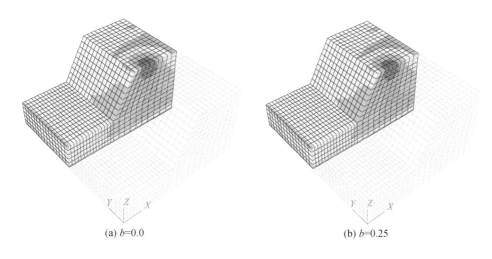

(a) $b=0.0$　　　　　　　　　　　　(b) $b=0.25$

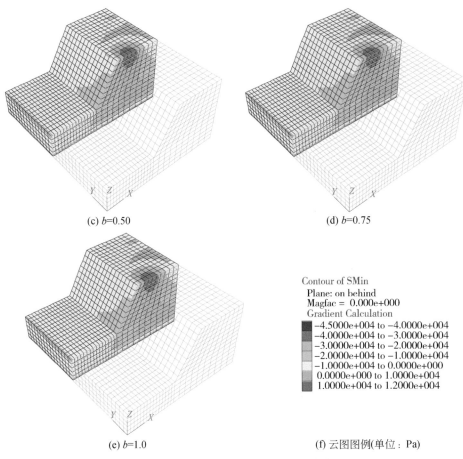

(c) $b=0.50$ 　　　　　　　　　　　　　　 (d) $b=0.75$

Contour of SMin
Plane: on behind
Magfac = 0.000e+000
Gradient Calculation

■	$-4.5000e+004$ to $-4.0000e+004$
	$-4.0000e+004$ to $-3.0000e+004$
	$-3.0000e+004$ to $-2.0000e+004$
	$-2.0000e+004$ to $-1.0000e+004$
	$-1.0000e+004$ to $0.0000e+000$
	$0.0000e+000$ to $1.0000e+004$
	$1.0000e+004$ to $1.2000e+004$

(e) $b=1.0$ 　　　　　　　　　　 (f) 云图图例(单位：Pa)

图 8.42　$P=40$kPa 时，边坡大主应力分布云图

该范围基本包围在加载板的外围，随着 b 值的增大，该范围首先从坡肩处减小，并逐渐向坡体后缘方向缩减，当 $b=1.0$ 时，仅在坡体后缘加载板一角的外缘有分布。在中心剖面上，大主应力随 b 值的变化较小。大主应力正负幅值均随 b 值的增大而增大，但幅值增大的幅度均小于 4%。

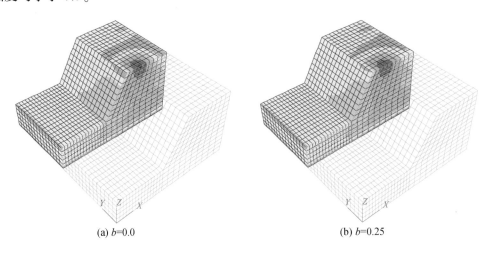

(a) $b=0.0$ 　　　　　　　　　　　　　　 (b) $b=0.25$

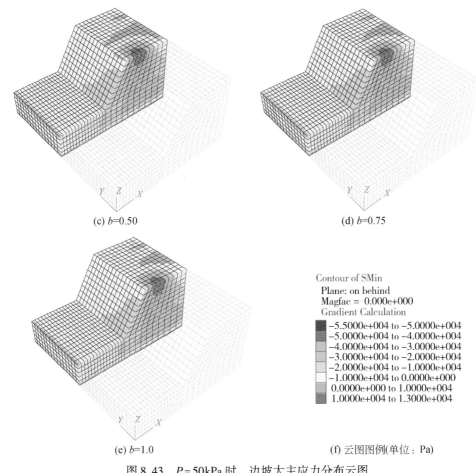

(c) b=0.50　　　　　　　　　　　　　　　(d) b=0.75

(e) b=1.0　　　　　　　　　　　　　　　(f) 云图图例(单位：Pa)

图 8.43　P=50kPa 时，边坡大主应力分布云图

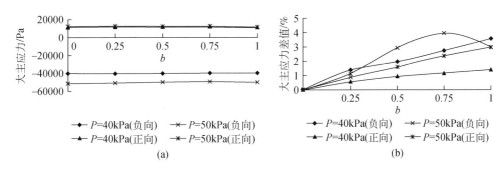

(a)　　　　　　　　　　　　　　　　(b)

图 8.44　不同 b 值时边坡大主应力幅值变化曲线

图 8.45 和图 8.46 分别给出了 P=40kPa 和 P=50kPa 荷载作用下，不同 b 值时边坡的中主应力云图。图 8.47 给出了不同 b 值时中主应力幅值的变化曲线。由图可见，强度理论参数 b 值对边坡中主应力的分布影响较大。随着 b 值的增大，坡顶及坡面中主应力正值的分布范围在逐渐减小。如图 8.47 所示，当 b=0.0 时，加载板外缘一定范围以外中主应

力基本全部为正，随着 b 值的增加，正应力覆盖范围从加载板的侧面逐渐向坡肩及坡顶后缘缩减，正应力覆盖范围在边坡坡面随 b 值的增加逐渐减小。随着 b 值的增大，斜坡中主应力的幅值有一定的变化。变化幅度整体较小。

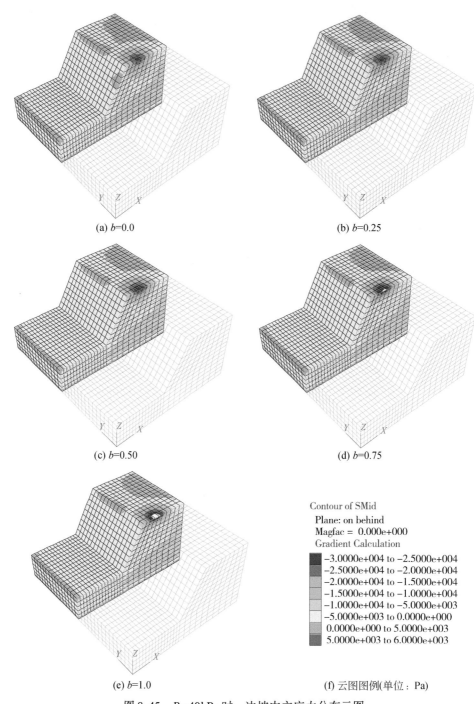

(a) $b=0.0$

(b) $b=0.25$

(c) $b=0.50$

(d) $b=0.75$

(e) $b=1.0$

Contour of SMid

Plane: on behind
Magfac = 0.000e+000
Gradient Calculation

-3.0000e+004 to -2.5000e+004
-2.5000e+004 to -2.0000e+004
-2.0000e+004 to -1.5000e+004
-1.5000e+004 to -1.0000e+004
-1.0000e+004 to -5.0000e+003
-5.0000e+003 to 0.0000e+000
0.0000e+000 to 5.0000e+003
5.0000e+003 to 6.0000e+003

(f) 云图图例(单位：Pa)

图 8.45　$P=40$kPa 时，边坡中主应力分布云图

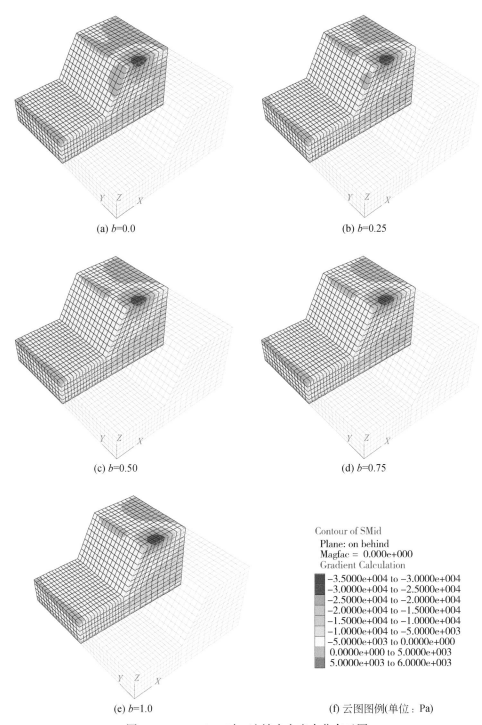

(a) b=0.0

(b) b=0.25

(c) b=0.50

(d) b=0.75

(e) b=1.0

(f) 云图图例(单位：Pa)

Contour of SMid
Plane: on behind
Magfac = 0.000e+000
Gradient Calculation

-3.5000e+004 to -3.0000e+004
-3.0000e+004 to -2.5000e+004
-2.5000e+004 to -2.0000e+004
-2.0000e+004 to -1.5000e+004
-1.5000e+004 to -1.0000e+004
-1.0000e+004 to -5.0000e+003
-5.0000e+003 to 0.0000e+000
0.0000e+000 to 5.0000e+003
5.0000e+003 to 6.0000e+003

图 8.46　P=50kPa 时，边坡中主应力分布云图

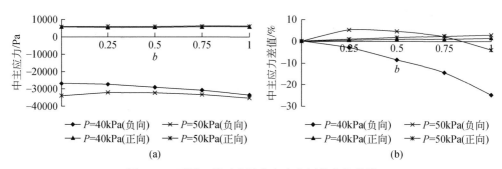

图 8.47　不同 b 值时边坡中主应力幅值变化曲线

　　由于测量误差、土体开裂等对物理模型试验中应力监测的影响，导致物理模型试验的应力测量结果比较离散。为了进行对比分析，选取试验结果相对较理想的点和计算结果进行对比。图 8.48 给出 S3 ~ S9 阶段 B、C 点 σ_{zz}，A 点 σ_{xx}，以及 D 点 σ_{yy} 的物理模型试验结果和数值模拟结果的对比关系图。数值模拟时，荷载边界条件根据物理模型试验所监测到的承压板 z 向位移值进行设置。由图可见，B、C 点处的 σ_{zz} 受 b 值的影响较小，仅在 S8 和 S9 阶段有一定的差异，但整体上计算值与物理模型试验结果吻合较好。b 值对 S5 阶段以后 A 点 σ_{xx} 和 D 点 σ_{yy} 的影响较大，随着 b 值的增大，计算结果明显增大，但不同 b 值时的计算结果与试验结果吻合较差，这主要是因为试验结果受到试验过程中坡体变形、开裂等导致土体与压力盒之间的接触不紧密，如 D 点 σ_{yy} 的试验结果一直处于较低的水平。

　　虽然物理模型试验结果和某一 b 值时的计算结果没有完全吻合，但由对比分析可见，当荷载较大时，b 值对 σ_{xx} 和 σ_{yy} 的影响比较显著。

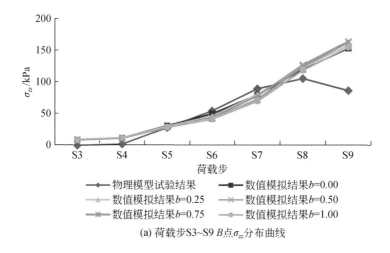

(a) 荷载步S3~S9 B点σ_{zz}分布曲线

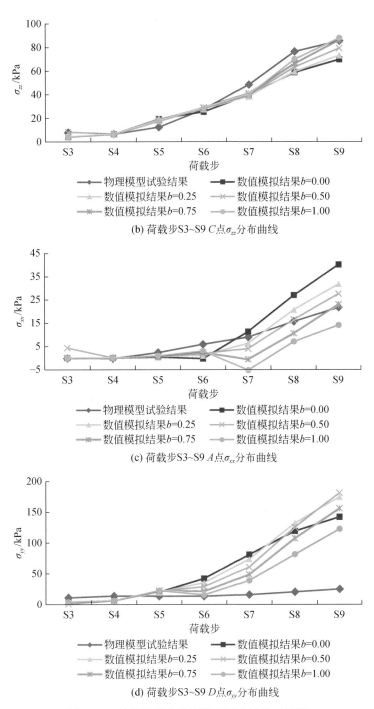

(b) 荷载步S3~S9 C点σ_{zz}分布曲线

(c) 荷载步S3~S9 A点σ_{xx}分布曲线

(d) 荷载步S3~S9 D点σ_{yy}分布曲线

图 8.48　计算结果和物理模型试验结果对比图

3. 黄土边坡塑性区的强度理论效应

图 8.49 和图 8.50 给出了承压板加载分别为 40kPa 和 50kPa，b 取不同值时边坡塑性区

的分布特征。图 8.51 给出了边坡在极限均匀竖向加载作用下（承压板加载），b 取不同值时边坡塑性区的分布特征。由图 8.49 和图 8.50 可见，在相同的荷载作用下，边坡塑性区的范围随着 b 值的增大而减小。但是，由图 8.51 可见当边坡处于极限平衡状态时，随着参数 b 值的增大，边坡的塑性区范围在增大。这说明，当统一强度理论参数 b 取较大值时，有更多的土体单元处于屈服状态。强度理论参数 b 值的变化，并没有改变材料的固有属性，只是让更多的单元参与承受荷载，让塑性区得到充分的扩展。

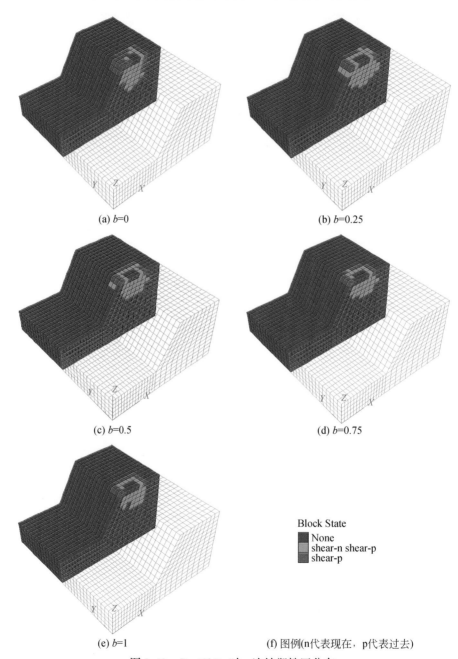

(a) $b=0$

(b) $b=0.25$

(c) $b=0.5$

(d) $b=0.75$

(e) $b=1$

(f) 图例(n代表现在，p代表过去)

Block State
None
shear-n shear-p
shear-p

图 8.49　$P=40$kPa 时，边坡塑性区分布

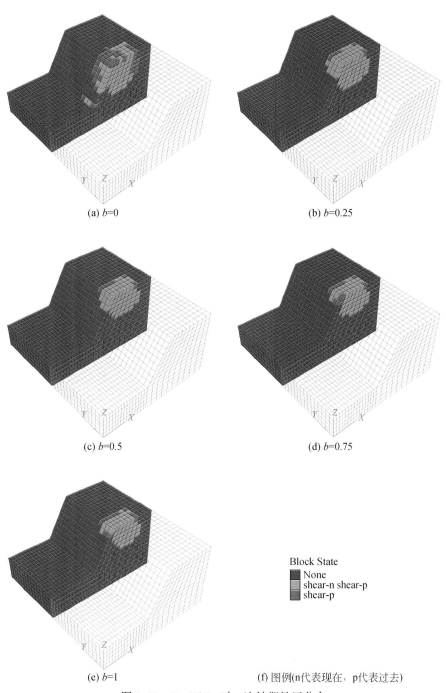

(a) $b=0$　　　　　　　　　　　　　　　(b) $b=0.25$

(c) $b=0.5$　　　　　　　　　　　　　　(d) $b=0.75$

(e) $b=1$　　　　　　　(f) 图例(n代表现在，p代表过去)

图 8.50　$P=50$kPa 时，边坡塑性区分布

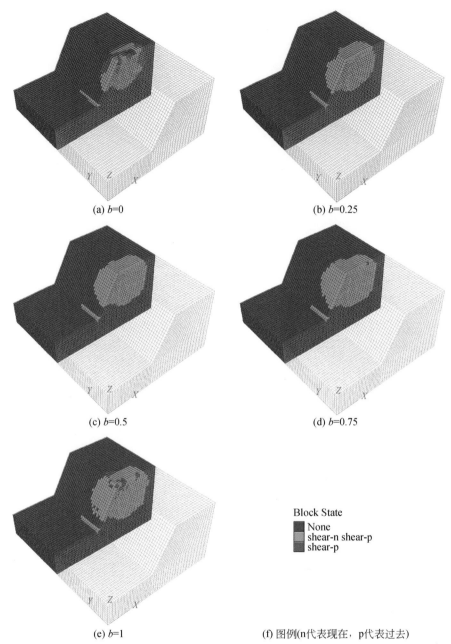

(a) $b=0$　　　　　　　　　　　(b) $b=0.25$

(c) $b=0.5$　　　　　　　　　　(d) $b=0.75$

(e) $b=1$　　　　　　　　　　(f) 图例(n代表现在，p代表过去)

Block State
- None
- shear-n shear-p
- shear-p

图 8.51　极限荷载作用下不同参数 b 值时的塑性区分布

　　图 8.52 给出了 S6、S8、S9 阶段，边坡坡面的计算塑性区和物理模型试验裂缝分布对比图。其中不同 b 值某一荷载阶段的塑性区，以物理模型试验中该阶段承压板位移作为位移边界条件进行计算。由图 8.52 可见，当 b 取 $0.25 \sim 0.5$ 时，计算结果与物理模型试验结果吻合较好。

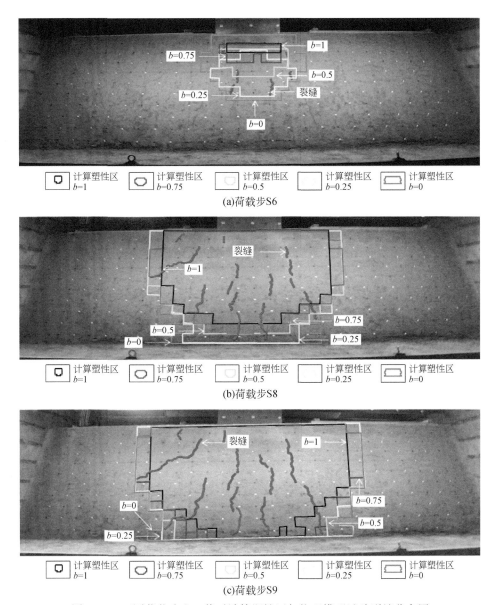

图 8.52　不同荷载步和 b 值时计算塑性区与物理模型试验裂缝分布图

4. 黄土边坡稳定性的强度理论效应

根据物理模型试验结果，在堆载过程中混凝土块和承压板的倾斜现象非常显著，这将引起承压板底部产生指向坡外的水平荷载，另外，当承压板倾斜之后，堆载产生的竖向荷载不再均匀分布。因此，将物理模型试验监测得到的承压板位移作为位移边界条件，计算不同荷载步时的边坡稳定性系数。

图 8.53 给出了不同荷载步，强度理论参数 b 取 0、0.25、0.5、0.75、1 时边坡的稳定性系数，不同 b 值时边坡稳定性系数与 $b=0$ 时的比较。当参数 b 取较大值时，计算的边坡

稳定性系数均有一定的提高，其提高的最大幅度可达到 24% ~25%。

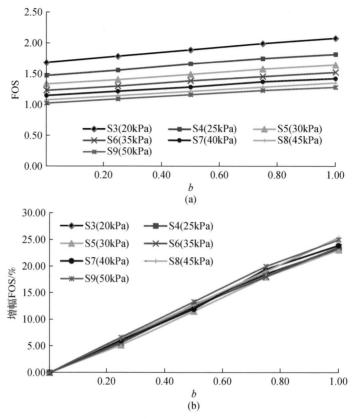

图 8.53　不同荷载步和 b 值时边坡稳定性系数变化曲线

　　根据物理模型试验，在加载阶段 S10 和破坏阶段 S11，由于位移较大和变形速率较快，缺乏该阶段承压板的有效竖向位移记录。因此，根据稳定性系数随加载阶段的变化趋势，来判定该边坡在极限平衡状态时的参数 b 的取值。图 8.54 给出了不同加载阶段、不同 b 值所对应的稳定性系数。根据稳定性系数的变化趋势，当 b 取 0.25 ~0.5 时，S11 荷载阶段的边坡稳定性系数接近于 1.0。

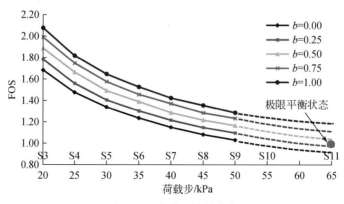

图 8.54　参数 b 值的确定

当 $b=0.0$ 时，双剪统一屈服准则退化为莫尔–库仑屈服准则；当 $b=1.0$ 时，则为双剪屈服准则；当 b 取 $0.0 \sim 1.0$ 时，可得到系列屈服准则。当 b 取较大值时，有更多的土体单元处于屈服状态。强度理论参数 b 值的变化，并没有改变材料的固有属性，只是让更多的单元参与承受荷载，让塑性区能得到充分的扩展。根据物理模型试验和数值模拟的对比分析，对于该黄土边坡，强度理论参数 b 取 $0.25 \sim 0.5$ 时，计算结果和物理模型试验结果比较相符。与采用基于莫尔–库仑强度理论的计算结果相比，其稳定性系数提高了 $6\% \sim 12\%$。

主要参考文献

陈祖煜. 1983. 土坡稳定分析通用条分法及其改进. 岩土工程学报，5（4）：11～27.

陈祖煜. 2003. 土质边坡稳定分析——原理·方法·程序. 北京：中国水利水电出版社.

邓龙胜. 2010. 强震作用下黄土边坡的动力响应机理和动力稳定性研究. 西安：长安大学博士学位论文.

江伟，耿克勤. 1994. 边坡可靠性分析与评价. 水利水电技术，（3）：24～28.

雷文杰，郑颖人，王恭先等. 2007. 沉埋桩加固滑坡体模型试验的机制分析. 岩石力学与工程学报，26（7）：1347～1355.

李滨. 2009. 多级旋转型黄土滑坡形成演化机理研究. 西安：长安大学博士学位论文.

李同录，龙建辉，李新生. 2007. 黄土滑坡发育类型及其空间预测方法. 工程地质学报，15（4）：500～505.

李文秀. 1996. 矿山高陡边坡稳定性研究的模糊数学方法. 长江科学院院报，（增刊）：34～36.

卢坤林，朱大勇，杨扬. 2012. 边坡失稳过程模型试验研究. 岩土力学，33（3）：778～782.

罗先启，葛修润. 2008. 滑坡模型试验理论及其应用. 北京：中国水利水电出版社.

石根华. 1993. 块体系统不连续变形数值分析新方法. 北京：科学出版社.

王汉鹏，李术才，张强勇等. 2006. 新型地质力学模型试验相似材料的研制. 岩石力学与工程学报，25（9）：1842～1847.

王家鼎，肖树芳，张倬元. 2001. 灌溉诱发高速黄土滑坡的运动机理. 工程地质学报，9（3）：241～246.

王勖成，邵敏. 1996. 有限单元法基本原理和数值方法（第二版）. 北京：清华大学出版社.

王泳嘉，邢纪波. 1991. 离散单元法及其在岩土力学中的应用. 辽宁：东北工学院出版社.

王泳嘉，邢纪波. 1995. 离散单元同拉格朗日元法及其在岩土力学中的应用. 岩土力学，16（2）：1～14.

徐张建，林在贯，张茂省. 2007. 中国黄土与黄土滑坡. 岩石力学与工程学报，26（7）：1297～1312.

许领，戴福初. 2008. 泾阳南塬黄土滑坡特征参数统计分析. 水文地质工程地质，（5）：28～32.

薛民臣. 2013. 黄土边坡破坏的模型试验研究. 西安：长安大学硕士学位论文.

闫金凯，殷跃平，门玉明等. 2011. 滑坡微型桩群桩加固工程模型试验研究. 土木工程学报，44（4）：120～128.

闫艳，朱大勇. 2011. 对称边坡三维临界滑动面的确定. 合肥工业大学学报（自然科学版），34（11）：1682～1686.

殷跃平，张作辰，黎志恒等. 2004. 兰州皋兰山黄土滑坡特征及灾度评估研究. 第四纪研究，24（3）：302～310.

俞茂宏. 1994. 岩土类材料的统一强度理论及其应用. 岩土工程学报，16（2）：1～9.

俞茂宏. 2000. 双剪理论及其应用. 北京：科学出版社.

俞茂宏. 2011. 强度理论新体系：理论、发展和应用（第 2 版）. 西安：西安交通大学出版社.

俞茂宏，何丽南，宋凌宇. 1985. 双剪应力强度理论及其推广. 中国科学（A 辑），28（12）：1113～1120.

俞茂宏，廖红建，赤石胜等. 1998. 黏性土的弹塑性本构方程及其应用. 岩土工程学报，20（2）：41～41.

俞茂宏，杨松岩，范寿昌．1997．双剪统一弹塑性本构模型及其工程应用．岩土工程学报，19（6）：2~9．

朱伯芳．1998．有限单元法原理与应用（第二版）．北京：中国水利水电出版社．

朱维申，张玉军，任伟中．1996．系统锚杆对三峡船闸高边坡岩体加固作用的块体相似模型试验研究．岩土力学，17（2）：1~6．

《工程地质手册》编委会．2007．工程地质手册（第四版）．北京：中国建筑工业出版社．

Bishop A W. 1955. The use of the slip circle in the stability analysis of slopes. Geotechnique, 5 (1): 7~17.

Brebbia C A, Telles J C F, Wrobel L C. 1984. Boundary Element Technique. New York: Berlin Heidelberg.

Chen Z Y, Morgenstern N R. 1983. Extensions to the generalized method of slices for stability analysis. Canadian Geotechnical Journal, 20 (1): 104~119.

Duncan J M. 1996. State of the art: limit equilibrium and finite-element analysis of slopes. Journal of Geotechnical Engineering, 122 (7): 577~596.

Janbu N. 1973. Slope Stability Computations Embankment Dam engineering. New York: John Wiley and Sons.

Morgenstern N R, Prince V E. 1965. The analysis of the stability of general slip surface. Geotechnique, 15 (1): 79~93.

Sarma S K. 1973. Stability analysis of embankments and slopes. Journal of Geotechnical and Geoenvironmental Engineering, 105 (GT12): 1511~1524.

Take W A, Bolton M D, Munachen S E, White D J. 2001. A Deformation Measuring System for Geotechnical Testing Based on Digital Imaging, Close-range Photogrammetry, and PIV Image Analysis//Proceedings of the 15th International Conference on Soil Mechanics and Geotechnical Engineering, 539~542.

Taylor Z, Gurka R, Topp G A, et al. 2010. Long-duration time-resolved PIV to study unsteady aerodynamics. IEEE Transactions on Instrumentation and Measurement, 59 (12): 3262~3269.

Tells J C F, Brebbia C A. 1981. Boundary element solution for half-plane problems. International Journal of Solids and Structures, 17 (12): 1149~1158.

White D J. 2002. An Investigation into the Behaviour of Pressed-Inpiles. Cambridge: University of Cambridge Press.

Yu M H. 1991. A new model and theory on yield and failure of materials under complex stress state//Mechanical Behavior of Materials-VI. Oxford: Pergamon Press, 851~856.

Yu M H, He L N, Song L Y. 1985. Twin shear theory and its generalized. Scientia Sinica (Science in China), Series A, 28 (11): 1174~1183.

第9章 统一复合断裂准则及断裂力学问题的弹塑性有限元分析

9.1 引 言

统一强度理论在强度理论和塑性理论研究方面取得了很大的进展（俞茂宏，2000；Yu，2002），而且在工程推广和实际应用方面也取得了不少成果。但是把该理论引入断裂力学领域，用它来分析裂缝的起裂、起裂方向及稳定扩展等规律，研究工作才刚刚开始（俞茂宏，2000；宋俐等，2000）。

在实际工程中，复合型裂纹是普遍存在的，由于裂端应力状态的复杂性，工程上在一系列假设的前提下，提出了一些准则，如能量释放率理论（Griffith，1921）、最大周向正应力理论（Erdogan and Sih，1963）、应变能密度理论等。这些准则在某些情况下是非常成功的，但在某些情况下又显得不足。断裂准则与材料强度准则一样，应变能反映材料的特性、受力状态等情况下的断裂破坏规律。由于复合型裂纹应力状态是复杂应力状态，而统一强度理论是基于复杂应力状态下导出的，因此两者之间存在共性。故本章基于统一强度理论来建立复合型裂纹的断裂准则。

断裂力学的基本理论认为，材料内部存在着许多缺陷——孔隙和裂隙等，断裂破坏与这些孔隙、裂隙的存在和发展有关。岩土体是由含有大量孔隙和裂隙的微小颗粒组成，使其具备了存在孔隙和微裂隙的基本条件，符合断裂力学认为材料中本来就存在微裂隙的假设。在一定的受力情况下，土粒之间的结构联系沿薄弱环节逐渐破损，微裂隙逐渐发展成为宏观的裂缝，最终导致土体的断裂破坏。对于岩体，其裂隙更加发育，在一定的受力情况下，岩体中的结构面张开、闭合和扩展而产生新的贯通滑移面，甚至造成岩体工程的破坏和失稳。另外，本章运用断裂力学的弹塑性有限元理论（J积分）采用数值模拟方法探讨了一种常见的西安隐伏地裂缝向上扩展的破坏模式。

9.2 统一强度理论在建立复合型断裂准则中的应用

9.2.1 理论分析

由应力状态理论可知，如果已知一点的六个应力分量 σ_x、σ_y、σ_z、τ_{xy}、τ_{yz}、τ_{zx}，则该点的三个主应力 σ_1、σ_2、σ_3 可以通过求应力矩阵 $\begin{bmatrix} \sigma_x & \tau_{xy} & \tau_{xz} \\ \tau_{yx} & \sigma_y & \tau_{yz} \\ \tau_{zx} & \tau_{zy} & \sigma_z \end{bmatrix}$ 的特征值来解得，即

$$\sigma^3 - \sigma^2 I_1 + \sigma I_2 - I_3 = 0 \tag{9.1}$$

其中,

$$\begin{cases} I_1 = \sigma_x + \sigma_y + \sigma_z \\ I_2 = \sigma_x\sigma_y + \sigma_y\sigma_z + \sigma_z\sigma_x - \tau_{xy}^2 - \tau_{yz}^2 - \tau_{zx}^2 \\ I_3 = \sigma_x\sigma_y\sigma_z + 2\tau_{xy}\tau_{yz}\tau_{zx} - \sigma_x\tau_{yz}^2 - \sigma_y\tau_{zx}^2 - \sigma_z\tau_{xy}^2 \end{cases} \tag{9.2}$$

在复杂应力状态下,三维裂缝前端附近的应力、位移场的情况如下:取 x 轴与裂缝相切,坐标原点可以沿裂缝前端移动,如图 9.1 所示。采用 x-y 平面上的极坐标 r、θ 运用叠加原理表示的裂缝前端附近的应力场和位移场分别为

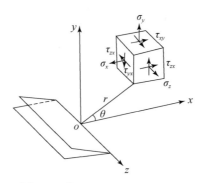

图 9.1　位于裂纹前缘的坐标系

$$\sigma_x = \frac{K_{\mathrm{I}}}{\sqrt{2\pi r}}\cos\frac{\theta}{2}\left(1 - \sin\frac{\theta}{2}\sin\frac{3\theta}{2}\right) - \frac{K_{\mathrm{II}}}{\sqrt{2\pi r}}\sin\frac{\theta}{2}\left(2 + \cos\frac{\theta}{2}\cos\frac{3\theta}{2}\right) \tag{9.3}$$

$$\sigma_y = \frac{K_{\mathrm{I}}}{\sqrt{2\pi r}}\cos\frac{\theta}{2}\left(1 + \sin\frac{\theta}{2}\sin\frac{3\theta}{2}\right) + \frac{K_{\mathrm{II}}}{\sqrt{2\pi r}}\sin\frac{\theta}{2}\cos\frac{\theta}{2}\cos\frac{3\theta}{2} \tag{9.4}$$

$$\tau_{xy} = \frac{K_{\mathrm{I}}}{\sqrt{2\pi r}}\cos\frac{\theta}{2}\sin\frac{\theta}{2}\cos\frac{3\theta}{2} + \frac{K_{\mathrm{II}}}{\sqrt{2\pi r}}\cos\frac{\theta}{2}\left(1 - \sin\frac{\theta}{2}\sin\frac{3\theta}{2}\right) \tag{9.5}$$

$$\sigma_z = 2\mu\frac{K_{\mathrm{I}}}{\sqrt{2\pi r}}\cos\frac{\theta}{2} - 2\mu\frac{K_{\mathrm{II}}}{\sqrt{2\pi r}}\sin\frac{\theta}{2} \tag{9.6}$$

$$\tau_{xz} = -\frac{K_{\mathrm{III}}}{\sqrt{2\pi r}}\sin\frac{\theta}{2} \tag{9.7}$$

$$\tau_{yz} = \frac{K_{\mathrm{III}}}{\sqrt{2\pi r}}\cos\frac{\theta}{2} \tag{9.8}$$

$$\begin{cases} u = \dfrac{1}{2G}\left(\dfrac{r}{2\pi}\right)^{\frac{1}{2}}\left[K_{\mathrm{I}}\cos\dfrac{\theta}{2}\left(k-1+2\sin^2\dfrac{\theta}{2}\right)+K_{\mathrm{II}}\sin\dfrac{\theta}{2}\left(k+1+2\cos^2\dfrac{\theta}{2}\right)\right] \\[2mm] v = \dfrac{1}{2G}\left(\dfrac{r}{2\pi}\right)^{\frac{1}{2}}\left[K_{\mathrm{I}}\sin\dfrac{\theta}{2}\left(k+1-2\cos^2\dfrac{\theta}{2}\right)-K_{\mathrm{II}}\cos\dfrac{\theta}{2}\left(k-1-2\sin^2\dfrac{\theta}{2}\right)\right] \quad (9.9) \\[2mm] w = \dfrac{2K_{\mathrm{III}}}{G}\left(\dfrac{r}{2\pi}\right)^{\frac{1}{2}}\sin\dfrac{\theta}{2} \end{cases}$$

式中，μ 为泊松比；G 为剪切模量。

将裂纹前端应力场公式式（9.6）代入式（9.2），有

$$\begin{cases} I_1 = \dfrac{2}{\sqrt{2\pi r}}(1+\mu)\left(K_{\mathrm{I}}\cos\dfrac{\theta}{2}-K_{\mathrm{II}}\sin\dfrac{\theta}{2}\right) \\[2mm] I_2 = A_1 K_{\mathrm{I}}^2 + A_2 K_{\mathrm{I}} K_{\mathrm{II}} + A_3 K_{\mathrm{II}}^2 + A_4 K_{\mathrm{III}}^2 \\[2mm] I_3 = B_1 K_{\mathrm{I}}^3 + B_2 K_{\mathrm{I}}^2 K_{\mathrm{II}} + B_3 K_{\mathrm{I}} K_{\mathrm{II}}^2 + B_4 K_{\mathrm{I}} K_{\mathrm{III}}^2 + B_5 K_{\mathrm{II}} K_{\mathrm{III}}^2 + B_6 K_{\mathrm{II}}^3 \end{cases} \quad (9.10)$$

其中，

$$A_1 = \frac{1}{2\pi r}\left(\cos^4\frac{\theta}{2}+4\mu\cos^2\frac{\theta}{2}\right)$$

$$A_2 = -\frac{1}{\pi r}\sin\theta\left(\cos^2\frac{\theta}{2}+2\mu\right)$$

$$A_3 = \frac{1}{2\pi r}\left(3\sin^2\frac{\theta}{2}\cos^2\frac{\theta}{2}-\cos^2\frac{\theta}{2}+4\mu\sin^2\frac{\theta}{2}\right)$$

$$A_4 = -\frac{1}{2\pi r}$$

$$B_1 = 2\mu\frac{1}{\sqrt{2\pi r^3}}\cos^5\frac{\theta}{2}$$

$$B_2 = 2\mu\frac{1}{\sqrt{2\pi r^3}}\left(-5\cos^4\frac{\theta}{2}\sin\frac{\theta}{2}\right)$$

$$B_3 = 2\mu\frac{1}{\sqrt{2\pi r^3}}\left(6\sin^2\frac{\theta}{2}-\cos^2\frac{\theta}{2}\right)\cos^3\frac{\theta}{2}$$

$$B_4 = \frac{1}{\sqrt{2\pi r^3}}\left(-\cos^3\frac{\theta}{2}\right)$$

$$B_5 = \frac{1}{\sqrt{2\pi r^3}}\cos^2\frac{\theta}{2}\sin\frac{\theta}{2}$$

$$B_6 = \frac{\mu}{\sqrt{2\pi r^3}}\frac{1}{2}\cos\frac{\theta}{2}\sin\theta(3\cos\theta-1)$$

将式（9.10）代入式（9.1），可解得三个主应力为

$$\left.\begin{array}{l} \sigma_1 = \dfrac{I_1}{3}+R\cos\dfrac{\varphi}{3} \\[2mm] \sigma_2 = \dfrac{I_1}{3}+R\cos\left(\dfrac{\varphi}{3}-\dfrac{2\pi}{3}\right) \\[2mm] \sigma_3 = \dfrac{I_1}{3}+R\cos\left(\dfrac{\varphi}{3}+\dfrac{2\pi}{3}\right) \end{array}\right\} \quad (9.11)$$

式中，$R = \frac{2}{3}(I_1^2 - 3I_2)^{\frac{1}{2}}$；$\cos\varphi = \dfrac{2I_1^3 - 9I_1 I_2 + 27I_3}{2(I_1^2 - 3I_2)^{\frac{3}{2}}}$。

取 $\dfrac{\varphi}{3}$ 相当于 π 平面上的双剪应力角，$\dfrac{\varphi}{3} = 0° \sim 60°$ 时，则必有 $\sigma_1 \geqslant \sigma_2 \geqslant \sigma_3$。

统一强度理论的表达式如下：

$$F = \sigma_1 - \frac{\alpha}{1+b}(b\sigma_2 + \sigma_3) = \sigma_t = \alpha\sigma_c \quad \sigma_2 \leqslant \frac{\sigma_1 + \alpha\sigma_3}{1+\alpha} \tag{9.12}$$

$$F' = \frac{1}{1+b}(\sigma_1 + b\sigma_2) - \alpha\sigma_3 = \sigma_t = \alpha\sigma_c \quad \sigma_2 \geqslant \frac{\sigma_1 + \alpha\sigma_3}{1+\alpha} \tag{9.13}$$

将式（9.11）代入式（9.12）和式（9.13）定义断裂函数如下：

当 $0° \leqslant \dfrac{\varphi}{3} \leqslant \theta_b$ 时

$$F = \frac{2}{\sqrt[3]{2\pi r}}(1+\mu)(1-\alpha)\left(K_{\text{I}}\cos\frac{\theta}{2} - K_{\text{II}}\sin\frac{\theta}{2}\right)$$
$$+ R\left[\cos\frac{\varphi}{3} + \alpha\frac{b\cos\left(\frac{\varphi}{3}+\frac{\pi}{3}\right) + \cos\left(\frac{\varphi}{3}-\frac{\pi}{3}\right)}{1+b}\right] \tag{9.14}$$

当 $\theta_b \leqslant \dfrac{\varphi}{3} \leqslant 60°$ 时

$$F' = \frac{2}{\sqrt[3]{2\pi r}}(1+\mu)(1-\alpha)\left(K_{\text{I}}\cos\frac{\theta}{2} - K_{\text{II}}\sin\frac{\theta}{2}\right)$$
$$+ R\left[\frac{\cos\frac{\varphi}{3} - b\cos\left(\frac{\varphi}{3}+\frac{\pi}{3}\right)}{1+b} + \alpha\cos\left(\frac{\varphi}{3}-\frac{\pi}{3}\right)\right] \tag{9.15}$$

可以看出，$F(F')$ 作为 K_{I}、K_{II}、K_{III} 和极角 θ 的函数，不仅反映了裂纹尖端应力区的大小，而且体现了方向性。本章提出的最小断裂函数准则是基于以下两个基本假定：

（1）裂纹将沿 $F(F')$ 最小值的方向开始扩展，即

$$\frac{\mathrm{d}F}{\mathrm{d}\theta} = 0 \text{ 且 } \frac{\mathrm{d}^2 F}{\mathrm{d}\theta^2} \geqslant 0，当 \theta = \theta_c \tag{9.16}$$

（2）裂纹开始扩展的判据是 $F(F')$ 达到某临界值 F_c，即

$$F(F') = F_c，当 \theta = \theta_c \tag{9.17}$$

把 $F(F')$ 看作是一种抗裂阻力，裂纹将向阻力最小的方向扩展。从理论上讲，根据式（9.16），可以得出一个以 θ_c 为自变量的函数 $f(\theta_c) = 0$，从而求得 θ_c 的解析解表达式，如将式（9.14）代入式（9.15）得

$$\frac{\mathrm{d}F}{\mathrm{d}\theta} = \frac{-1}{3\sqrt{2\pi r}}(1+\mu)(1-\alpha)\left(K_{\text{I}}\sin\frac{\theta}{2} - K_{\text{II}}\cos\frac{\theta}{2}\right)$$
$$+ \left[\cos\frac{\varphi}{3} + \alpha\frac{b\cos\left(\frac{\varphi}{3}+\frac{\pi}{3}\right) + \cos\left(\frac{\varphi}{3}-\frac{\pi}{3}\right)}{1+b}\right]\frac{\mathrm{d}R}{\mathrm{d}\theta}$$

$$-\frac{R}{3}\left[\sin\frac{\varphi}{3}+\alpha\frac{b\sin\left(\frac{\varphi}{3}+\frac{\pi}{3}\right)+\sin\left(\frac{\varphi}{3}-\frac{\pi}{3}\right)}{1+b}\right]\frac{\mathrm{d}\varphi}{\mathrm{d}\theta}=0 \tag{9.18}$$

式中, $\dfrac{\mathrm{d}R}{\mathrm{d}\theta}=\dfrac{1}{3}\dfrac{2I_1\dfrac{\mathrm{d}I_1}{\mathrm{d}\theta}-3\dfrac{\mathrm{d}I_2}{\mathrm{d}\theta}}{\sqrt{I_1^2-3I_2}}$

$$\frac{\mathrm{d}\varphi}{\mathrm{d}\theta}=\frac{-1}{\sin\varphi}\frac{27\left(2I_1^2\dfrac{\mathrm{d}I_3}{\mathrm{d}\theta}+2\dfrac{\mathrm{d}I_1}{\mathrm{d}\theta}I_2^2-I_1I_2\dfrac{\mathrm{d}I_2}{\mathrm{d}\theta}-6I_2\dfrac{\mathrm{d}I_3}{\mathrm{d}\theta}-6I_1\dfrac{\mathrm{d}I_1}{\mathrm{d}\theta}I_3+9\dfrac{\mathrm{d}I_2}{\mathrm{d}\theta}I_3\right)}{4\sqrt{\left(I_1^2-3I_2\right)^5}}$$

9.2.2　实例分析

这一算法的具体操作过程如下: 若 K_{I}、K_{II}、K_{III} 或其比例关系已知, 给定一系列角度值 θ_i, 根据式 (9.2) ~式 (9.15) 对于任一角度 θ_i, F 都有一确定值, 然后分别以 F 和 θ 为纵、横坐标轴作出 $F\text{-}\theta$ 曲线, 根据图形判断使 F 取得极小值时的即为初始断裂角 θ_c, 此时的 F 即达到临界值 F_c。

为了便于比较, 以赵艳华和徐世烺 (2002) 的算例为例, 图 9.2 给出纯 II 型各种断裂准则函数与 θ 的关系曲线, 以此曲线来判断临界断裂角。图 9.3 为中心斜裂纹单向拉伸时的各种准则断裂角的比较 (β 为拉伸方向与斜裂纹的夹角)。

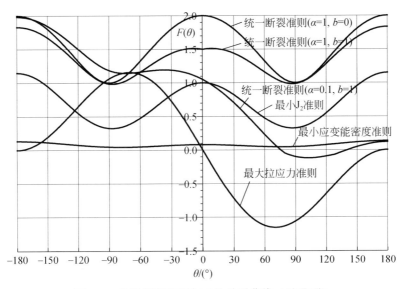

图 9.2　各种断裂准则与 θ 的关系曲线 (纯 II 型)

从图 9.3 可以看出, 统一型断裂函数准则是由许多准则组成。图 9.4 给出几种统一型断裂函数准则的断裂角与泊松比及材料拉压参数 α 的关系曲线 (纯 II 型)。

下面以几种典型断裂的情况, 来简要说明这种方法的计算过程。

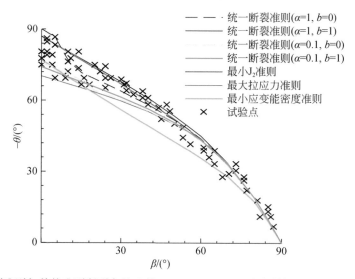

图 9.3　统一断裂准则与其他准则断裂角的比较（$\mu = 0.167$）（试验点数据引自赵艳华、徐世烺，2002）

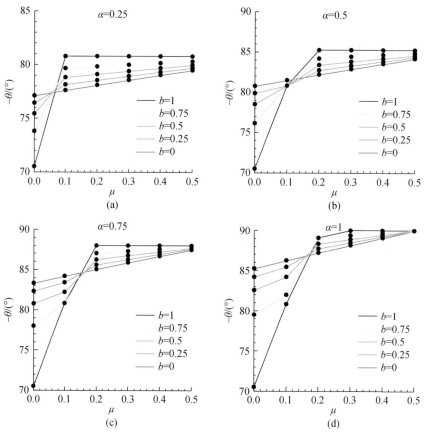

图 9.4　统一型断裂函数准则的断裂角与 μ 的关系曲线（纯Ⅱ型）

1. 纯 I 型断裂

给定一系列 θ_i，经计算，作出 F（F'）$-\theta$ 曲线，根据第一个判断条件可得初始开裂角 $\theta_c = 0°$，代入断裂函数，得到：

$$F_{1\max} = F_c, \quad K_{\mathrm{I}} = K_{\mathrm{I}c}$$

根据第二个判断条件得到断裂函数的临界值为

$$F_{1\max} = F_c = \frac{0.588K_{\mathrm{I}c}}{\sqrt{2\pi r}}$$

其中，F_c 可以看作材料常数。

2. 纯 II 型断裂

采用同样计算方法，可计算出纯 II 型断裂的初始开裂角，然后得到临界断裂函数值为

$$F_{\mathrm{II}\max} = F_c = \frac{0.9596K_{\mathrm{II}c}}{\sqrt{2\pi r}}$$

经过换算有

$$K_{\mathrm{II}c} = 0.61K_{\mathrm{I}c}$$

3. 其他复合型断裂

根据任意多组 K_{I}、K_{II} 及 K_{III} 的比例关系，可解得一系列的断裂函数，从而得到一系列的应力强度因子。以上给出的是 $\alpha = 1.0$、$b = 1.0$ 的情况，其他情况类似可得。

下面给出几种情况下的计算结果，如图 9.5 ~ 图 9.7 所示，据计算结果，经回归得到一些二维临界断裂曲线方程，见表 9.1。

以上准则为扩大极限断裂面的考察区域提供了较为有效的方法。对于把本准则用于各种岩石在三维应力状态下脆性断裂面的扩展角度及扩展判据的问题，还需做进一步的研究工作。与此同时，还应考虑到中间主应力的效应问题。

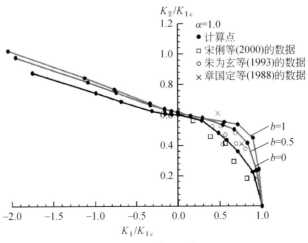

(a) $\alpha=1.0$ 时的 I - II 复合型临界曲线($\mu=0.2$)

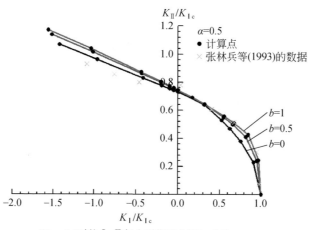

(b) α=0.5时的 I - II 复合型临界曲线(μ=0.2)

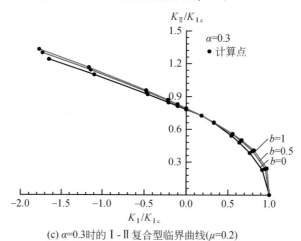

(c) α=0.3时的 I - II 复合型临界曲线(μ=0.2)

图 9.5　b 取不同值时的 I - II 复合型临界曲线

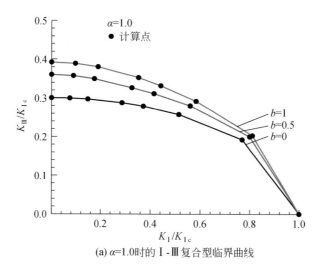

(a) α=1.0时的 I - III 复合型临界曲线

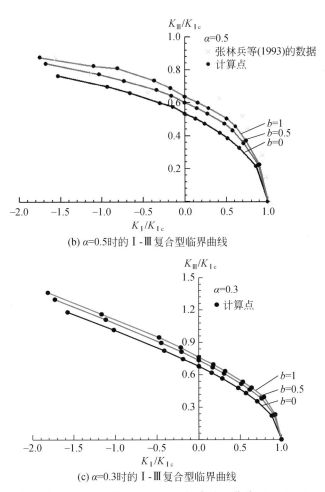

(b) $\alpha=0.5$时的Ⅰ-Ⅲ复合型临界曲线

(c) $\alpha=0.3$时的Ⅰ-Ⅲ复合型临界曲线

图 9.6　b 取不同值时的Ⅰ-Ⅲ型复合临界曲线（$\mu=0.2$）

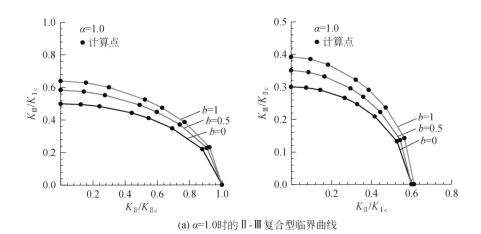

(a) $\alpha=1.0$时的Ⅱ-Ⅲ复合型临界曲线

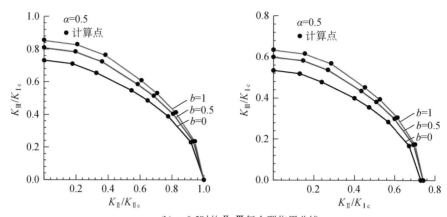

(b) $\alpha=0.5$时的 II-III 复合型临界曲线

图 9.7　b 取不同值时的 II-III 复合型临界曲线 （$\mu=0.2$）

表 9.1　复合型临界曲线方程

复合类型	α	b	回归方程	相关系数
I-II	0.3	1	$0.956K_IK_{Ic} + 0.0261K_{II}K_{Ic} + 1.536K_{II}^2 = K_{Ic}^2$	0.9507
		0.5	$0.978K_IK_{Ic} - 0.0561K_{II}K_{Ic} + 1.665K_{II}^2 = K_{Ic}^2$	0.9481
		0	$1.013K_IK_{Ic} - 0.203K_{II}K_{Ic} + 1.920K_{II}^2 = K_{Ic}^2$	0.9436
	0.5	1	$0.919K_IK_{Ic} + 0.042K_{II}K_{Ic} + 1.712K_{II}^2 = K_{Ic}^2$	0.9450
		0.5	$0.947K_IK_{Ic} - 0.094K_{II}K_{Ic} + 1.934K_{II}^2 = K_{Ic}^2$	0.9407
		0	$1.009K_IK_{Ic} - 0.358K_{II}K_{Ic} + 2.421K_{II}^2 = K_{Ic}^2$	0.9305
	1	1	$0.948K_IK_{Ic} - 0.862K_{II}K_{Ic} + 3.823K_{II}^2 = K_{Ic}^2$	0.8837
		0.5	$0.984K_IK_{Ic} - 1.136K_{II}K_{Ic} + 4.378K_{II}^2 = K_{Ic}^2$	0.8866
		0	$1.060K_IK_{Ic} - 1.554K_{II}K_{Ic} + 5.564K_{II}^2 = K_{Ic}^2$	0.8859
I-III	0.3	1	$0.953K_IK_{Ic} + 0.277K_{III}K_{Ic} + 1.298K_{III}^2 = {}^2K_{Ic}$	0.9684
		0.5	$0.954K_IK_{Ic} + 0.353K_{III}K_{Ic} + 1.332K_{III}^2 = K_{Ic}^2$	0.9644
		0	$0.964K_IK_{Ic} + 0.495K_{III}K_{Ic} + 1.414K_{III}^2 = K_{Ic}^2$	0.9692
	0.5	1	$1.025K_IK_{Ic} - 1.519K_{III}K_{Ic} + 4.952K_{III}^2 = K_{Ic}^2$	0.9081
		0.5	$1.053K_IK_{Ic} - 1.559K_{III}K_{Ic} + 5.522K_{III}^2 = K_{Ic}^2$	0.8927
		0	$1.058K_IK_{Ic} - 1.128K_{III}K_{Ic} + 5.744K_{III}^2 = K_{Ic}^2$	0.8756
	1	1	$1.010K_IK_{Ic} - 1.142K_{III}K_{Ic} + 8.845K_{III}^2 = K_{Ic}^2$	0.9320
		0.5	$1.043K_IK_{Ic} - 1.317K_{III}K_{Ic} + 10.635K_{III}^2 = K_{Ic}^2$	0.9310
		0	$1.0473K_IK_{Ic} - 1.583K_{III}K_{Ic} + 14.77K_{III}^2 = K_{Ic}^2$	0.8959
II-III	0.5	1	$1.937K_{II}^2 + 2.588K_{III}^2 = K_{Ic}^2$	0.9273
		0.5	$1.958K_{II}^2 + 2.929K_{III}^2 = K_{Ic}^2$	0.9304
		0	$2.037K_{II}^2 + 3.755K_{III}^2 = K_{Ic}^2$	0.9331
	1	1	$2.734K_{II}^2 + 6.680K_{III}^2 = K_{Ic}^2$	0.9047
		0.5	$2.754K_{II}^2 + 7.898K_{III}^2 = K_{Ic}^2$	0.8974
		0	$2.844K_{II}^2 + 11.209K_{III}^2 = K_{Ic}^2$	0.8992

9.3 断裂力学问题的有限元分析及应用

断裂力学问题分析的主要目的是计算合理的断裂力学参数，如应力强度因子、能量释放率和 J 积分，这些参数可用一系列方法计算。如 K 提取法、应力法、能量法和虚裂纹扩展法。

1. K 提取法

K 提取法分位移法和应力法，位移法是计算 K 值的最常用方法。根据线弹性断裂力学 K 与裂纹平面的位移相关：

$$K_{r \to 0} = u_y \cdot \frac{E}{4(1 - \mu^2)} \sqrt{\frac{2\pi}{r}} \tag{9.19}$$

式中，u_y 为垂直于裂纹表面的节点位移；r 为离开裂纹尖端的距离。

2. 应力法

类似于位移法，此法将 K 值与裂纹平面内的应力相联：

$$K_{r \to 0} = \sigma_y \cdot \sqrt{2\pi r} \tag{9.20}$$

式中，σ_y 为垂直于裂纹平面的应力。

由于有限元程序是基于位移法，位移值比应力结果更为精确，因而采用位移法一般可以得到更好的结果。

3. 能量法

能量法 是基于应变能释放率 G 和 K 之间的关系：

$$G = \frac{K^2}{E'} = \frac{\pm \mathrm{d}U}{\mathrm{d}a} \tag{9.21}$$

式中，$E' = \begin{cases} E & \text{平面应力} \\ E/(1 - \mu^2) & \text{平面应变} \end{cases}$

U 为结构中的势能。

4. 虚裂纹扩展法

虚裂纹扩展法也称为 Parks 法或刚度系导数法。该法认为由于裂纹长度改变而引起的势能变化可由下式得到：

$$\frac{\mathrm{d}U}{\mathrm{d}a} = G = -\frac{1}{2} \{u\}^{\mathrm{T}} \frac{\partial [K]}{\partial a} \{u\} \tag{9.22}$$

式中，∂a 为小虚裂纹扩展；$\{u\}$ 为有限元分析中计算的位移矢量；$\{K\}$ 为分析中的刚度矩阵。

如果材料的韧性很好，此时塑性区会大到使弹性解完全消失。在裂纹尖端，塑性区占主导地位，Hutchinso、Rice 和 Rosengren 对幂硬化定律的材料取得了近似解，如果剪应力

与剪应变的关系为 $\tau = f(r^N)$ ，应力具有下列形式：

$$\sigma_{ij} \propto r^{-N/(1+N)} G_{ij}(\Theta_j, N) \tag{9.23}$$

显然，当 $N=1$ 时，退化为线弹性解，当 $N \to 0$ 时，则为理想塑性材料。从式（9.23）可以看出应力奇异性消失，这一问题变为 Prandtl 问题。但在 Prandtl 解中，应变场具有 $1/r$ 的奇异性，裂尖的速度不唯一，Rice 提出用 J 积分（Rice, 1968; Rice and Rosengren, 1968）来处理这些强非线形问题。J 积分的范围为从裂纹下表面到上表面的一个回线，具有下列形式：

$$J = \int_\Gamma \left[W(\varepsilon) n_1 - n \cdot \sigma \cdot \partial u / \partial x_1 \right] \mathrm{d}\tau \tag{9.24}$$

式中，W 为弹性能密度；n 为指向回线的向外单位法线；n_1 为法线在 x_1 方向上的分量，如图9.8所示。

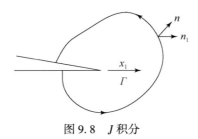

图9.8　J 积分

对于弹性材料，该积分与路径无关，实际上等于弹性能释放率 G。对于弹塑性材料，沿着实际加载路径 J 积分为

$$W(\varepsilon) = \int_0^\varepsilon \sigma_{ij} \mathrm{d}\varepsilon_{ij} \tag{9.25}$$

此时 J 积分不再严格与路径无关，然而，数值计算表明在大多数情况下，偏差不过百分之几。如果回线都在塑性区范围，因与近似路径无关，可以用临界值 J_c 作为裂纹扩展的判据。

Rice 将二维体的积分定义为

$$J = \int_\Gamma \left(W\mathrm{d}x_2 - T_i \frac{\partial u_i}{\partial x_1} \right) \mathrm{d}s \tag{9.26}$$

式中，W 为单位体积应变能；T_i 为表面拉力矢量；u_i 为方向位移；S 为沿回线 Γ 弧长的单元。

该积分与选择的路径无关并能描述裂纹尖端的应变状态。这一特点使 J 积分计算可以在离开高应力、应变梯度的裂纹尖端区外的任意回线进行。

对于二维体的 J 积分可以写为

$$J = 2\int_y \left[W - \left(\sigma_{11} \frac{\partial u}{\partial x} + \sigma_{12} \frac{\partial v}{\partial x} \right) \right] \mathrm{d}y - 2\int_x \left(\sigma_{22} \frac{\partial v}{\partial x} + \sigma_{12} \frac{\partial u}{\partial x} \right) \mathrm{d}x \tag{9.27}$$

其中，

$$W = \frac{G}{1-v} \left[\varepsilon_{11}^2 + 4v\varepsilon_{11}\varepsilon_{22} + 2(1-v)\varepsilon_{12}^2 + \varepsilon_{22}^2 \right]$$

J 积分的计算必须采用数值积分。如果回线经过单元积分点,可以采用有限元中的高斯积分策略,如图9.9所示。

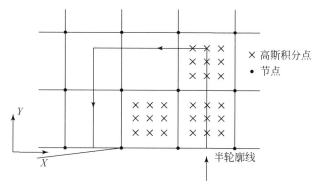

　　　　　　　　　　× 高斯积分点
　　　　　　　　　　• 节点

半轮廓线

图 9.9　围绕裂纹尖端的回线

5. 实例分析

1) 西安地裂缝带的基本特征

　　西安地裂缝在平面上具有明显的方向性、成带性、位错同步性和多级性以及剖面上的结构组合形式多样性等展布规律。由于西安地裂缝是在西安正断层组的基础上发育起来的,由南而北在黄土梁洼之间有规律排列,均位于黄土梁的南侧,呈带状分布,在平面上呈左行雁列,主体走向为 NE70°～80°。它们一般都由主裂缝及其下降一侧的次级裂缝组成地裂缝带,带宽 3～8m,局部可达 20～30m。地裂缝和地面沉降调查结果表明,西安地面沉降区与承压水位下降区的分布位置相吻合,而地裂缝则出现在地面沉降槽边缘的陡变地带上,组成裂缝带的次级裂缝均靠近地面沉降槽中心的一侧。西安地裂缝在剖面上的形态一般为上宽下窄的楔形,向下逐渐变窄变少,最深达三百余米。地裂缝主体倾向南,倾角较陡,一般在 70°以上。但是,主干地裂缝与次级地裂缝在剖面上的组合形式具有多样性的特点,大致概化为以下三种:阶梯状、"Y"字型和追踪式。

　　根据 1960 年以来所监测的各条地裂缝年平均垂直活动速率的资料,将这些地裂缝活动划分为三级:①活动强烈,速率>30mm/a;②活动较强烈,速率 5～30mm/a;③活动微弱,速率<5mm/a。这些地裂缝的垂直沉降速率以 5～35mm/a 居多,最大达 55.06mm/a。

　　地裂缝带基本具有统一的三维空间运动变形特征,即南倾南降的垂直位移、水平引张和水平扭动。其中以垂直位移量为最大,南北拉张量次之,而水平错动量则很小,三者之比为 1:0.31:0.03。

2) 计算模型

　　按平面应变问题建模计算,在计算中,地裂缝的作用仅考虑垂直错动,变形区内的位移按三角形施加。整个计算区域为 $180 \times 50 \text{m}^2$,裂缝倾角按 80°考虑,裂缝尖端距地表距离 30m。土体假设为理想弹塑性材料。模型示意图如图9.10所示。

图 9.10　模型示意图

分别约束模型左右两侧面的法向位移, 顶面为自由面。在模型上盘底部距裂缝带 20m 范围内施加三角形位移, 使模型底部裂缝带错动量从 0 到 200cm 变化, 固定约束其他底部节点。土体材料参数取临界开裂应力为 18kPa, 拉伸软化模量为 0.9 MPa, 剪切保持因子为 0.2, 其他参数取值见表 9.2。

表 9.2　模型材料计算参数

材料 ＼ 参数	容重 γ/kN·m⁻³	弹性模量 E/MPa	泊松比 μ	内聚力 c/MPa	内摩擦角 φ/ (°)
土体	19	9	0.3	0.03	20

3) 计算结果分析

通过计算, 可以从裂纹应变、等效塑性应变、J 积分几个方面进行分析。

(1) 地裂缝作用引起地表开裂。

隐伏地裂缝的作用将引起地表的变形。当地裂缝错距较小时, 地表变形是连续的, 当错距达到一定值时, 将引起地表的开裂。如图 9.11 所示, 当错距较大时, 地表水平位移图有剧烈增加段, 此处会出现水平开裂, 开裂处距模型底部裂缝带处水平距离约 50m。

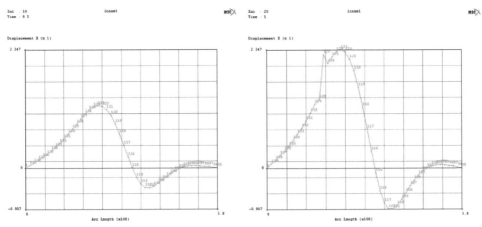

图 9.11　地裂缝作用下地表水平位移曲线

在作开裂分析时, 当出现裂纹应变时, 说明此处已经开裂。如图 9.12 所示, 当裂缝带底部错距达到 1.4m 时, 在上盘内距裂缝带底部水平距离约 50m 附近的土体地表出现裂纹应变。随着地裂缝错距的增加, 裂纹应变区的宽度及深度在增大。当底部错距达到

2.0m 时，在地裂缝尖端处出现裂纹应变，地裂缝在扩展。

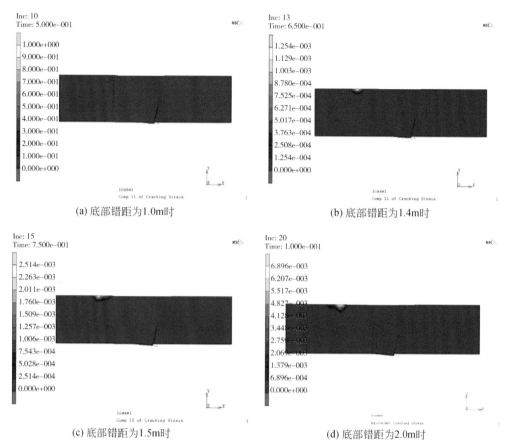

(a) 底部错距为1.0m时　　　　　　　　　　(b) 底部错距为1.4m时

(c) 底部错距为1.5m时　　　　　　　　　　(d) 底部错距为2.0m时

图 9.12　不同错距时的裂纹应变云图

随着地裂缝带底部错距的增大，最大裂纹应变值也在增加，不同错距时的最大裂纹应变值如表 9.3 所示。当错距达到 2.0m 时，最大裂纹应变为 7.59E-3。

表 9.3　不同错距时的地表最大裂纹应变值

底部错距/m	1.0	1.4	1.5	1.8	2.0
最大裂纹应变	0	1.26E-3	2.13E-3	2.99E-3	7.59E-3

（2）地裂缝作用引起裂缝尖端的扩展。

裂缝尖端具有奇异性且在尖端处应力集中，当地裂缝作用时，尖端土体屈服，出现塑性区。随着地裂缝底部错距的增大，塑性区在扩展。塑性区基本沿原地裂缝倾角方向发展，塑性区的扩展范围主要是在裂缝尖端附近，呈狭长状，最大长度约6.5m，宽度为 2~3.5m。图 9.13 给出了地裂缝底部错距分别为 0.5m，1m，1.5m 及 2m 时裂缝尖端的等效塑性应变云图。

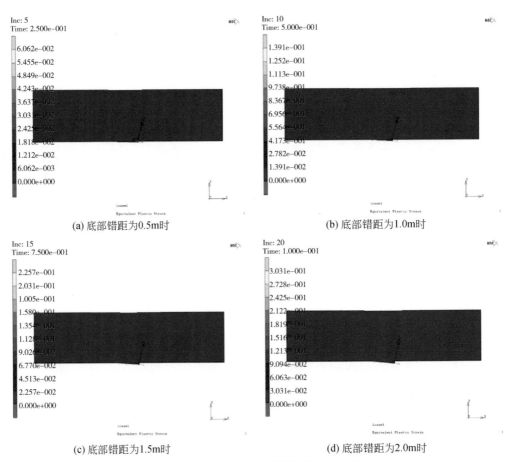

(a) 底部错距为0.5m时　　　　　　　(b) 底部错距为1.0m时

(c) 底部错距为1.5m时　　　　　　　(d) 底部错距为2.0m时

图 9.13　不同错距时的等效塑性应变云图

　　随着地裂缝带底部错距的增大，最大等效塑性应变值也在增加，最大等效塑性应变值总出现在裂缝尖端处。不同错距时的最大等效塑性应变值如表9.4所示。

表 9.4　不同错距时的裂尖最大等效塑性应变值

底部错距/m	0.5	0.8	1.0	1.5	1.8	2.0
最大等效塑性应变	0.061	0.107	0.139	0.226	0.276	0.303

（3）J 积分值。

　　当考虑裂缝扩展问题时，在小规模屈服条件下，不同的断裂力学参数可以看作是等价的，此时可以选择应力强度因子、断裂扩展力来控制，当应力强度因子或断裂扩展力达到或超过某一临界值 K_c 或 G_c 时，裂缝将发生扩展。但对于弹-塑性介质或其他类型的非线性材料中裂纹的启裂载荷，则选择 J 积分来控制，它是裂纹的驱动力和摩擦耗散的能量总和，可以归因于裂纹的钝化。随着载荷的增加，钝化也在增加，至某一点（J_c）时，在钝化裂纹的前部，裂纹将发生突发性的显著的扩展。

　　通过前面有限元分析，得出了地裂缝作用下的 J 积分，表9.5分别给出了不同积分半径及不同错距情况下的 J 积分值。由结果可知，随着地裂缝底部错距的增加，同一积分半径的 J 积分值在增加，错距相同时，不同错距的 J 积分值基本相同。

表9.5　不同错距及不同积分半径时的 J 积分值

错距/cm 半径/m	0.5	0.8	1.0	1.5	1.8	2.0
1.85	2.8159E+04	4.0880E+04	5.6422E+04	9.8984E+04	1.1232E+05	1.1624E+05
3.71	2.9171E+04	4.1227E+04	5.0805E+04	8.6955E+04	1.1390E+05	1.3272E+05
5.56	3.0149E+04	4.1851E+04	5.0126E+04	7.9000E+04	1.1715E+05	1.5558E+05

地裂缝实际上就是土体中的一种宏观裂纹，它是一种预存的薄弱面，它的活动是由于在载荷增加条件下，土体出现的滑动响应。在剖面上已出现裂纹部分，表现出剪切滑动性质，裂尖处是以张剪形式体现，但下部的裂缝对上部有引导作用。

对于有剪切应力作用在裂纹表面的剪切裂纹（图9.14），有如下守恒性质：

$$J_Q + J_{Q^+P^+} - J_P + J_{P^-Q^-} = 0 \tag{9.28}$$

即：

$$J_Q + \int_Q^0 \sigma(\partial\delta/\partial x_1)\,\mathrm{d}x_1 = J_P + \int_P^0 \sigma(\partial\delta/\partial x_1)\,\mathrm{d}x_1 \tag{9.29}$$

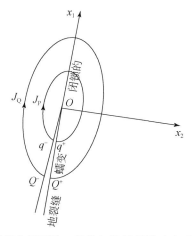

图9.14　地裂缝作用下地 J 积分与能量释放速率及摩擦耗散有关

当 P 点接近裂纹尖端 O 时，能量释放速率 G 可表示如下：

$$G = J_Q + \int_Q^0 \sigma(\partial\delta/\partial x_1)\,\mathrm{d}x_1 \tag{9.30}$$

对于均匀的表面应力 $\sigma = \sigma^f$，上式的积分项简化为 $-\sigma^f\delta_Q$，此时

$$G = J_Q - \sigma^f\delta_Q \tag{9.31}$$

上式表明了 J 积分与裂纹的驱动力和摩擦耗散间的关系。通过前面有限元分析，求出了 J 积分值，可以假设在闭锁段和蠕变带内，土体发生均匀的纯剪切变形，通过闭锁部分内的应变与蠕变带内的应变之间的差值，来估算裂缝的蠕变 δ_Q，以此来求解能量释放速率 G。

主要参考文献

宋俐，俞茂宏，黄松梅 . 2000. 三维广义双剪断裂准则的研究 . 岩石力学与工程学报，19（6）：
　692~696.

俞茂宏 . 2000. 双剪理论及其应用 . 北京：科学出版社 .

张林兵，朱为玄，何明等 . 1993. 混凝土断裂临界参数的测试研究 . 第五届岩石、混凝土断裂和强度会议
　论文集 . 北京：国防科技大学出版社，78~84.

章定国，徐道远，何淮宁 . 1988. 混凝土三维断裂临界曲面研究 . 河海大学学报，1：90~96.

赵艳华，徐世烺 . 2002. Ⅰ-Ⅱ复合型裂纹脆性断裂的最小 J_2 准则 . 工程力学，19（4）：94~98.

朱为玄，寿朝辉，张林兵 . 1993. 岩体小构造断裂力学分析 . 第五届岩石、混凝土断裂和强度会议论文
　集 . 北京：国防科技大学出版社，273~277.

Erdogan F，Sih G C. 1963. On the crack extension in plates under plane loading and transvers shear. Journal of
　Basic Engineering，85：519~527.

Griffith A A. 1921. The phenomena of rupter and flow in solids. Philosophical Transactions of the Royal Society of
　London，Series A，221：163~198.

Rice J R. 1968. A path independent integral and the approximate analysis of strain concentration by Notches and
　Cracks. Journal of Applied Mechanics，35：379~386.

Rice J R，Rosengren G F. 1968. Plane strain deformation near a crack tip in a power- law hardening
　material. Journal of Mechanics and Physics of Solids，16（1）：1~12.

Sih G C. 1973. Some basic problems in fracture mechanics and new concepts. Engineering Fracture Mechanics，
　5（2）：364~377.

Sih G C. 1974. Strain- energy- density factor applied to mixed mode crack problems. International Journal of
　Fracture，10（3）：305~321.

Sih G C，MacDonald B. 1974. Fracture mechaniss applied to engineering problems- strain energy density fracture
　criterion. Engng Fract. Mech. ，6：361~386.

Yu M H. 2002. Advance in strength theory of materials under complex stress state in the 20th Century. Applied Me-
　chanics Reviews，53（3）：159~218.